U0185366

C 的电气控制技术
刨新应用研究

磊 薛 晓 著

中南大学出版社
www.csupress.com.cn
·长沙·

图书在版编目(CIP)数据

基于 PLC 的电气控制技术与创新应用研究

著. —长沙：中南大学出版社，2023.2

ISBN 978-7-5487-5139-7

Ⅰ.①基… Ⅱ.①杨… ②薛… Ⅲ.①[

②电气控制—研究 Ⅳ.①TM571.2②TM57

中国版本图书馆 CIP 数据核字(2022)

基于 PLC 的电气控制技术与
JIYU PLC DE DIANQI KONGZHI JISHU YU CHUA

杨磊 薛晓 著

□出 版 人　吴湘华
□责任编辑　陈应征
□封面设计　优盛文化
□责任印制　唐　曦
□出版发行　中南大学出版社
　　　　　　社址：长沙市麓山南路　　　　　邮编：
　　　　　　发行科电话：0731-88876770　　传真：0
□印　　装　石家庄汇展印刷有限公司

□开　　本　710 mm×1000 mm 1/16 □印张 21.25 □字数
□版　　次　2023 年 2 月第 1 版　　□印次 2023 年 2 月第 1 次
□书　　号　ISBN 978-7-5487-5139-7
□定　　价　98.00 元

基于 PL
与仓

杨

究 / 杨磊, 薛晓

PLC 技术—研究

1. 6

第 188762 号

创新应用研究
ANGXIN YINGYONG YANJIU

410083

0731-88710482

数 346 千字

次印刷

前　言

　　随着我国经济水平的不断提高，科学技术也在不断发展，如今我们已经进入了科技时代，电气工程及其自动化技术凭借其显著的发展优势逐渐融入人们的生活，许多行业的发展都已无法离开电气工程及自动化技术。电气工程及自动化属于一门综合性学科，主要建立在信息技术的基础之上，在一定程度上带动了我国工业信息化的发展。电气控制与 PLC 技术是综合了继电接触控制、计算机技术、自动控制技术和通信技术的一门新兴技术，应用十分广泛。由于电气控制与可编程控制器源于同一体系，只是发展的阶段不同，因此其在理论和应用上是一脉相承的。

　　本书属于电气控制方面的著作，由电气控制系统常用低压电器研究、基本电气控制系统与电路设计、PLC 与其他典型控制系统的比较、S7-200 系列 PLC 研究、S7-1200 系列 PLC 研究、PLC 控制系统设计、基于 PLC 的电气控制技术创新应用案例七部分组成。全书以电气控制技术为研究对象，分析基于 PLC 技术的电气控制技术及其在各方面的创新应用，对 PLC 的产生、特点及分类，PLC 组成部分工作原理等进行了详细研究，对从事电气控制、机电控制等方面工作的研究者与工作者具有学习和参考价值。

目 录

第1章 电气控制系统常用低压电器研究

1.1 低压电器概述

1.1.1 低压电器基本知识

低压电器是指在交流额定电压 1200 V、直流额定电压 1500 V 及以下的电路中使用，根据外界施加的信号和要求，通过手动或自动方式，断续或连续地改变电路参数，以实现对电路或非电路对象的切换、控制、检测、保护、变换和调节的电器。

低压电器广泛应用于工业、农业、交通、国防以及人们的日常生活。低压电的输送、分配和保护是依靠刀开关、自动开关以及熔断器等低压电器来实现的，而低压电力的使用则是将电能转换为其他能量，其过程中的控制、调节和保护都是依靠各类接触器和继电器等低压电器来完成的。无论是低压供电系统还是控制生产过程的电力拖动控制系统，均由用途不同的各类低压电器组成。

1. 低压电器的分类

低压电器种类繁多，功能多样，构造各异，工作原理各不相同，因而常用的低压电器的分类方法有很多。

（1）按用途和控制对象分类。

①用于低压电力网的配电电器：这类电器包括刀开关、转换开关、空气断路器和熔断器等。对配电电器的主要技术要求是断流能力强，限流效果好；在系统发生故障时保护动作准确，工作可靠；有足够的热稳定性和动稳定性。

②用于电力拖动及自动控制系统的控制电器：这类电器包括接触器、启动器和各种控制继电器等。对控制电器的主要技术要求是操作频率高，使用寿命长，有相应的转换能力。

（2）按动作方式分类。

①自动电器：依靠自身参数的变化或外来信号的作用自动完成接通或分断等动作的电器，如接触器、继电器等。

②手动电器：用手动操作来进行切换的电器，如刀开关、转换开关、按钮等。

（3）按工作原理分类。

①电磁式电器：根据电磁感应原理来工作的电器，如接触器、继电器、电磁铁等。

②非电量控制电器：依靠外力或非电量信号（速度、压力、温度等）的变化而动作的电器，如转换开关、行程开关、速度继电器、压力继电器、温度继电器等。

2.低压电器的用途

电器是构成控制系统最基本的元件，它的性能达标与否将直接影响控制系统能否正常工作。低压电器能够依据操作信号或外界现场信号的要求自动或手动地改变系统的状态、参数，实现对电路或被控对象的控制、保护、测量、指示、调节。它的工作过程是将一些电量信号或非电量信号转变为非通即断的开关信号或通过随信号变化的模拟量信号来实现对被控对象的控制。低压电器的主要用途如下。

（1）控制作用。如电梯的上下移动、快慢速自动切换与自动停层等。

（2）保护作用。根据设备的特点，可对设备、环境以及人身安全实行自动保护，如电动机的过热保护，电网的短路保护、漏电保护等。

（3）测量作用。利用仪表及与之相适应的电器，可对设备、电网或其他非电参数进行测量，如电流、电压、功率、转速、温度、压力等。

（4）调节作用。低压电器可对一些电量和非电量进行调整，以满足用户的要求，如电动机速度的调节、柴油机油门的调整、房间温度和湿度的调节、光照度的自动调节等。

（5）指示作用。利用电器的控制、保护等功能显示检测设备的运行状况与电器电路的工作情况。

（6）转换作用。在用电设备之间转换或对低压电器、控制电路分时投入运行，以实现功能切换，如被控装置操作的手动与自动的转换、供电系统的市电与自备电源的切换等。

当然，低压电器的作用远不止这些，随着科学技术的发展，新功能、新设备会不断出现。

常用低压电器的主要种类及用途见表 1-1。

表 1-1　常用低压电器的主要种类及用途

序号	类别	主要种类	主要用途
1	断路器	框架式断路器	主要用于电路的过负载、短路、欠电压、漏电保护，也可用于不需要频繁接通和断开的电路
		塑料外壳式断路器	
		快速直流断路器	
		限流式断路器	
		漏电保护式断路器	
2	接触器	交流接触器	主要用于远距离频繁控制负载、切断带负荷电路
		直流接触器	
3	继电器	电磁式继电器	主要用于控制电路中将被控量转换成控制电路所需电量或开关信号
		时间继电器	
		温度继电器	
		热继电器	
		速度继电器	
		干簧继电器	

序号	类别	主要种类	主要用途
4	熔断器	瓷插式熔断器	主要用于电路短路保护，也用于电路的过载保护
		螺旋式熔断器	
		有填料封闭管式熔断器	
		无填料封闭管式熔断器	
		快速熔断器	
		自复式熔断器	
5	主令电器	控制按钮	主要用于发布控制命令，改变控制系统的工作状态
		位置开关	
		万能转换开关	
		主令控制器	
6	刀开关	胶盖刀开关	主要用于不频繁地接通和分断电路
		封闭式负荷开关	
		熔断器式刀开关	
7	转换开关	组合开关	主要用于电源切换，也可用于负荷通断或电路切换
		换向开关	
8	控制器	凸轮控制器	主要用于控制回路的切换
		平面控制器	
9	起动器	电磁起动器	主要用于电动机的启动
		Y-△ 起动器	
		自耦减压起动器	
10	电磁铁	制动电磁铁	主要用于起重牵引、制动等场合
		起重电磁铁	
		牵引电磁铁	

3.低压电器的全型号表示法及代号含义

为了生产、销售、管理和使用方便，我国对各种低压电器都按规定编制了型号，包括类组代号、设计代号、基本规格代号和辅助规格代号等几部分。每一级代号后面都可根据需要加设派生代号。低压电器全型号的意义如图 1-1 所示。

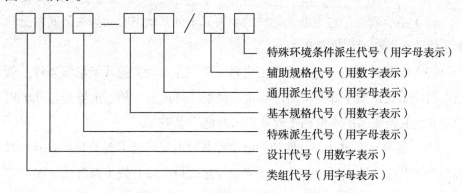

特殊环境条件派生代号（用字母表示）

辅助规格代号（用数字表示）

通用派生代号（用字母表示）

基本规格代号（用数字表示）

特殊派生代号（用字母表示）

设计代号（用数字表示）

类组代号（用字母表示）

图 1-1　低压电器全型号的意义

（1）类组代号。包括类别代号和组别代号，用汉语拼音字母表示，代表低压电气元件所属的类别，以及在同一类电器中所属的组别。

（2）设计代号。设计代号用数字表示，表示同类低压电气元件的不同设计序列。

（3）基本规格代号。基本规格代号用数字表示，表示同一系列产品中不同的规格品种。

（4）辅助规格代号。辅助规格代号用数字表示，表示同一系列、同一规格产品中有某种区别的不同产品。

其中，类组代号与设计代号的组合表示产品的系列，一般称为电器的系列号。同一系列电气元件的用途、工作原理和结构基本相同，而规格、容量根据需要可以有许多种。例如，JR16 是热继电器的系列号，同属这一系列的热继电器的结构、工作原理都相同，但其热元件的额定电流从零点几安培到几十安培有十几种规格。其中，辅助规格代号为 3D 的有三相热元件，装有差动式断相保护装置，因此，对三相异步电动机有过载和断相保护功能。

4. 低压电器的主要技术指标

为保证电气设备安全可靠，国家对低压电器的设计、制造规定了严格的标准，合格的电器产品符合国家标准规定的技术要求。在使用电气元件时必须按照产品说明书中规定的技术条件选用。低压电器的主要技术指标有以下几项。

（1）绝缘强度。它指电气元件的触头处于分断状态时动静头之间耐受的电压值（无击穿或闪络现象）。

（2）耐潮湿性能。它指为保证电器可靠工作而允许的环境潮湿条件。低压电器在型式试验中都要按耐潮湿试验周期条件进行考核。电器经过几个周期试验，其绝缘水平不应低于前项要求的绝缘水平。

（3）极限允许温升。电器的导电部件通过电流时将引起发热和温升。极限允许温升指为防止过度氧化和烧熔而规定的最高温升值（温升值 = 测得实际温度 − 环境温度）。

（4）低压电器内部的零部件由各种材质制成。电器运行中的温升对不同材质的零部件会产生一定的影响，如温升过高会影响正常工作，降低绝缘水平，减少使用寿命。为此，低压电器要按零部件的材质、使用场所的海拔高度及不同的工作制规定电器内各部位的允许温升。

（5）操作频率。它指电气元件在单位时间内允许操作的最高次数，即每小时允许的最多操作次数。

（6）安全类别。低压电器安全类别与电气主接线中使用位置级别有关。低压电器安全类别共分四级：1 级信号水平级、2 级负载水平级、3 级配电及控制水平级、4 级电源水平级。如控制电路的电器只能用于 1 级，而所有品种的低压电器都可以用于 2 级、3 级，接触器、电动机起动器、控制电路电器则不能用于 4 级。

（7）电器的寿命。它包括电寿命和机械寿命两项指标。电寿命指电气元件的触头在规定的电路条件下正常操作额定负荷电流的总次数，机械寿命指电气元件在规定使用条件下正常操作的总次数。

（8）低压电器的结构要求。低压电器产品的种类多、数量大，用途极为广泛。为了保证不同产地、不同企业生产的低压电器产品的规格、性能和质量一致，且通用和互换性好，低压电器的设计和制造必须严格遵循国家的有关标准，尤其是基本系列的各类开关电器，必须保证执行"三化"（标准化、系列化、通用化）"四统一"（型号规格、技术条件外形、安装尺寸及易损零部件统一）的原则。我们在购置和选用低压电气元件时也要特别注意检查其结构是否符合标准，防止给今后的运行和维修工作留下隐患和麻烦。

1.1.2　电磁式低压电器的结构与工作原理

电磁式电器是指以电磁力为驱动力的电器。它在低压电器中占有十分重要的地位，在电气控制系统中应用最为普遍。各种类型的电磁式电器主要由电磁机构和执行机构两部分组成。电磁机构按其电源种类可分为交流和直流两种，执行机构则分为触头和灭弧装置两部分。

1. 电磁机构

接触器、电磁式继电器、电磁阀等都是采用电磁感应原理工作的电磁式电器。其机构由电磁机构和触头系统构成，部分还带有灭弧系统及绝缘外壳等附件。

电磁机构包括电磁线圈、静铁芯和动铁芯（衔铁），其作用是将电磁能转换为机械能，并依靠它带动触头的闭合和断开。其结构分为直动式和拍合式两种。

电磁机构的工作原理：当电磁线圈通电后，线圈电流产生磁场，使铁芯产生的电磁吸力作用于衔铁，电磁吸力克服弹簧反力使得衔铁吸合，使其产生机械位移，带动触头系统动作；当线圈断电或线圈两端电压显著降低时，电磁吸力小于弹簧反力，衔铁释放，触头系统复位。

当线圈通过直流电时，电磁吸力为恒值；当线圈通过交流电时，电磁吸力会随着电源电压做周期变化，并且在一个周期里，衔铁吸合两次，释放两次，从而导致电磁机构产生强烈震动和噪声而无法正常工作。因此，在设计时铁芯端面都安装一个铜制的短路环，短路环内会产生感应电动势和感应电流，将通过极面的磁通分为大小接近、相位相差约90°的环外磁通和环内磁通，其合成电磁吸力在通电期间会始终大于弹簧反力，从而保证铁芯吸合。

2. 触头系统

触头（也称触点）的作用是接通或分断电路，因此要求触头具有良好的接触性能。电流容量较小的电器（如接触器、继电器等）常采用银质材料做触头，这是因为银的氧化膜电阻率与纯银相似，可以避免触头表面氧化膜电阻率增加而造成的接触不良。

执行机构的触头包括主触头和辅助触头。主触头用于电流较大的主回路，辅助触头则用于电流较小的控制回路。原始状态时（线圈未通电）断开，线圈通电后闭合的触头叫常开触头；原始状态时闭合，线圈通电后断开的触头叫常闭触头。当线圈由通电变为断电时，所有触头恢复为原始状态。

触头的结构有桥式和指式两类。桥式触头又分为点接触式【图 1-2（a）】和面接触式【图 1-2（b）】。点接触式适用于电流不大的场合，面接触式适用于电流较大的场合。图 1-2（c）为指形触头。指形触头在接通与分断时产生的滚动摩擦，可以去掉氧化膜，故其触头可以用紫铜制造，特别适用于触头分合次数多、电流大的场合。

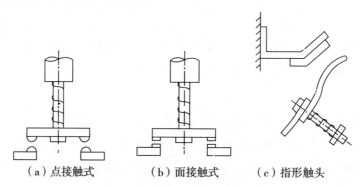

（a）点接触式　　　（b）面接触式　　　（c）指形触头

图 1-2　交流接触器触头的结构形式

3. 灭弧系统

灭弧系统是用来保证在触头断开电路时，产生的电弧能够可靠熄灭，从而减少电弧对触头的损伤的灭弧装置。电弧是指当两个触头将要接触或开始分离时，若它们之间的电压达到 12 ～ 20 V，电流达到 0.25 ～ 1 A，则会在触头间隙产生的高温弧光。电弧温度非常高，会导致触头烧损或熔焊，因此对采用换接触头式接触方式的触头危害很大，一般采用半封式纵缝陶土灭弧罩。

熄灭电弧的主要措施有以下两种。

一是迅速增加电弧长度（拉长电弧），使得单位长度内维持电弧燃烧的电场强度不够而使电弧熄灭。

二是使电弧与流体介质或固体介质相接触，加强冷却和去游离作用，使电弧加快熄灭。

电弧有直流电弧和交流电弧两类。交流电流有自然过零点，故其电弧较易熄灭。

低压控制电器常用的具体灭弧方法有以下几种。

（1）机械灭弧。通过机械装置将电弧迅速拉长。这种方法多用于开关电器上。

（2）磁吹灭弧。在一个与触头串联的磁吹线圈产生的磁场作用下，电弧受电磁力的作用而拉长，被吹入由固体介质构成的灭弧罩内并与固体介质相接触，电弧会被冷却而熄灭。

（3）栅片灭弧法。当触头分开时，产生的电弧在电动力的作用下被推入一组金属栅片中而被分割成数段彼此绝缘的金属栅片，其每一片都相当于一个电极，因而有许多个阴阳极压降。对交流电弧来说，近阴极处在电弧过零时就会出现一个 150 ～ 250 V 的介质强度，使电弧无法继续维持而熄灭。由于栅片灭弧效应在交流时要比直流时强得多，所以交流电器常常采用栅片灭弧，如图 1-3 所示。

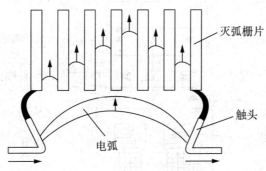

图 1-3　金属栅片灭弧示意图

（4）窄缝（纵维）灭弧法。在电弧所形成的磁场电动力的作用下，电弧拉长并进入灭弧罩的窄（纵）缝中。几条纵缝可将电弧分割成数段，且使之与固体介质相接触，电弧便迅速熄灭。这种结构多用于交流接触器上。

1.2 接触器、继电器、熔断器的基本理论与应用

1.2.1 接触器

接触器是一种用来频繁地接通或切断带有负载的交、直流电路或大容量控制电路的电器。控制对象主要是电动机，也可用于其他电力负载，如电热器、电焊机、电炉变压器、电容器组等。接触器不仅能接通和切断电路，还具有低电压释放保护作用、控制容量大、能频繁操作和远距离控制工作、可靠、寿命长等特点。接触器的运动部分（动铁芯、触头等）可借助电磁力、压缩空气、液压力的作用来驱动。

1. 接触器的结构

接触器由电磁系统（动铁芯、静铁芯、线圈）、触点系统（常开触点和常闭触点）和灭弧装置组成。其原理是当接触器的电磁线圈通电后会产生很强的磁场，使静铁芯产生电磁吸力，吸引衔铁并带动触点动作，使常闭触点（也称动断触点）断开，常开触点（也称动合触点）闭合，两者是联动的。当线圈断电时，电磁吸力消失，衔铁在释放弹簧的作用下释放，使触点复原，常闭触点闭合，常开触点断开。接触器结构简图如图 1-4 所示。

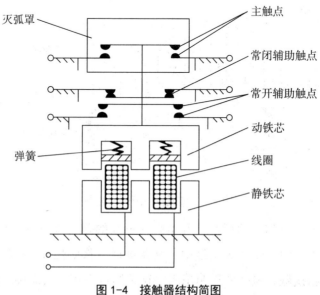

图 1-4　接触器结构简图

（1）电磁系统。电磁系统主要由线圈、静铁芯和动铁芯（衔铁）组成。电磁系统的作用是将电磁能转换成机械能，产生电磁吸力，克服弹簧反力，吸引衔铁吸合。衔铁进而带动触点动作与静触点闭合或分开，从而实现电路的接通或断开。线圈失电或线圈两端电压显著降低时，电磁吸力小于弹簧反力，使得衔铁释放，触点机构复位。

作用在衔铁上的力有两个：电磁吸力与反力。电磁吸力由电磁机构产生，反力则由释放弹簧和触点弹簧产生。电磁系统的工作情况常用吸力特性和反力特性来表示。为了保证衔铁能牢牢吸合，反作用力特性必须与吸力特性配合好，吸力特性要大于反力特性，如图 1-5 所示。

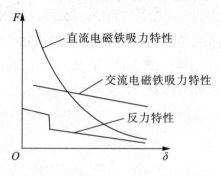

图 1-5　吸力特性与反力特性的配合

（2）触点系统。触点（也称触头）是接触器的执行元件，主要用来接通或断开被控制电路。触点系统包括动触点、静触点及其有关导体部件，以及由弹性元件、紧固件和绝缘件等所有的结构零件组成的器电部分。

触点按其所控制的电路可分为主触点和辅助触点。主触点用于接通或断开主电路，允许通过较大的电流；辅助触点用于接通或断开控制电路，只允许通过较小的电流。

触点按其原始状态可分为常开触点和常闭触点。原始状态（即线圈未通电）断开，线圈通电后闭合的触点叫常开触点；原始状态闭合，线圈通电后断开的触点叫常闭触点。线圈断电后，所有触点复原。

（3）灭弧装置。在触点由闭合状态过渡到断开状态的过程中，电弧产生。电弧是气体自持放电形式之一，是一种带电质点的急流。电弧的危害现在体三方面。一是电弧中有大量的电子、离子，因而是导电的。电弧不熄灭，电路继续导通。只有电弧熄灭后电路才正式断开，因而使电路切断时间延长。二是电弧的温度很高，弧心温度达 4000 ～ 5000 ℃，甚至更高。高温电弧会灼伤触点，缩短触点寿命。三是弧光放电可能造成极间短路烧坏电气，甚至引起火灾等严重事故。为保证电路和电气元件安全可靠地工作，必须采取有效措施进行灭弧。要使电弧熄灭，应设法降低电弧的温度和电场强度。常用的灭弧装置有电动力灭弧、灭弧栅灭弧和磁吹灭弧。

2. 接触器的工作原理

接触器的主触点通常只有常开而无常闭。常开主触点和常开辅助触点在图形符号上没有区别，只是所处位置不同。主触点位于主电路中，起控制负载通断作用；而辅助触点位于控制电路中，起逻辑控制作用。

当电磁线圈通电后线圈电流产生磁场，使静铁芯产生电磁吸力，吸引衔铁并带动触点动作。常闭触点断开和常开触点闭合两者是联动的。当线圈断电时，电磁吸力消失，衔铁在释放弹簧的作用下释放，使触点复原，常开触点断开，常闭触点闭合。

1.2.2 继电器

继电器是一种根据外界输入的电信号或非电信号自动控制电路通断的电子元件。它具有输入电路（又称感应元件）和输出电路（又称执行元件）。当感应元件中的输入量（如电流、电压、温度、压力等）变化到某一定值时，继电器动作，使其触点接通或断开，从而控制电路。

继电器实质上是一种传递信号的电子元件。它根据特定形式的输入信号而动作，从而达到控制目的。它一般不用来直接控制主电路，而是通过接触器或其他电子元件来对主电路进行控制，因此同接触器相比较，继电器的触头通常接在控制电路中。触头断流容量较小，一般不需要灭弧装置，但对继电器动作的准确性要求较高。

继电器一般由三个基本部分组成：检测机构、中间机构和执行机构。检测机构的作用是接收外界输入信号并将信号传递给中间机构。中间机构对信号的变化进行判断、物理量转换、放大等。当输入信号变化到一定值时，执行机构（一般是触头）动作，从而使其所控制的电路状态发生变化，通过接通或断开某部分电路达到控制或保护的目的。

继电器种类很多，按输入信号可分为电压继电器、电流继电器、功率继电器、速度继电器、压力继电器、温度继电器等；按工作原理可分为电磁式继电器、感应式继电器、电动式继电器、电子式继电器、热继电器等；按用途可分为控制与保护继电器；按输出形式可分为有触点和无触点继电器。

1. 电磁式继电器的结构与特性

在控制电路中用的继电器大多是电磁式继电器。电磁式继电器依据电压、电流等电量，利用电磁原理使衔铁闭合，进而带动触头动作使控制电路接通或断开，从而实现动作状态的改变。电磁式继电器具有结构简单、价格低廉、使用维护方便、触点容量小（一般在 5 A 以下）、触点数量多且无主辅之分、无灭弧装置、体积小、动作迅速准确、控制灵敏、可靠等特点，广泛地应用于低压控制系统中。常用的电磁式继电器有电流继电器、电压继电器、中间继电器以及各种小型通用继电器等。

（1）电磁式继电器的基本结构。

电磁式继电器的结构与接触器相似，主要由电磁机构和触头系统组成。继电器多用于控制电路，工作电流较小，不需要灭弧装置。另外，继电器可以对各种输入量做出反应，而接触器只有在一定的电压信号下才会动作。但继电器为满足控制要求需要调节动作参数，因此具有调节装置。

电磁式继电器也有直流和交流两种。图 1-6 为直流电磁式继电器结构示意图及输入—输出特性图示。在线圈两端加上电压或通入电流，产生电磁力。当电磁力大于弹簧反力时，吸动衔铁，使常开、常闭触点动作；当线圈的电压或电流下降或消失时，衔铁释放，触点复位。

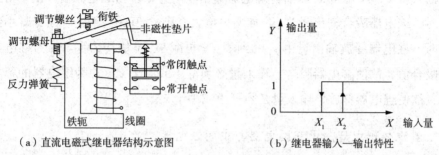

（a）直流电磁式继电器结构示意图　　（b）继电器输入—输出特性

图 1-6　直流电磁式继电器

（2）继电器的主要参数与特性。

①电磁式继电器的参数。

a. 额定参数。继电器线圈和触头在正常工作时允许的电压值或电流参数，称为继电器额定电压或者继电器额定电流。

b. 动作参数。包括继电器的吸合值和释放值。对于电压继电器，有吸合电压 U_0 与释放电压 U_r；对于电流继电器，有吸合电流 I_0 和释放电流 I_r。

c. 返回系数。指继电器释放值与吸合值的比值，用 k 来表示。

d. 整定值。继电器动作参数的实际整定数值可人为调整。继电器的吸动值和释放值可以根据保护要求在一定范围内调整。现以如图 1-6（a）所示的直流电磁式继电器为例予以说明。

转动调节螺母，调整反力弹簧的松紧程度，可以调整动作电流（电压）。弹簧反力越大，动作电流（电压）就越大，反之就越小。

改变非磁性垫片的厚度。非磁性垫片越厚，衔铁吸合后磁路的气隙和磁阻就越大，释放电流（电压）也就越大，反之就越小，而吸引值不变。

调节螺丝可以改变初始气隙的大小。在反作用弹簧力和非磁性垫片厚度一定时，初始气隙越大，吸引电流（电压）就越大，反之就越小，而释放值不变。

e. 动作时间。分吸合时间和释放时间两种。

f. 灵敏度。指继电器在整定值下动作时所需的最小功率或安匝数。

②继电器的主要特性是输入—输出特性，又称为继电器特性。当改变继电器输入量的大小时，输出量的触头只有"通"与"断"两个状态。在继电器输入量 x 由零增至 x_2 以前，继电器输出量 y 为零；当继电器输入量 x 增至 x_2 时，继电器吸合输出量为 y。如 x 再增大，则 y_1 值保持不变。当 x 减小到 x_1 时，继电器释放输出量由 y_1 降到零。x 再减小，y 值均为零。x_2 为继电器的吸合值，欲使继电器吸合，输入量必须等于或大于 x_2；x_1 为继电器的释放值，欲使继电器释放，输入量必须等于或小于 x_1。

2. 电流继电器、电压继电器与中间继电器

（1）电流继电器。电流继电器的输入量是电流，它是根据输入电流大小而动作的继电器。电流继电器的线圈串入电路中可以反映电路电流的变化。

其线圈匝数少、导线粗、阻抗小。电流继电器可分为欠电流继电器和过电流继电器。

欠电流继电器用于欠电流保护或控制，如直流电动机励磁绕组的弱磁保护、电磁吸盘中的欠电流保护、绕线式异步电动机启动时电阻的切换控制等。欠电流继电器的动作电流整定范围为线圈额定电流的 30% ～ 65%。电流正常不欠电流时，欠电流继电器处于吸合动作状态，常开触点处于闭合状态，常闭触点处于断开状态；当电路出现不正常现象或故障现象导致电流下降或消失时，继电器因流过的电流小于释放电流而动作，所以欠电流继电器的动作电流为释放电流而不是吸合电流。

过电流继电器用于过电流保护，如起重机电路中的过电流保护。过电流继电器在电路正常工作时流过正常工作电流。正常工作电流小于继电器整定的动作电流时，继电器不动作，只有电流超过动作电流整定值时才动作。过电流继电器动作时，其常开触点闭合，常闭触点断开。过电流继电器整定范围为 110% ～ 400% 额定电流，其中交流过电流继电器为 110% ～ 400% 额定电流，直流过电流继电器为 70% ～ 300% 额定电流。

常用的电流继电器的型号有 JL12、JL15 等。电流继电器作为保护电器时，其图形符号如图 1-7 所示。

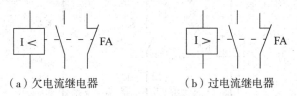

（a）欠电流继电器　　　　　　　（b）过电流继电器

图 1-7　电流继电器的图形符号

（2）电压继电器。电压继电器的结构与电流继电器相似，不同的是电压继电器线圈为并联的电压线圈，所以匝数多、导线细、阻抗大。

电压继电器按动作电压值的不同有过电压继电器、欠电压继电器和零电压继电器之分。过电压继电器在电压为额定电压的 110% ～ 115% 时有保护动作；欠电压继电器在电压为额定电压的 40% ～ 70% 时有保护动作；零电压继电器在电压降至额定电压的 5% ～ 25% 时有保护动作。

电压继电器的图形符号和文字符号如图 1-8 所示。电压继电线圈中用 U<（或 U>）表示欠电压（或过电压）继电器。

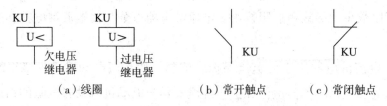

（a）线圈　　　　　　（b）常开触点　　　（c）常闭触点

图 1-8　电压继电器的图形符号和文字符号

（3）中间继电器。中间继电器在控制电路中起逻辑变换和状态记忆的作用，还用于扩展触点的容量和数量；另外，在控制电路中还有调节各继电器、开关之间的动作时间防止电路误动作的作用。中间继电器实质上是一种电压继电器，它是根据输入电压的有或无而动作的，一般触点对数多、触点容量大，额定电流为 5 ～ 10 A。中间继电器体积小，动作灵敏度高，一般不用于直接控制电路的负荷。但当电路的负荷电流在 5 A 以下时也可代替接触器起控制负荷的作用。中间继电器的工作原理和接触器一样，触点较多，一般为四常开和四常闭触点。目前国内常用的中间继电器有 JZ7、JZ8（交流）、JZ14、JZ15、JZ17（交流）等系列，引进产品有德国西门子公司的 3TH 系列和 BBC 公司的 K 系列等。

中间继电器的图形符号如图 1-9 所示，文字符号为 KA。

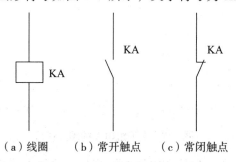

（a）线圈　　（b）常开触点　　（c）常闭触点

图 1-9　中间继电器图形符号

JZ15 系列中间继电器型号含义如图 1-10 所示。

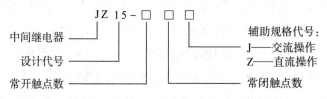

图 1-10　JZ15 系列中间继电器型号含义

3. 电磁式继电器的选用

（1）使用类别的选用。根据继电器的用途来选择相应类别的继电器。如 AC-11 控制交流电磁铁负载，DC-11 控制直流电磁铁负载。

（2）额定工作电压和额定工作电流的选择。继电器正常工作时，线圈所需要的电压为其额定电压，此时的电流为额定工作电流。另外，继电器最高工作电压为继电器的绝缘电压，继电器最高工作电流应小于继电器额定发热电流。

（3）工作制的选用。继电器工作制应与使用场合工作制一致，且实际操作频率应低于继电器额定操作频率。

（4）返回系数的调节。根据控制要求来调节电压和电流继电器的返回系数，一般采用增加衔铁吸合后的气隙、减小衔铁打开后的气隙和适当放松释放弹簧等措施来调整。

4. 时间继电器

时间继电器在控制电路中用于控制时间，按其动作原理可分为电磁式、空气阻尼式、电动式和电子式等，按延时方式可分为通电延时型和断电延时型。空气阻尼式时间继电器是利用空气阻尼原理获得延时的，它由电磁机构、延时机构和触头系统三部分组成。空气阻尼式时间继电器可以做成通电延时型，也可以做成断电延时型，电磁机构可以是直流的，也可以是交流的，如图 1-11 所示。时间继电器线圈和延时接点的图形符号都有两种画法。线圈中的延时符号可以不画，接点中的延时符号可以画在左边，也可以画在右边，但是圆弧的方向不能改变，如图 1-11（b）、（d）所示。

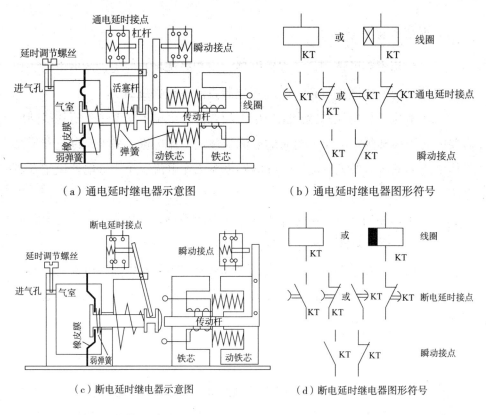

（a）通电延时继电器示意图　　　　（b）通电延时继电器图形符号

（c）断电延时继电器示意图　　　　（d）断电延时继电器图形符号

图 1-11　空气阻尼式时间继电器示意图及图形符号

现以通电延时型时间继电器为例介绍其工作原理。

图 1-11（a）中，通电延时型时间继电器为线圈不通电时的情况。当线圈通电后，动铁芯吸合带动 L 型传动杆向右运动，使瞬动接点受压，其接点瞬时动作。活塞杆在塔形弹簧的作用下带动橡皮膜向右移动，弱弹簧将橡皮膜压在活塞上。橡皮膜左方的空气不能进入气室形成负压，只能通过进气孔进气。因此活塞杆只能缓慢地向右移动，其移动的速度和进气孔的大小有关（通过延时调节螺丝调节进气孔的大小，可改变延时时间）。经过一定的延时后，活塞杆移动到右端，通过杠杆压动微动开关（通电延时接点）使其常闭触头断开、常开触头闭合，起到通电延时作用。

当线圈断电时，电磁吸力消失，动铁芯在反力弹簧的作用下释放，并通过活塞杆将活塞推向左端。这时气室内中的空气通过橡皮膜和活塞杆之间的缝隙排掉，瞬动接点和延时接点迅速复位，无延时。

如果将通电延时型时间继电器的电磁机构反向安装就可以改为断电延时

型时间继电器，如图 1-11（c）所示。当线圈不通电时，塔形弹簧将橡皮膜和活塞杆推向右侧，杠杆将延时接点压下（注意原来通电延时的常开接点现在变成了断电延时的常闭接点，原来通电延时的常闭接点现在变成了断电延时的常开接点）。当线圈通电时，动铁芯带动 L 型传动杆向左运动，使瞬动接点瞬时动作，同时推动活塞杆向左运动。如前所述，活塞杆向左运动，延时接点瞬时动作。当线圈失电时，动铁芯在反力弹簧的作用下返回，瞬动接点瞬时动作，延时接点延时动作。

空气阻尼式时间继电器的优点是结构简单、延时范围大、寿命长、价格低廉且不受电源电压及频率波动的影响；其缺点是延时误差大、无调节刻度指示，一般适用于延时精度要求不高的场合。常用的产品有 JS7-A、JS23 等系列，其中 JS7-A 系列的主要技术参数如下：延时范围分 0.4 ~ 60 s 和 0.4 ~ 180 s 两种；操作频率为 600 次 /h；触头容量为 5 A；延时误差为 ±15%。在使用空气阻尼式时间继电器时应保持延时机构的清洁，防止因进气孔堵塞而失去延时作用。在选用时间继电器时，应根据控制要求选择其延时方式，根据延时范围和精度选择继电器的类型。

5. 热继电器

热继电器是一种利用电流热效应原理工作的电子元件，主要用于电气设备的过负荷保护。热继电器在电路中主要与接触器配合使用，用于对异步电动机的过负荷和断相保护，而不能用于瞬时过载保护及短路保护。三相异步电动机在实际运行中常会遇到由电气或机械等引起的过电流（过载和断相）现象。如果过电流不严重，持续时间短，绕组不超过允许温升，这种过电流就是允许的；如果过电流情况严重，持续时间较长，则会加快电动机绝缘老化，甚至烧毁电动机。因此，在电动机回路中应设置电动机保护装置。

（1）热继电器的工作原理。最常用的热继电器是双金属片式热继电器。双金属片式热继电器均为三相式，有带断相保护和不带断相保护两种。图 1-12（a）是双金属片式热继电器的结构示意图，图 1-12（b）是其图形符号。由图可见，热继电器主要由双金属片、热元件、复位按钮、传动杆、拉簧、调节旋钮、复位螺丝、触点和接线端子等组成。

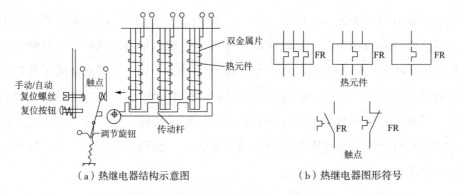

（a）热继电器结构示意图　　（b）热继电器图形符号

图 1-12　热继电器结构示意图及图形符号

双金属片是一种用机械碾压方法将两种膨胀系数不同的金属碾压成一体的金属片。膨胀系数大的为主动层，膨胀系数小的为被动层。由于两种膨胀系数不同的金属紧密地贴合在一起，当产生热效应时，双金属片向膨胀系数小的一侧弯曲，由弯曲产生的位移带动触头动作。

热元件一般由铜镍合金或铁铬铝等合金电阻材料制成，其形状有圆丝、扁丝、片状和带材几种。热元件串接于电机的定子电路中，通过热元件的电流就是电动机的工作电流。当电动机正常运行时，其工作电流通过热元件产生的热量不足以使双金属片变形，热继电器不会动作。当电动机发生过电流且超过整定值时，双金属片的热量增大而发生弯曲，经过一定时间后使触点动作，通过控制电路切断电动机的工作电源。同时热元件也因失电而逐渐降温，经过一段时间的冷却，双金属片恢复到原来状态。

热继电器动作电流的调节是通过旋转调节旋钮来实现的。调节旋钮为一个偏心轮，旋转调节旋钮可以改变传动杆和动触点之间的传动距离。距离越长，动作电流就越大；反之，动作电流就越小。

热继电器复位方式有自动复位和手动复位两种。将复位螺丝旋入，使常开的静触点向动触点靠近，这样动触点在闭合时就处于不稳定状态，在双金属片冷却后，动触点也返回，此为自动复位方式。如将复位螺丝旋出后，触点不能自动复位，则为手动复位方式。在手动复位方式下，需在双金属片呈恢复状时按下复位按钮才能使触点复位。

（2）热继电器的选择原则。热继电器主要用于电动机的过载保护，使用时应考虑电动机的工作环境、启动情况、负载性质等因素，具体应从以下几个方面来选择。

①热继电器结构形式的选择：星形接法的电动机可选用两相或三相结构热继电器，三角形接法的电动机应选用带断相保护装置的三相结构热继电器。

②热继电器的动作电流整定值一般为电动机额定电流的 1.05 ～ 1.1 倍。

③对于重复短时工作的电动机（如起重机电动机），由于电动机不断重复升温，热继电器双金属片的温升跟不上电动机绕组的温升，电动机将得不到可靠的过载保护，所以不宜选用双金属片热继电器，而应选用过电流继电器或能反映绕组实际温度的温度继电器来进行保护。

6.速度继电器

按速度原则动作的继电器称作速度继电器。它主要应用于三相笼型异步电动机的反接制动中，因此又称作反接制动控制器。

感应式速度继电器主要由定子、转子和触点三部分组成。转子是一个圆柱形永磁铁，定子是一个笼型空心圆环，由硅钢片叠制而成，并装有笼型绕组。

如图 1-13 所示，为感应式速度继电器原理示意图。其转子的轴与被控电动机的轴相连接。当电动机转动时，速度继电器的转子随之转动。到达一定转速时，定子在感应电流和力矩的作用下跟随转动；到达一定角度时，装在定子轴上的摆锤推动簧片（动触点）动作，使常闭触点打开，常开触点闭合；当电动机转速低于某一数值时，定子产生的转矩减小，触点在簧片作用下返回原来位置，使对应的触点恢复原来状态。

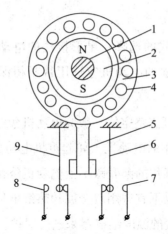

1—转轴；2—转子；3—定子；4—绕组；5—摆锤；6、9—簧片；7、8—静触点。

图 1-13　感应式速度继电器的原理示意图

一般感应式速度继电器转轴转速在 120 r/min 左右、触点动作在 100 r/min 以下时，触点复位。

速度继电器的图形及文字符号如图 1-14 所示。

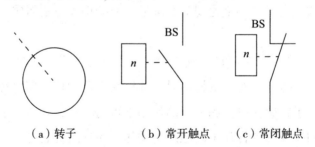

（a）转子　　　（b）常开触点　　（c）常闭触点

图 1-14　速度继电器的图形和文字符号

1.2.3　熔断器

1. 熔断器的定义

熔断器是一种在电路中起短路保护（有时也做过载保护）作用的保护电器。低压熔断器是根据电流的热效应原理工作的，使用时串接在被保护线路中。当线路发生短路或严重过载时，熔体产生的热量会使自身熔化而切断电路。熔断器具有反时限特性，即过载电流小时熔断时间长，过载电流大时熔断时间短。在一定过载电流范围内，当电流恢复正常时，熔断器不会熔断，可继续使用。

低压熔断器由熔断体（简称熔体）、熔断器底座和熔断器支持件组成。熔体是核心部件，做成丝状（熔丝）或片状（熔片）。低熔点熔体由锑铅合金、锡铅合金、锌等材料制成，高熔点熔体由铜、银、铝制成。

常用的熔断器有瓷插式熔断器 RC1A 系列、无填料管式熔断器 RM10 系列、螺旋式熔断器 RL1 系列、有填料封闭式熔断器 RTO 系列及快速熔断器 RSO 和 RS3 系列等。

2. 熔断器的分类

熔断器的类型很多，按结构形式可分为瓷插式熔断器、螺旋式熔断器、封闭式熔断器、自复式熔断器和快速熔断器等。

（1）瓷插式熔断器。常用的瓷插式熔断器有 RC1A 系列，它由瓷盖、瓷底座、触头和熔丝等组成。由于其结构简单、价格便宜、更换熔体方便，因此广泛应用于 380 V 及以下的配电线路末端，作为电力、照明负荷的短路保护。

（2）螺旋式熔断器。常用的螺旋式熔断器有 RL1 系列，它由瓷底座、瓷帽和熔断管组成。熔断管上有一个标有颜色的熔断指示器。当熔体熔断时熔断指示器会自动脱落，显示熔丝已熔断。在装接使用时，电源线应接在下接线座上，负载线应接在上接线座上，这样在更换熔断管时（旋出瓷帽），金属螺纹壳的上接线座便不会带电，从而保证维修者安全。螺旋式熔断器多用于机床配线中做短路保护。

螺旋式熔断器的熔管内装有石英砂或稀有气体，用于熄灭电弧，具有较高的分断能力，并带有熔断指示器。当熔体熔断时，指示器会自动弹出。螺旋式熔断器主要用于电压等级 500 V 及以下、电流等级 200 A 及以下的电路中，且由于具有较好的抗震性能，常用于机床电气控制设备中。

（3）封闭式熔断器。封闭式熔断器可分为无填料、有填料两种。无填料封闭式熔断器是将熔体装入密闭式圆筒中制成的，分断能力较小，如 RM10 系列，主要用于低压电力网络成套配电设备（电压等级 500 V 及以下、电流等级 600 A 及以下的电力网或配电设备）中的短路保护和连续过载保护。有填料封闭式熔断器一般用方形瓷管内装石英砂及熔体制成，具有较大的分断能力，如 RT12、RT14、RT15 系列，主要用于较大电流的电力输配电系统（电压等级 500 V 及以下、电流等级 1 kA 及以下的电路）中的短路保护和连续过载保护。

（4）自复式熔断器。自复式熔断器是一种新型熔断器，如 RZ1 系列。它以金属钠作为熔体，在常温下具有高电导率，允许通过正常的工作电流。当电路发生短路故障时，短路电流产生高温，使钠迅速气化，气态钠呈现高阻态，从而限制了短路电流；当短路电流消失后，温度下降，金属钠重新固化，恢复原来的良好导电性能。因此，自复式熔断器的优点是不必更换熔体，能重复使用，但缺点是只能限制短路电流，不能真正切断故障电路，一般与断路器配合使用。

（5）快速熔断器。快速熔断器主要用于半导体整流元件或整流装置的短路保护，如 RS3 系列。半导体元件的过载能力很低，只能在极短时间内承担较大的过载电流，因此要求熔断器具有快速短路保护的能力。

3. 熔断器的选择

熔断器的选择主要是对熔断器类型的选择和对熔体额定电压、电流的选择。

（1）熔断器类型的选择。选择熔断器类型的主要依据是使用场合、负载的保护特性以及短路电流的大小。对于容量小的电动机和照明支路，一般考虑过载保护，通常选用铅锡合金熔体的 RQA 系列的熔断器；对于容量较大的电动机和照明干路，则需着重考虑短路保护和分断能力，通常选用具有较高分断能力的 RM10 和 RL1 系列的熔断器；当短路电流很大时，则应选用具有限流作用的 RT0 和 RT12 系列的熔断器。

（2）熔体额定电压和电流的选择。

①熔断器的额定电压必须等于或大于熔断器所在电路的额定电压。

②保护无启动过程的平稳负载（如照明线路、电阻、电炉等）时，熔体额定电流应略大于或等于负载电路中的额定电流。

③保护单台设备长期工作的电机的熔体电流应按最大起动电流选取，也可按下式选取：

$$I_{RN} \geqslant (1.5 \sim 2.5) I_N \qquad (1-1)$$

式中：I_{RN} 为熔体额定电流；I_N 为电机额定电流。

如果电机频繁启动，式（1–1）中系数 1.5 ～ 2.5 应适当放大至 3 ～ 3.5，具体根据实际情况而定。

④保护多台设备长期工作的电机可按下式选取：

$$I_{RN} \geqslant (1.5 \sim 2.5) I_{Nmax} + \sum I_N \tag{1–2}$$

式中：I_{Nmax} 为容量最大的单台电机的额定电流；$\sum I_N$ 为其余电机额定电流之和。

4. 熔断器的型号和电气符号

熔断器的典型产品有 R16、R17、RL96、RLS2 系列螺旋式熔断器，RLIB 系列带断相保护螺旋式断路器，RT14 系列有填料封闭式断路器。熔断器各型号的含义如图 1–15 所示。

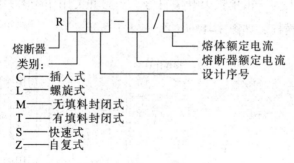

图 1-15　熔断器各型号含义

1.3　刀开关与低压断路器

1.3.1　刀开关

刀开关是低压电器中应用十分广泛的一类手动操作电子元件，主要作用是隔离。常用的刀开关有 HD 型单投刀开关、HS 型双投刀开关、HR 型熔断器式刀开关、HZ 型组合开关、HK 型刀开关、HY 型倒顺开关等。

HD 型、HS 型、HR 型刀开关主要用在成套配电装置中作为隔离开关，容量比较大，其额定电流 100 ～ 1500 A。隔离开关没有灭弧装置，只能操作空载线路或电流很小的线路，如小型空载变压器、电压互感器等。操作时应注意，停电时应将线路的负荷电流用断路器、负荷开关等开关电器切断后再将隔离开关断开，送电时操作顺序相反。隔离刀开关由于控制负荷能力很小，也没有保护线路的功能，所以通常不能单独使用，一般要和能切断负荷电流和故障电流的电子元件（如熔断器、断路器和负荷开关等电子元件）一起使用。

HZ 型组合开关、HK 型刀开关一般用于电气设备及照明线路的电源开关；HY 型倒顺开关、HH 型铁壳开关装有灭弧装置，一般用于电气设备的启动、停止控制。

1.HD 型单投刀开关

HD 型单投刀开关按极数分为一极、二极、三极，其示意图及图形符号如图 1-16 所示，（a）为直接手动操作，（b）为手柄操作，（c）～（h）为刀开关的图形符号和文字符号。其中，图 1-16（c）为一般图形符号，（d）为手动符号，（e）为三极单投刀开关符号。当刀开关用作隔离开关时，其图形符号上加有一横杠，如图 1-16（f）～（h）所示。

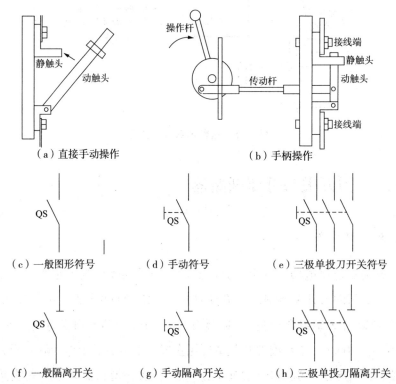

（a）直接手动操作 （b）手柄操作

（c）一般图形符号 （d）手动符号 （e）三极单投刀开关符号

（f）一般隔离开关 （g）手动隔离开关 （h）三极单投刀隔离开关

图 1-16 HD 型单投刀开关示意图及图形符号

单投刀开关的型号含义如图 1-17 所示。

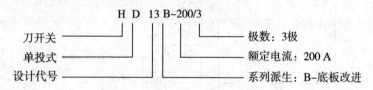

图 1-17　单投刀开关的型号含义

其设计代号及含义：11——中央手柄式；12——侧方正面杠杆操作机构式；13——中央正面杠杆操作机构式；14——侧面手柄式。

2.HS 型双投刀开关

HS 型双投刀开关也称转换开关，常用于双电源的切换或双供电线路的切换等，其示意图及图形符号如图 1-18 所示。双投刀开关由于具有机械互锁的结构特点，可以防止双电源的并联运行和两条供电线路同时供电。

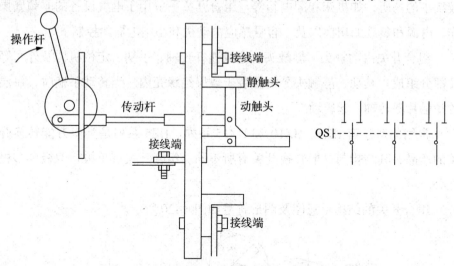

图 1-18　HS 型双投刀开关示意图及图形符号

3. HR 型熔断器式刀开关

HR 型熔断器式刀开关也称刀熔开关，它实际上是将刀开关和熔断器组合成一体的电器，在供配电线路上应用很广泛，其工作示意图及图形符号如图 1-19 所示。刀熔开关可以切断故障电流，但不能切断正常的工作电流，所以一般应在无正常工作电流的情况下进行操作。

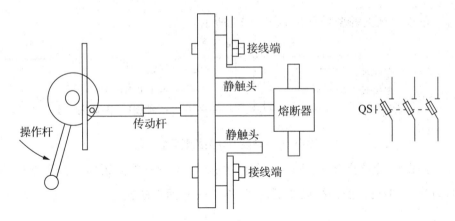

图 1-19　HR 型熔断器式刀开关示意图及图形符号

4. 组合开关

组合开关又称转换开关，控制容量比较小，结构紧凑，常用于空间比较狭小的场所，如机床和配电箱等。组合开关一般用于电气设备的非频繁操作、电源和负载的切换以及小容量感应电动机和小型电器的控制。

组合开关由动触头、静触头、绝缘连杆转轴、手柄、定位机构及外壳等几部分组成。其动、静触头分别叠装于数层绝缘壳内。当转动手柄时，每层的动触片随转轴一起转动。

常用的产品有 HZ5、HZ10 和 HZ15 系列。HZ5 系列是类似万能转换开关的产品，其结构与一般转换开关有所不同。组合开关有单极、双极和多极之分。

组合开关的结构示意图及图形符号如图 1-20 所示。

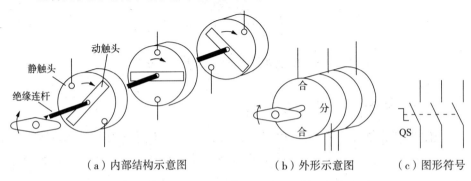

（a）内部结构示意图　　　　（b）外形示意图　　　（c）图形符号

图 1-20　组合开关的结构示意图和图形符号

5. 开启式负荷开关和封闭式负荷开关

开启式负荷开关和封闭式负荷开关是一种手动电器，常用于电气设备与电源的隔离，有时也用来直接启动小容量的鼠笼型异步电动机。

（1）HK型开启式负荷开关。HK型开启式负荷开关俗称闸刀或胶壳刀开关。它由于结构简单、价格便宜、使用维修方便，故得到广泛应用。该开关主要用作电气照明电路和电热电路、小容量电动机电路的不频繁控制开关，也可用作分支电路的配电开关。

胶底瓷盖刀开关由熔丝、触刀、触点座和底座组成。此种刀开关装有熔丝，可起短路保护作用。刀开关在安装时手柄要向上，不得倒装或平装，以避免由于重力自动下落而误动合闸。接线时应将电源线接在上端，负载线接在下端，这样拉闸后刀开关的刀片与电源隔离，既便于更换熔丝，又可防止可能发生的意外事故。

（2）HH型封闭式负荷开关。HH型封闭式负荷开关俗称铁壳开关，主要由钢板外壳、触刀开关、操作机构、熔断器等组成。刀开关带有灭弧装置，能够通断负荷电流。熔断器用于切断短路电流。一般用在小型电力排灌、电热器、电气照明线路的配电设备中，用于不频繁地接通与分断电路，也可直接用于异步电动机的非频繁全压启动控制。

铁壳开关的操作结构有两个特点。一是采用储能合闸方式，即利用一根弹簧来执行合闸和分闸的功能，使开关闭合和分断时的速度与操作速度无关。它既有助于改善开关的动作性能和灭弧性能，又能防止触点停滞在中间位置。二是设有连锁装置，以保证开关合闸后便不能打开箱盖，而在箱盖打开后不能再合闸，起到安全保护作用。

1.3.2　低压断路器

开关电器广泛用于配电系统和电力拖动控制系统，用来隔离电源、保护和控制电气设备。过去常用的刀开关是一种结构简单、价格低廉的手动电器，主要用于接通和切断长期工作设备的电源及不经常启动及制动、容量小于7.5 kW的异步电动机。现在大部分开关电器的使用场合基本上都被断路器占领。低压断路器俗称自动开关或空气开关，用于低压配电电路中不频繁的通断控制。在电路发生短路、过载或欠电压等故障时，低压断路器能自动分断故障电路，是一种控制兼保护电器。

断路器的种类繁多，按其用途和结构特点可分为框架式断路器、塑料外壳式断路器、直流快速断路器和限流式断路器等。框架式断路器主要用作配电线路的保护开关，而塑料外壳式断路器除可用作配电线路的保护开关外，还可用作电动机、照明电路及电热电路的控制开关。

下面以塑壳断路器为例简单介绍断路器的结构、工作原理、使用与选用方法。

1. 低压断路器的结构及工作原理

低压断路器主要由三个基本部分组成：触头、灭弧系统和各种脱扣器。脱扣器包括过电流脱扣器、失压（欠电压）脱扣器、热脱扣器、分励脱扣器等。开关是靠操作机构手动或电动合闸的触头闭合后，由自由脱扣器机构将触头锁在合闸位置上的。当电路发生故障时，低压断路器通过各自的脱扣器使自由脱扣机构动作，自动跳闸，实现保护作用。

（1）过电流脱扣器。当流过断路器的电流在整定值以内时，过电流脱扣器所产生的吸力不足以吸动衔铁。当电流超过整定值时，强磁场的吸力克服弹簧的拉力拉动衔铁，使自由脱扣机构动作，断路器跳闸，实现过流保护。

（2）失压（欠电压）脱扣器。失压脱扣器的工作过程与过电流脱扣器恰恰相反。当电源电压在额定电压时，失压脱扣器产生的磁力足以将衔铁吸合，使断路器保持在合闸状态。当电源电压下降到低于整定值或降为零时，在弹簧的作用下衔铁释放自由脱扣机构使其动作而切断电源。

（3）热脱扣器。热脱扣器的作用和工作原理与前面介绍的热继电器相同。

（4）分励脱扣器。分励脱扣器用于远距离操作。在正常工作时，其线圈是断电的；在需要远程操作时，按动按钮使线圈通电，其电磁机构使自由脱扣机构动作，断路器跳闸。

2. 低压断路器的选择原则

低压断路器的选择应从以下几方面考虑。

（1）应根据使用场合和保护要求来选择断路器的类型。如一般情况选用塑壳式，短路电流很大时选用限流型，额定电流比较大或有选择性保护要求时选用框架式，控制和保护含有半导体器件的直流电路时应选用直流快速断路器等。

（2）断路器额定电压、额定电流应大于或等于线路和设备的正常工作电压、工作电流。

（3）断路器极限通断能力应大于或等于电路最大短路电流。

（4）欠电压脱扣器额定电压应等于线路额定电压。

（5）过电流脱扣器的额定电流应大于或等于线路的最大负载电流。

3. 低压断路器的主要参数

低压断路器的主要参数如下。

（1）额定电压：指断路器在长期工作时的允许电压，通常等于或大于电路的额定电压。

（2）额定电流：指断路器在长期工作时的允许持续电流。

（3）通断能力：指断路器在规定的电压、频率以及规定的线路参数（交流电路为功率因数，直流电路为时间常数）下所能接通和分断的短路电流值。

（4）分断时间：指断路器切断故障电流所需的时间。

4. 低压断路器的主要类型

低压断路器的分类有多种：按极数分，有单极、两极、三极和四极；按保护形式分，有电磁脱扣器式、热脱扣器式、复合脱扣器式（常用）和无脱扣器式；按分断时间分，有一般和快速式（先于脱扣机构动作，脱扣时间在 0.02 s 以内）；按结构形式分，有塑壳式、框架式、模块式等。

电力拖动与自动控制线路中常用的自动空气开关为塑壳式。塑壳式低压断路器又称装置式低压断路器，具有用模压绝缘材料制成的封闭型外壳。该外壳将所有构件组装在一起。塑壳式低压断路器用作配电网络的保护装置和电动机、照明电路及电热器等的控制开关。

模块化小型断路器由操作机构、热脱扣器、电磁脱扣器、触头系统、灭弧室等部件组成，所有部件都置于一个绝缘壳中。在结构上具有外形尺寸模块化（9 mm 的倍数）和安装导轨化的特点，即单极断路器的模块宽度为18 mm，凸颈高度为45 mm。它安装在标准的35 mm 电器安装轨上，利用断路器后面的安装槽及带弹簧的夹紧卡子定位，拆卸方便。该系列断路器可用作线路和交流电动机等的电源控制开关及过载、短路等的保护装置，广泛应用于工矿企业、建筑及家庭等场所。

传统断路器的保护功能是利用热效应或电磁效应原理，并通过机械系统的动作来实现的。智能化断路器的特征是采用了以微处理器或单片机为核心的智能控制器（智能脱扣器）。它不仅具备普通断路器的各种保护功能，同时还能实时显示电路中的各种电气参数（电流、电压、功率因数等），对电路进行在线监视、测量、试验、自诊断和通信等，还能够对各种保护功能的动作参数进行显示、设定和修改，将电路动作时的故障参数存储在非易失存储器中，以便查询。

智能化断路器有框架式和塑料外壳式两种。框架式智能化断路器主要用作智能化自动配电系统中的主断路器。塑料外壳式智能化断路器主要在配电网络中分配电能和用于线路及电源设备的控制与保护，也可用于三相笼型异步电动机的控制。

第2章 基本电气控制系统与电路设计

2.1 电气图基础知识探究

电气控制系统是由电气设备及电气元件按照一定的控制要求连接而成的。各类电气控制设备都有相应的电气控制线路。这些电气控制线路不管是简单还是复杂，一般来说都是由几个基本环节组成的。在分析控制线路原理和判断故障时，一般都是从这些基本控制环节着手的。因此，掌握电气控制线路的基本环节对整个电气控制线路的工作原理分析及维修会有很大的帮助。

电气控制线路的基本环节包括电机的启动、调速和制动等。

2.1.1 电气工程图及其绘制

1. 电气工程图概述

对于设备电气控制系统的组成结构、工作原理及安装、调试、维修等技术要求，需要用统一的工程语言来表达，这种工程语言即电气工程图。常用的电气工程图一般包括电气原理图、电器布置图和电气安装接线图三种。

各种图的图纸尺寸一般选用 297 mm×210 mm、297 mm×420 mm、297 mm×630 mm 和 297 mm×840 mm 四种幅面。有特殊需要可按 GB/T 14689—2008《技术制图图纸幅面和格式》国家标准选用其他尺寸。

（1）电气制图规范。为了表达电气控制系统的设计意图，便于分析系统工作原理及安装、调试和检修等技术要求，控制系统必须采用统一的图形符号和文字符号。国家标准局参照国际电工委员会（IEC）颁布的文件，制定了我国电气设备的有关国家标准，如《电气简图用图形符号第 1 部分：一般要求》（GB/T 4728.1—2018）、《机械电气安全机械电气设备第 1 部分：通用技术条件》（GB 5226.1—2008）、《电气技术用文件的编制第 1 部分：规则》（GB/T 6988.1—2008）、《工业系统、装置与设备以及工业产品结构原则与参照代号第 3 部分：应用指南》（GB/T 5094.3—2005），规定从 1990 年 1 月 1 日起电气图中的图形符号和文字符号必须符合最新的国家标准。

（2）图形符号。图形符号通常用于图样或其他文件，用来表示一个设备或概念的图形、标记或字符。它由符号要素、一般符号和限定符号等组成。

①符号要素。它是一种具有确定意义的简单图形，必须同其他图形组合才能构成一个设备或概念的完整符号。如接触器常开主触点的符号就由接触器触点功能符号"⌓"和常开触点符号"⌵"组合而成。

②一般符号。一般符号是用来表示一类产品和此类产品特征的一种简单的符号。如电机的一般符号为"✳"；"*"号用 M 代替可表示电动机，用 G 代替则可表示发电机。

③限定符号。限定符号是用于提供附加信息的一种加在其他符号上的符号。限定符号一般不能单独使用，但它可使图形符号更具多样性。例如，在电阻器一般符号的基础上分别加上不同的限定符号，则可得到可变电阻器、压敏电阻器、热敏电阻器等。

（3）文字符号。文字符号适用于电气技术领域中技术文件的编制，用以标明电气设备装置和元器件的名称及电路的功能、状态和特征。

文字符号可分为基本文字符号和辅助文字符号。

①基本文字符号。基本文字符号有单字母符号与双字母符号两种。

单字母符号按拉丁字母顺序将各种电气设备、装置和元器件划分为 23 个大类。每一类都用一个专用单字母符号表示，如"C"表示电容器类，"R"表示电阻器类等。

双字母符号由一个表示种类的单字母符号与另一个字母组成，且以单字母符号在前另一字母在后的次序列出。如"F"表示保护器件类，"FU"则表示熔断器。

②辅助文字符号。辅助文字符号是用来表示电气设备、装置和元器件

以及电路的功能、状态和特征的符号。如"RD"表示红色，"L"表示限制等。辅助文字符号也可以放在表示种类的单字母符号之后组成双字母符号，如"SP"表示压力传感器，"YB"表示电磁制动器等。为简化文字符号，若辅助文字符号由两个以上的字母组成，允许只采用其第一位字母进行组合，如"MS"表示同步电动机。辅助文字符号还可以单独使用，如"ON"表示接通，"PE"表示保护接地，"M"表示中间线等。

（4）线路和三相电气设备端标记。电气线路采用字母、数字、符号及其组合标记。三相交流电源引入线采用 L1、L2、L3 标记，中性线采用 N 标记。

电源开关之后的三相交流电源主电路分别按 U、V、W 顺序标记。分级三相交流电源主电路采用在三相文字代号 U、V、W 的前边加上阿拉伯数字 1、2、3 等的方式来标记，如 1U、1V、1W，2U、2V、2W 等。

各电动机分支电路各接点标记采用三相文字代号后面加数字的形式来表示。数字中的个位数字表示电动机代号，十位数字表示该支路各接点的代号，从上到下按数值大小顺序标记。如 U11 表示 M1 电动机的第一相的第一个接点代号，U21 为第一相的第二个接点代号，依次类推。

电动机绕组首端分别用 U、V、W 标记，尾端分别用 U′、V′、W′ 标记。双绕组的中点则用 U″、V″、W″ 标记。控制电路采用阿拉伯数字编号标记，一般由 3 位或 3 位以下的数字组成。标注方法按"等电位"原则进行。在垂直绘制的电路中标号顺序一般由上而下编号。凡是被线圈、绕组、触点或电阻、电容等元件间隔的线段都应标以不同的电路标号。

2. 电气原理图

用图形符号和项目代号表示电路各个电器元件连接关系和电气工作原理的图称为电气原理图。该图由于结构简单，层次分明，适用于研究和分析电路工作原理，在设计部门和生产现场得到广泛应用，但它并不反映电气元件的实际大小和安装位置。电气原理图一般按功能分为主电路和辅助电路两个部分。主电路是从电源到电动机大电流通过的路径。辅助电路包括控制电路、照明电路、信号电路及保护电路等，由继电器和接触器的线圈、继电器的触点、接触器的辅助触点、按钮、照明灯、信号灯、控制变压器等电器元件组成。下面介绍电气原理图的绘制原则、方法及注意事项。

（1）电气原理图的绘制原则。

①电气原理图一般按功能将主电路和辅助电路分开绘制。

②控制系统中的全部电机电器和其他器械的带电部件都应在原理图中表示出来。图中各个电气元件不画实际外形图，而是采用国家规定的统一标准图形符号、文字符号来绘制。

③原理图中各个电气元件和部件在控制线路中的位置应根据便于阅读的原则进行安排。同一电气元件的各个部件可以不画在一起，如继电器、接触器的线圈和触点就可以不画在一起。

④图中元件、器件和设备的可动部分都按没有通电和外力作用时的开闭状态画出。例如，继电器、接触器的触点按吸引线圈没有通电时的状态画，主令控制器、万能转换开关按手柄处于零位时的状态画，按钮、行程开关的触点按不受外力作用时的状态画等。

⑤原理图的绘制应布局合理，排列均匀。为了便于看图，可以水平布置，也可以垂直布置。

⑥电气元件应按功能布置，并尽可能按工作顺序排列。其布局顺序应该从上到下、从左到右。电路垂直布置时类似项目宜横向对齐，水平布置时类似项目应纵向对齐。例如，图 2-1 中的线圈就属于类似项目，由于线路采用垂直布置，所以接触器线圈横向对齐。

⑦电气原理图中有直接联系的交叉导线，连接点要用黑圆点表示，无直接联系的交叉导线连接点不画黑圆点。

（2）图幅分区及符号位置索引。为了便于确定图上的内容，也为了在用图时便于查找图中各项目的位置，往往需要将图幅分区。

图幅分区的方法：在图的边框处，竖边方向用大写拉丁字母编号，横边方向用阿拉伯数字编号，顺序应从左上角开始。图幅分区样式如图 2-1 所示。

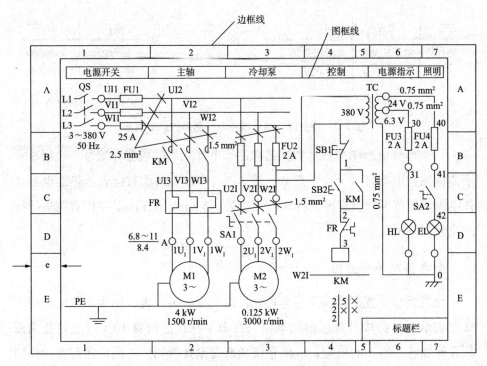

图 2-1　CW6132 型卧式车床的电气原理图

图幅分区后相当于在图上建立了一个坐标。项目和连接线的位置可用如下方式表示：①用行的代号（拉丁字母）表示；②用列的代号（阿拉伯数字）表示；③用区的代号表示。区的代号为字母和数字的组合，且字母在左，数字在右。

在具体使用时，对水平布置的电路一般只需标明行的标记，对垂直布置的电路一般只需标明列的标记，复杂的电路需标明组合标记。

在图 2-1 中，图区编号下方的"电源开关"等字样表明了其对应的下方元件或电路的功能，使读者能清楚地知道某个元件或某部分电路的功能，以利于理解全电路的工作原理。图 2-1 中 KM 线圈下方的符号是接触器 KM 相应触点的索引，它表示接触器 KM 的主触点在图区 2，动合辅助触点在图区 5。

电气原理图中接触器和继电器线圈与触点的从属关系应用附图表示，即在原理图中相应线圈的下方给出触点的文字符号，并在其下面注明相应触点的索引代号。对未使用的触点用"×"表明，有时也可省略。

接触器的上述表示法中，各栏的含义如图 2-2（a）所示，对继电器的表示方法如图 2-2（b）所示。

左栏	中栏	右栏		左栏	右栏
在触点所在图区	常开辅助触点所在图区	常闭辅助触点所在图区		常开触点所在图区	常闭触点所在图区

| （a）各栏含义 | | | | （b）表示方法 | |

图 2-2　接触器、继电器在电气图中的索引表示

（3）电气原理图中技术数据的标注。电气元件的数据和型号一般用小号字体标注在电器代号下面。例如，图 2-1 中 FR 下面的数据表示热继电器动作电流值的范围和整定值的标注，图中的 1.5 mm²、2.5 mm² 字样表明该导线的截面积。

3. 电器元件布置图

电器元件布置图反映了各电器元件的实际安装位置，图中电器元件用实线框表示而不必按其外形形状画出。在图中往往还留有 10% 以上的备用面积及导线管（槽）的位置，以供布线和改进设计时用。在图中还需要标注出必要的尺寸。

电器位置图详细绘制了电气设备元件的安装位置。图中各电器代号应与有关电路图和电器清单上所有的元器件代号相同。图 2-3 为 CW6132 型卧式车床电器位置图。图中 FU1 ～ FU4 为熔断器，KM 为接触器，FR 为热继电器，TC 为照明变压器，XT 为接线端板。

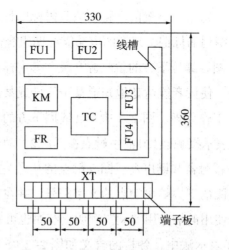

图 2-3　CW6132 型车床电器位置图

4. 电气安装接线图

电气安装接线图主要用于安装接线、线路检查、线路维护和故障处理，它表示在设备电控系统各单元和各元器件间的接线关系，并标注出了所需数据，如接线端子号、连接导线参数等。

绘制电气互连图的原则：外部单元同一电器的各部件画在一起，其布置要尽可能符合电器实际情况；各电器元件的图形符号、文字符号和回路标记均以电气原理图为准并保持一致；不在同一控制箱和同一配电屏上的各电器元件的连接必须经接线端子进行；互连图中的电气互连关系用线束表示，连接导线应注明导线规范（数量、截面积等），一般不表示实际走线途径，施工时由操作者根据实际情况选择最佳走线方式；对于控制装置的外部连接线应在图上或用接线表表示清楚并标明电源的引入点。

2.1.2　电气控制线路的分析方法

电气控制线路的分析通常按照由主到辅、由上到下、由左到右的原则进行。较复杂图形通常可以化整为零，将控制电路化成几个独立环节的细节进行分析，然后再串为一个整体进行分析。

1. 电气控制线路阅读分析的步骤

（1）阅读设备说明书，了解设备的机械结构、电气传动方式、对电气控制的要求、电机和电器元件的布置情况以及设备的使用操作方法、各种按钮和开关等的作用，熟悉图中各器件的符号和作用。

（2）在电气原理图上先分清主电路或执行元件电路和控制电路，从主电路着手，根据电动机的拖动要求分析其控制内容，包括启动方式、有无正反转、调速方式、制动控制和手动循环等基本环节，并根据工艺过程了解各电器设备之间的相互联系、采用的保护方式等。

（3）控制电路由各种电器组成，主要用来控制主电路工作。在分析控制电路时一般根据主电路接触器主触头的文字符号到控制电路中去找与之相对应的控制线圈，再进一步弄清楚电动机的控制方式。

（4）了解机械传动和液压传动情况。

（5）阅读其他电路环节，如照明、信号指示、监测、保护等各辅助电路环节。

2. 电气控制线路阅读分析的一般方法

阅读和分析电气控制线路图的方法主要有两种：查线读图法和逻辑代数法。

（1）查线读图法

查线读图法也称跟踪追击法或者直接读图法，是目前广泛采用的一种看图分析方法。查线读图分析法以某一电动机或电器元件线圈为对象，从电源开始，由上而下、自左至右逐一分析其接通断开关系，并区分出主令信号、连锁条件、保护环节等，从而分析出各种控制条件与输出结果之间的因果关系。

采用查线读图法分析电气线路时一般应先从电动机着手，根据主电路中的控制元件的主肋点、电阻等大致判断电动机是否有正反转控制、制动控制和调速要求等。

查线读图法直观性强，容易掌握，因而被广泛采用。其缺点是分析复杂线路时容易出错，叙述也较长。

（2）逻辑代数法

逻辑代数法又称间接读图法，是通过对电路的逻辑表达式的运算来分析控制电路的一种看图分析方法。其关键是正确写出电路的逻辑表达式。

应用逻辑代数法分析电气控制线路的具体步骤是，先写出控制电路各控制元件、执行元件动作条件的逻辑表达式，并记住逻辑表达式中各变量的初始状态；然后发出指令控制信号，通常是按下启动按钮或某一开关；紧接着分析判别哪些逻辑式为 "1"（"1" 即得电状态）以及由于相互作用而使其逻辑式为 "1" 者；最后再考虑执行元件有何动作。

继电接触器控制线路中逻辑代数规定如下：继电器、接触器线圈得电状态为 "1"，线圈失电状态为 "0"；继电器、接触器控制的按钮触点闭合状态为 "1"，断开状态为 "0"。为了清楚地反映元件状态，元件线圈、常开触点（动合触点）的状态用相同字符（如接触器为 KM）来表示，而常闭触点（动断触点）的状态以 "0" "1" 表示。若 KM 为 "1" 状态，则表示线圈得电，接触器吸合，其常开触点闭合，常闭触点断开。得电、闭合都是"1"状态，而断开则为"0"状态。若 KM 为"0"状态则与上述相反。在继电接触器控制线路中，把表示触点状态的逻辑变量称为输入逻辑变量，把表示继电器、接触器等受控元件的逻辑变量称为输出逻辑变量。输出逻辑变量是根据输入逻辑变量经过逻辑运算得出的。输入、输出逻辑变量的这种相互关系被称为逻辑函数关系，也可用真值表来表示。

逻辑代数法读图的优点是，只要控制元件的逻辑表达式写得正确并且对式中各指令元件、控制元件的状态清楚，则电路中各电器元件之间的联系和制约关系在逻辑表达式中便一目了然，通过对逻辑函数的具体运算，各控制元件的动作顺序、控制功能一般也不会遗漏，而且采用逻辑代数法后，也为电气线路采用计算机辅助分析提供了方便。该方法的主要缺点是，对于复杂的电气线路，其逻辑表达式烦琐冗长，分析过程也比较麻烦。

总之，上述两种读图分析法各有优缺点，可根据具体需要选用。逻辑代数法以查线读图法为基础，因而首先应熟练掌握查线读图分析法，在此基础上再去理解和掌握其他各种读图分析法。

2.2　电动机直接启动控制与降压启动控制

2.2.1　电动机直接启动控制

三相笼型异步电动机具有结构简单、坚固耐用、价格便宜、维修方便等优点，获得了广泛的应用。对它的启动控制有直接启动与降压启动两种方式。

笼型异步电动机的直接启动是一种简单、可靠、经济的启动方法。由于直接起动电流可达电动机额定电流的 4 ~ 7 倍，过大的起动电流会造成电网电压显著下降，直接影响在同一电网工作的其他电动机，甚至使它们停转或无法启动，故直接启动电动机的容量受到一定限制。可根据启动电动机容量、供电变压器容量和机械设备是否容许来分析，也可用下面的经验公式来确定：

$$\frac{I_{ST}}{I_N} \leqslant \frac{3}{4} + \frac{S}{4P} \tag{2-1}$$

式中：I_{ST} 为电动机全压起动电流 A；I_N 为电动机额定电流 A；S 为电源变压器容量 kV·A；P 为电动机容量 kW。

通常规定，电动机容量在 10 kW 以下的三相异步电动机可采用直接启动。

下面以三相笼型异步电动机的直接启动控制为例，介绍组成电器控制线路的基本环节。这些规律同样适用于绕线型异步电动机和直流电动机的控制线路。

1. 自锁控制

如图 2-4 所示，为三相笼型异步电动机的直接启动、自由停车的控制线路，它是一个最简单的常用控制线路。其中主电路由刀开关 QS 起隔离作用，熔断器 FU 对主电路进行短路保护，接触器 KM 的主触头控制电动机的启动、运行和停止，热继电器 FR 用作过载保护。

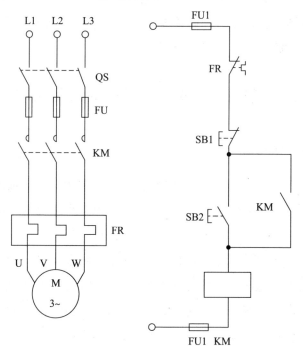

控制电路中 FU1 用于短路保护；SB2 为启动按钮；SB1 为停止按钮

图 2-4 三相笼型异步电动机启、自由停车控制线路

（1）线路工作原理。合上 QS 即引入三相电源。当按下 SB2 时，交流接触器 KM 线圈通电，其主触点闭合使电动机 M 直接启动运行。同时与 SB2 并联的常开辅助触点 KM 闭合。这样当手松开使 SB2 复位时，KM 线圈仍可通过 KM 的辅助触点继续通电，使电动机连续运行。这种依靠接触器自身辅助动合触点使其线圈保持通电的现象称为自锁（或称自保）。起自锁作用的辅助动合触点称为自锁触点（或称自保触点），这样的控制线路称为具有自锁（或自保）的连续控制线路。

要使电动机停止运转，只要按下停止按钮 SB1 即可将控制电路断开。这时接触器 KM 断电释放，KM 的主触点将三相电源切断，M 立即停转。同时 KM 的辅助触点断开，切断线圈 KM 的电源。当手动松开停止按钮 SB1 后，主回路和控制回路均已断电。

（2）电路保护环节。

①熔断器 FU1 作为电路的短路保护。

②热继电器 FR 起过载保护作用。由于热继电器热惯性比较大，即使热元件流过几倍额定电流，热继电器也不会立即动作。只有在电动机长时间过载时，FR 才动作，断开控制电路并使电动机停转，从而实现电动机过载保护。

③欠电压保护与失压保护是依靠接触器本身的电磁机构来实现的。当电源电压由于某种原因而严重欠电压或失压时，接触器的衔铁自行释放，电动机停转。而当电源电压恢复正常时，接触器线圈也不能自动通电。只有在操作人员再次按下启动按钮 SB2 后，电动机才会启动。这又叫零电压保护。采用欠压和失压保护，可防止电动机超低压运行而损坏，还可以防止电源电压恢复时电动机突然启动运转，避免损坏设备和发生伤人事故。

2.点动及单向连接控制线图

实际生产中有的生产机械需要点动控制。所谓"点动"就是按下按钮，KM 通电，电动机旋转；松开按钮，KM 断电，电动机停转。所以连续运行与点动的区别是启动按钮有无自锁回路。图 2-5 列出了点动和连续控制的几种控制线路。

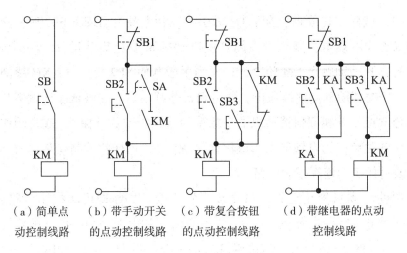

（a）简单点　　（b）带手动开关　　（c）带复合按钮　　（d）带继电器的点动
　动控制线路　　的点动控制线路　　的点动控制线路　　　控制线路

图 2-5　电动机点动控制和连续控制

图 2-5（a）是最简单的点动控制线路。当按下 SB 时，交流接触器 KM 线圈通电，其主触点闭合，使电动机 M 启动运行；当手松开使 SB 复位时，控制电路断开，这时接触器 KM 断电释放，KM 的主触点将三相电源切断，M 立即停转。图 2-5（b）是带手动开关 SA 的点动控制线路。当需要点动时，将开关 SA 打开，取消 SB2 的自锁回路，即可实现点动控制；当需要连续工作时，合上 SA 开关，将自锁触点接入，即可实现连续控制。图 2-5（c）中增加了一个复合按钮 SB3，这样点动控制时按下 SB3，其常闭触点先断开自锁电路常开触头，后闭合接通启动控制线路，KM 线圈通电，主触点闭合，电动机启动旋转；当松开 SB3 时，KM 线圈断电，主触点断开，电动机停止转动。若需要电动机长期工作，则按下 SB2 即可。停机时需按停止按钮 SB1。图 2-5（d）是利用中间继电器实现点动的控制线路。利用启动按钮 SB2 控制中间继电器 KA。KA 的常开触点并联在 SB3 两端控制接触器 KM 实现电动机的连续运转。当需要点动时，按下 SB3 按钮，KM 通电；松开 SB3，KM 断电。

3. 互锁控制

在实际应用中，往往要求生产机械改变运动方向，如工作台的前进和后退、电梯的上升和下降等，这就要求电动机能实现正反转控制。对于三相异步电动机来说，可通过正反向接触器改变电动机定子绕组的电源相序来实现。电动机正反转控制线路如图 2-6 所示。图中 KM1、KM2 分别为正、反向接触器，它们的主触点接线的相序不同。KM1 按 U—V—W 相序接线，KM2 按 V—U—W 相序接线，即 U、V 两相对调，所以两个接触器分别工作时电动机的旋转方向不一样，实现了电动机的可逆运转。

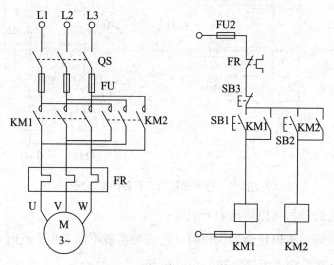

图 2-6　电动机正反转控制线路

如图 2-6 所示，控制线路虽然可以完成正反转的控制任务，但这个线路是有缺点的。在按下正转启动按钮 SB1 时，KM1 线圈通电并且自锁，接通正序电源，电动机正转。若发生错误操作，在接下 SB1 的同时又按下反转启动按钮 SB2，KM2 线圈通电并自锁，此时在主电路中将发生 U、V 两相电源短路事故。

为了避免上述事故的发生，就要求保证两个接触器不能同时工作。这种在同一时间里两个接触器中只允许一个工作的控制作用称为互锁或联锁。图 2-7 为带接触器联锁保护的正反转控制线路。在正、反两个接触器中互串一个对方的动断触点，这对动断触点称为互锁触点或连锁触点。这样当按下正转启动按钮 SB1 时，正转接触器 KM1 线圈通电，主触点闭合，电动机正转。与此同时，由于 KM1 的动断辅助触点断开而切断了反转接触器 KM2 的线圈电路，因此即使是按反转启动按钮 SB2 也不会使反转接触器的线圈通电工作。同理，在反转接触器 KM2 动作后，也保证了正转接触器 KM1 的线圈电路不能再工作。

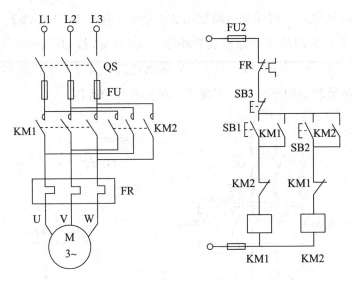

图 2-7　接触器联锁正反转控制线路

由以上的分析可以得出如下规律：

其一，当要求甲接触器工作时，乙接触器就不能工作，此时应在乙接触器的线圈电路中串入甲接触器的动断触点；

其二，乙接触器工作时甲接触器不能工作，此时要在两个接触器线圈电路中互串对方的动断触点。

但是，如图 2-7 所示，接触器联锁正反转控制线路也有个缺点，即在正转过程中要求反转时，必须先按下停止按钮 SB1 让 KM1 线圈断电，联锁触点 KM1 闭合，这样才能按反转启动按钮使电动机反转。这使操作变得不方便。为了解决这个问题，在生产上常采用复式按钮和触点联锁的控制线路，如图 2-8 所示。

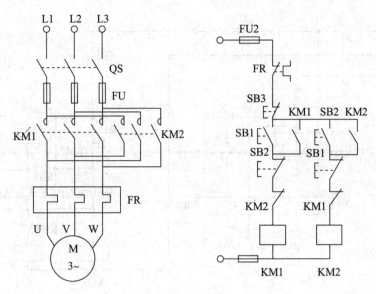

图 2-8　复合联锁的正反转控制线路

　　在图 2-8 中保留了由接触器动断触点组成的互锁电气联锁，并添加了由按钮 SB1 和 SB2 的动断触点组成的机械联锁。这样当电动机由正转变为反转时，只须按下反转按钮 SB2 便会接通 SB2 的动断触点，断开 KM1 电路，使 KM1 起互锁作用的触点闭合，接通 KM2 线圈，控制电路实现电动机反转。

　　这里须注意，复式按钮不能代替联锁触点的作用。例如，当主电路中正转接触器 KM1 触点发生熔焊（即静触点和动触点烧蚀在一起）现象时，由于相同的机械连接 KM1 的触点在线圈断电时不复位，KM1 的动断触点处于断开状态，可防止反转接触器 KM2 通电使主触点闭合造成电源短路故障。这种保护作用仅采用复式按钮是做不到的。

　　这种线路既能实现电动机直接正反转的要求，又保证了电路能可靠地工作，通常在电力拖动控制系统中广泛使用。

4. 顺序控制与多地控制

　　（1）多台电动机的顺序控制。在生产实践中，常要求各种运动部件之间或生产机械之间能够按顺序工作。例如，车床主轴转动时要求油泵先给润滑油，主轴停止后油泵方可停止润滑，即要求油泵电动机先启动，主轴电动机后启动，主轴电动机停止后才允许油泵电动机停止。实现该过程的控制线路如图 2-9 所示。

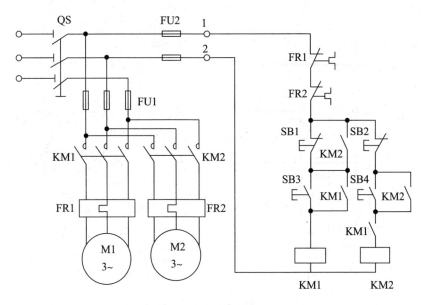

图 2-9　顺序控制线路

　　在图 2-9 中，M1 为油泵电动机，M2 为主轴电动机，其分别由 KM1、KM2 控制。SB1、SB3 分别为 M1 的停止、启动按钮，SB2、SB4 分别为 M2 的停止、启动按钮。由图可见，将接触器 KM1 的动合辅助触点串入接触器 KM2 的线圈电路中，只有当接触器 KM1 线圈通电、动合触点闭合后才允许 KM2 线圈通电，即电动机 M1 启动后才允许电动机 M2 启动。将主轴电动机接触器 KM2 的动合触点并联在油泵电动机的停止按钮 SB1 两端，即当主轴电动机 M2 启动后，SB1 被 KM2 的动合触点短路，不起作用，直到主轴电动机接触器 KM2 断电，油泵停止，按钮 SB1 才能起到断开 KM1 线圈电路的作用，油泵电动机才能停止。这样就实现了按顺序启动、按顺序停止的连锁控制。

　　总结上述关系可以得到如下控制规律：

　　一是若要求甲接触器工作后方允许乙接触器工作，则在乙接触器线圈电路中串入甲接触器的动合触点；

　　二是若要求乙接触器线圈断电后方允许甲接触器线圈断电，则将乙接触器的动合触点并联在甲接触器的停止按钮两端。

　　（2）多地点控制。在大型设备中，为了操作方便，常常要求能在多个地点进行控制。如图 2-10 所示，为一台笼型三相异步电动机单向旋转的两地控制线路。

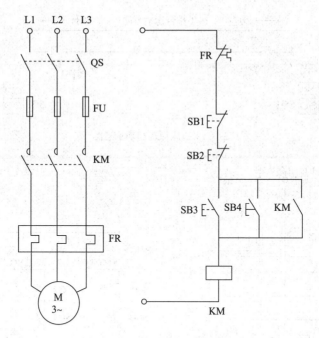

图 2-10　两地控制线路

在图 2-10 中，各启动按钮是并联的，即当按下任一处启动按钮，接触器线圈都能通电并自锁；各停止按钮是串联的，即当按下任一处停止按钮，都能使接触器线圈断电，电动机停转。

由此可得出普遍结论：

一是欲使几个电器都能控制甲接触器通电，则几个电器的常开触点应并联到甲接触器的线圈电路中；

二是欲使几个电器都能控制甲接触器断电，则几个电器的常闭触点应串联到甲接触器的线圈电路中。

5. 行程控制

在机床电气设备中，有时要求机床能够自动往返运动，即要求控制线路实现电动机正反转的自动切换。自动往返行程控制线路如图 2-11 所示。电动机的正反转是实现工作台自动往返循环的基本环节。控制线路按照行程控制原则，采用限位开关对生产机械运动的行程位置进行控制。

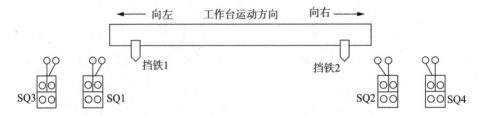

（a）机床往返运动示意图

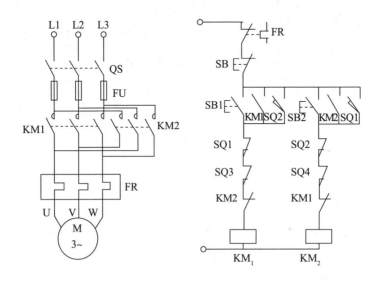

（b）机床自动往返运动控制线路

图 2-11　自动往返行程控制线路

图 2-11（b）中，KM2 控制电动机向右前进，KM1 控制电动机向左前进。控制线路的工作过程如下：合上开关 QS，按下启动按钮 SB2，接触器 KM2 线圈通电，电动机 M 正转，工作台向右前进；前进到终点位置，挡铁 2 压动限位开关 SQ2，SQ2 常闭触点断开，KM2 线圈失电，KM2 常闭触点复位，同时 SQ2 常开触点闭合，使 KM1 线圈通电，电动机 M 反转，工作台向左后退；后退到终点位置，挡铁 2 压动限位开关 SQ1，SQ1 常闭触点先断开，KM1 线圈失电，KM1 常闭触点复位，同时 SQ1 常开触点闭合，KM2 通电，电动机又正转，工作台又向右前进。如此往返循环工作，直至按下停止按钮 SB1，KM1（或 KM2）断电，电动机都停转。

另外，SQ4、SQ3 分别为正、反向极限保护开关，防止限位开关 SQ1 和 SQ2 失灵时工作台从床身上冲出。

2.2.2 电动机降压启动控制

为了减小起动电流，在电动机启动时必须采取适当措施。下面将分别介绍笼型异步电机和绕线型异步电机限制起动电流的控制线路。

1. 笼型异步电动机的启动控制线路

笼型异步电动机限制起动电流常采用降压启动的方法，即启动时将定子绕组电压降低，启动结束将定子电压升至全压，使电动机在全压下运行。降压启动的方法很多，如定子绕组串电阻（电抗）降压启动、定子串自耦变压器降压启动、Y－△降压启动等。无论哪种方法，对控制的要求都是相同的，即给出启动指令后先降压，当电动机接近额定转速时再加全压。这个过程是以启动过程中的某一变化参量为控制信号自动进行的。在启动过程中，转速、电流、时间等参量都在发生变化，原则上这些变化的参量都可以作为启动的控制信号。以转速和电流为变化参量控制电动机启动受负载变化、电网电压波动的影响较大，往往造成启动失败；以时间为变化参量控制电动机启动换接是靠时间继电器的动作，不论是负载变化或是电网电压波动，都不会影响时间继电器的整定时间，时间继电器可以按时切换，不会造成启动失误。所以，控制电动机启动几乎毫无例外地以时间为变化参量来进行控制。

（1）定子绕组串电阻降压启动。如图 2–12 所示，为定子绕组串电阻的降压启动控制线路。该线路是根据启动过程中时间的变化，利用时间继电器控制降压电阻的切除的。

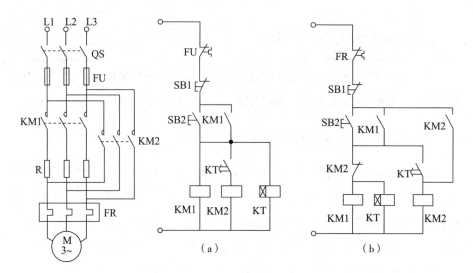

图 2-12   定子绕组串电阻的降压启动控制线路

启动过程如下：

合上 QS → 按下 SB2 → KM1 通电 → KM1 触点闭合并自锁 → 定子串 R 启动

$\qquad$ → KT 通电 —延时 $t(\text{s})$→ KT 常开触点闭合 —

→ KM2 通电 → KM2 触点闭合并自锁，短接电阻 R → 电动机 M 全压运行

$\qquad$ → KM2 常闭辅助触点断开 → KM1 断电

$\qquad\qquad$ → KT 断电

由图 2-12（a）可以看出，本线路在启动结束后 KM1、KT 一直得电动作，这是不必要的。如果能使 KM1、KT 在电动机启动结束后断电，可减少能量损耗，延长接触器、继电器的使用寿命。其解决办法为，在接触器 KM1 和时间继电器的线圈电路中串入 KM2 的动断触点，KM2 要有自锁，如图 2-12（b）所示，这样当 KM2 线圈通电时，其动断触点断开，KM1、KT 线圈断电。定子绕组串电阻的降压启动方法由于不受电动机接线形式的限制，且设备简单，所以在中小型生产机械上应用广泛，但是定子绕组串电阻降压启动能量损耗较大，在实际中应用较少。为了节省能量，可采用电抗器代替电阻，但其成本较高。它的控制线路与电动机定子绕组串电阻的控制线路相同。

（2）定子串自耦变压器降压启动

①自耦变压器降压启动的工作原理。自耦变压器按星形接线，其接线示

意图如图 2-14 所示。启动时将电动机定子绕组接到自耦变压器二次侧。这样电动机定子绕组得到的就是自耦变压器的二次电压。改变自耦变压器抽头的位置可以获得不同的启动电压。在实际应用中，自耦变压器一般有 65%、85% 等抽头。启动完毕后，自耦变压器被切除额定电压并直接加到电动机定子绕组上，电动机进入全压正常运行。

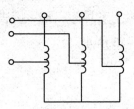

图 2-14　自耦变压器接线示意图

②自耦变压器降压启动控制线路的工作过程。图 2-15 为用两个接触器控制的自耦变压器降压启动控制电路。图中 KM1 为减压接触器，KM2 为正常运行接触器，KT 为启动时间继电器，KA 为启动中间继电器。

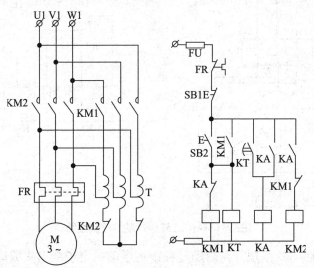

图 2-15　自耦变压器降压启动控制线路

合上电源开关，按下启动按钮 SB2，KM1 通电并自锁，将自耦变压器 T 接入电动机定子绕组，经自耦变压器供电做减压启动。同时 KT 通电并延时，KA 通电并自锁，KM1 断电，KM2 通电，自耦变压器切除，电动机在全压下正常运行。

③自耦变压器降压启动的特点。自耦变压器降压启动方法适用于电动机

容量较大、正常工作时接成星形的电动机，起动转矩可以通过改变抽头的连接位置得到改变。它的缺点是自耦变压器价格较贵而且不允许频繁启动，鉴于此，自耦变压器降压启动方式在实际工程中使用得相对较少。

（3）Y-△降压启动。凡是正常运行时，定子绕组接成三角形的笼型异步电动机均可采用 Y-△降压启动方法来达到限制起动电流的目的。Y 系列的笼型异步电动机 4.0 kW 以上者均为三角形接法，都可以用 Y-△降压启动的方法。其控制线路如图 2-13 所示。

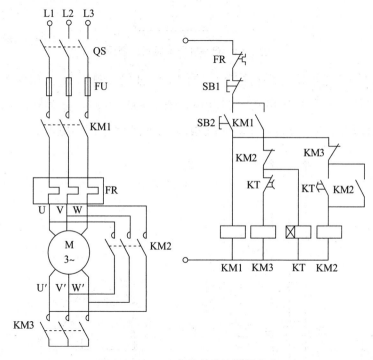

图 2-13 ·Y-△降压启动的控制线路

①降压启动的原理。在启动过程中将电动机定子绕组接成星形，使电动机每相绕组承受的电压为额定电压的 1/3，起动电流为三角形接法时起动电流的 1/3。图 2-13 中 U、U′、V、V′、W、W′ 为电动机的三相绕组。当 KM3 的动合触点闭合、KM2 的动合触点断开时，相当于 U′、V′、W′ 连在一起，为星形接法；当 KM3 的动合触点断开、KM2 的动合触点闭合时，相当于 U 与 V′、V 与 W′、W 与 U′ 连在一起，三相绕组首尾相连，为三角形接法。

②Y–△降压启动控制线路的工作过程。如图 2-13 所示，主电路有 3 个交流接触器 KM1、KM2、KM3。当接触器 KM1 和 KM3 主触头闭合时，电动机绕组为星形接法；当接触器 KM1 和 KM2 主触头闭合时，电动机绕组接成三角形接法。热继电器 FR 对电动机实现过载保护，其工作过程如下。

当合上刀开关 QS 以后，按下启动按钮，SB2 接触器、KM1 线圈、KM3 线圈以及通电延时型时间继电器 KT 线圈通电，电动机接成星形，同时通过 KM1 的动合辅助触点，自锁时间继电器开始定时。当电动机接近额定转速，即时间继电器 KT 延时时间已到 KT 的延时断开时，动断触点断开，切断 KM3 线圈电路，KM3 断电释放，其主触点和辅助触点复位，同时 KT 的动合延时闭合触点闭合，使 KM2 线圈通电自锁，主触点闭合，电动机接成三角形运行。时间继电器 KT 线圈也因 KM2 动断触点断开而失电，时间继电器的触点复位，为下一次启动做好准备。图中的 KM2、KM3 动断触点是互锁控制，防止 KM2、KM3 线圈同时得电而造成电源短路。

③Y–△降压启动的特点。Y–△降压启动具有投资少、线路简单的优点。但是在限制起动电流的同时，起动转矩也为直接启动时转矩的 1/3。因此，它只适用于空载或轻载启动的场合，且只适用于正常工作时定子绕组为三角形连接的电动机。鉴于电气传动和机械传动的大多数情况下，电机正常工作时都为三角形连接，所以 Y–△启动方式在实际工程中应用最为广泛。

2. 三相绕线型异步电动机启动控制线路

三相绕线型异步电动机较直流电动机结构简单，维护方便，调速和启动性能比笼型异步电动机优越。有些生产机械虽不要求调速，但要求较大的启动力矩和较小的起动电流，笼型异步电动机不能满足这种启动性能的要求。在这种情况下，可采用绕线型异步电动机，通过拖动滑环在转子绕组中串接外加设备，达到减小起动电流、增大起动转矩及调速的目的。

（1）转子绕组串电阻启动控制线路。图 2-16 为转子绕组串电阻启动控制线路，为了可靠控制电路，采用直流操作。启动、停止和调速采用主令控制器 SA 控制。KA1、KA2、KA3 为过流继电器，KT1、KT2 为断电延时型时间继电器。

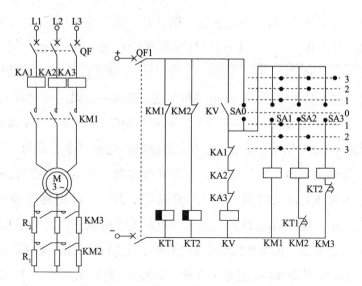

图 2-16 转子绕组串电阻启动控制线路

控制线路的工作过程如下。

①启动前准备。SA 手柄置 "0" 位，则触点 SA0 接通。合上 QF、QF1，KT1、KT2 线圈通电，其动断延时闭合触点瞬时打开。零位继电器 KV 线圈通电自锁，为 KM1、KM2、KM3 线圈的通电做好准备。

②启动过程。将 SA 由 "0" 位推向 "3" 位，SA1、SA2、SA3 闭合，KM1 线圈通电。主触点闭合，电动机每相转子串两段电阻启动。KM1 的动断辅助触点断开，KT1 线圈断电开始延时。当 KT1 延时结束时，其动断延时闭合的触点闭合，KM2 线圈通电。一方面，KM2 的动合主触点闭合，切除电阻 R1；另一方面，KM2 的动断辅助触点断开，KT2 线圈断电开始延时。当 KT2 延时结束时，其动断延时闭合的触点闭合，KM3 线圈通电，主触点闭合，切除电阻 R2，电动机进入全速运转状态。

③电动机调速控制。当要求调速时，可将主令控制器的手柄推向 "1" 位或 "2" 位。当主令控制器的手柄推向 "1" 位时，由图 2-16 可以看出，主令控制器的触点只有 SA1 接通，接触器 KM2、KM3 均不能得电，电阻 R1、R2 将接入转子电路中，电动机便在低速下运行；当主令控制器的手柄推向 "2" 位时，电动机将在转子接入一段电阻的情况下运行。这样就实现了调速控制。

④电动机停车控制。当要求电动机停车时，可将主令控制器手柄拨回

"0"位，接触器 KM1、KM2、KM3 均断电，电动机断电停车。

⑤保护环节。线路中的零位继电器 KV 起火压保护的作用。电动机每次启动前必须将主令控制器的手柄扳回到"0"位，否则电动机无法启动。KA1、KA2、KA3 做过流保护，正常时继电器不动作，动断触点闭合。若出现过流，其动断触点断开，KV 线圈断电，使 KM1、KM2、KM3 线圈断电，起到保护作用。

（2）转子绕组串频敏变阻器启动线路。

绕线型异步电动机转子串电阻的启动方法由于在启动过程中逐渐切除，转子电阻在切除瞬间电流及转矩会突然增大，产生一定的机械冲击力。如果想减小电流的冲击，必须增加电阻的级数，这将使控制线路复杂化，工作不可靠，而且启动电阻体积较大。频敏变阻器的阻抗能够随着电动机转速的上升和转子电流频率的下降而自动减小，所以它是绕线型异步电动机较为理想的一种启动装置，常用于较大容量的绕线型异步电动机的启动控制。

①频敏变阻器简介。频敏变阻器实质上是一个铁芯损耗非常大的三相电抗器。它的铁芯由几片或十几片较厚的钢板或铁板叠成，并被制成开启式。

当电动机接通电源启动时，频敏变阻器通过转子电路得到交变电动势，产生交变磁通，其电抗为 X。而频敏变阻器铁芯由较厚的钢板制成，在交变磁通作用下会产生很大的涡流损耗和较小的磁滞损耗（涡流损耗占总损耗的 80% 以上）。此涡流损耗在电路中以一个等效电阻 R 表示。电抗 X 和电阻 R 都是由交变磁通产生的，所以其大小都随转子电流频率的变化而变化。电动机启动过程中，转子电流频率 f_2 与电源频率 f_1 的关系为：$f_2=sf_1$。其中 s 为转差率。当电动机转速为零时，转差率 $s=1$，$f_2=f_1$；当 s 随着转速上升而减小时，f_2 便下降。频敏变阻器的 X、R 与 f_2 的平方成正比。因此启动开始，频敏变阻器的等效阻抗很大，限制了电动机的起动电流。随着电动机转速的升高，转子电流频率降低，等效阻抗自动减小，从而达到了自动改变电动机转子阻抗的目的，实现了平滑无级启动。当电动机正常运行时，f_2 很低（为 $5\%f_1 \sim 10\%f_1$），其阻抗很小。另外，在启动过程中，转子等效阻抗及转子回路感应电动势都是由大到小，所以实现了近似恒转矩的启动特性。

②转子串频敏变阻器启动控制线路。绕线型异步电动机转子串频敏变阻器启动控制线路如图 2-17 所示。图中 KM1 为线路接触器，KM2 为短接频敏

变阻器接触器，KT 为控制启动时间的通电延时型时间继电器，KA 为中间继电器。由于是大电流系统，热继电器 FR 接在电流互感器的二次侧。

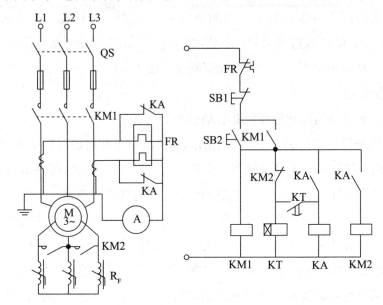

图 2-17　转子串频敏变阻器启动控制线路

线路的工作过程如下。

合上电源开关，按下启动按钮 SB2，接触器 KM1 通电并自锁，电动机接通三相交流电源，电动机转子串频敏变阻器启动，同时时间继电器 KT 线圈通电并开始延时。当延时结束，KT 的动合延时闭合触点闭合，KA 线圈通电并自锁，并使 KM2 线圈通电。KM2 的动合触点闭合，将频敏变阻器切除，电动机进入正常运转状态。

在启动过程中，为了避免启动时间过长而使热继电器误动作，可用 KA 的动断触点将热继电器 FR 的发热元件短接。

（3）两种启动方法比较。

①转子绕组串电阻的启动。由于在启动过程中逐渐切除转子电阻，在切除的瞬间，电流及转矩会突然增大并产生一定的机械冲击力。如果想减小电流的冲击，必须增加电阻的级数，这将使控制线路复杂化，工作不可靠，而且启动电阻体积较大。

②转子绕组串频敏变阻器的启动。频敏变阻器的阻抗能够随着电动机转速的上升、转子电流频率的下降而自动减小，所以它是绕线型异步电动机较

为理想的一种启动装置，常用于较大容量的绕线型异步电动机的启动控制。

2.3　异步电动机的制动控制与调速控制

电动机断电后，由于惯性作用，停车时间较长。某些生产工艺要求电动机能迅速而准确地停车，这就要对电动机进行强迫制动。制动停车的方式有机械制动和电气制动两种。机械制动是采用机械抱闸制动；电气制动是产生一个与原来转动方向相反的制动力矩。笼型异步电动机与直流电动机和绕线型异步电动机一样，制动可采用反接制动和能耗制动。无论哪种制动方式，在制动过程中电流、转速、时间三个参量都在变化。因此，可以取某一其他参量作为控制信号，在制动结束时及时取消制动转矩。

以电流为变化参量进行制动控制，由于受负载变化和电网电压波动影响较大，所以一般不被采用。如果以时间作为控制制动过程的变化参量，则其控制线路简单，价格便宜，这是它的优点。但是按时间原则控制的制动时间是整定值，而实际制动过程与负载有关。负载变动时对制动时间有影响：当负载增大时，制动时间变短，制动过程加快；反之，负载减小时，则制动时间加长，制动过程变慢。这样以时间为变化参量控制反接制动时，时间继电器按原来整定的时间动作。当负载减少时，转速还没有到零就取消了制动，延缓了制动时间；反之，当负载增大时，转速已经为零但仍未取消制动，可能造成电动机反向启动。由此可见，以时间为变化参量控制反接制动只适用于负载变化不大、制动时间基本一定的场合。

以时间为变化参量进行能耗制动时，在转速未到零时取消能耗制动，转矩很小，影响不大，当转速为零时仍未取消制动也不会反转。所以以时间为变化参量进行控制对能耗制动是合适的。

如果取转速为变化参量，用速度继电器检测转速，则能够正确地反映转速变化，不受外界因素的影响。所以反接制动常以转速为变化参量进行控制。当然能耗制动也可以以转速为变化参量进行控制。

2.3.1　反接制动

异步电动机反接制动有两种情况：一种是在负载转矩作用下使电动机

反转的倒拉反接制动，它往往出现在位能负载时，这种方法达不到停机的目的，主要是用于限制下放速度；另一种是改变三相异步电动机电源的相序进行反接制动。

反接制动是通过改变电动机电源的相序使定子绕组产生的旋转磁场与转子旋转方向相反，从而产生制动转矩的一种制动方法。应注意的是，电动机转速接近零时必须立即断开电源，否则电动机会反向旋转。

在反接制动时，电动机定子绕组流过的电流相当于全压直接启动时电流的 2 倍。为了限制制动电流对电动机转轴的机械冲击力，往往在制动过程中在定子电路中串入电阻。

1. 单向反接制动控制线路

单向运行的三相异步电动机反接制动控制线路如图 2-18 所示。图中，KM1 为单向旋转接触器，KM2 为反接制动接触器，KV 为速度继电器，R 为反接制动电阻。

线路的工作过程如下。

合上电源开关 QS，按下启动按钮 SB2，接触器 KM1 线圈通电并自锁，电动机在全压下启动运行。当转速升到某一值（通常为大于 120 r/min）后，速度继电器 KV 的动合触点闭合，为制动接触器 KM2 的通电做准备。

停车时按下停车按钮 SB1，KM1 断电，电动机定子绕组脱离三相电源，但电动机因惯性仍以很高的速度旋转，KV 原闭合的常开触点仍保持闭合；当将 SB1 按到底时，SB1 常开触点闭合，KM2 通电并自锁，电动机定子串接二相电阻接上反序电源，电动机进入反制动状态。电动机转速迅速下降，当电动机转速接近 100 r/min 时，KV 常开触点复位，KM2 断电，制动过程结束。

2. 电动机可逆运行反接制动控制线路

图 2-18 为可逆运行反接制动控制线路。图中，KM1、KM2 为正、反转接触器，KM3 为短接电阻接触器，KA1 ～ KA3 为中间继电器，KV 为速度继电器。其中 KV1 为正转闭合触点，KV2 为反转闭合触点，R 为启动与制动电阻。

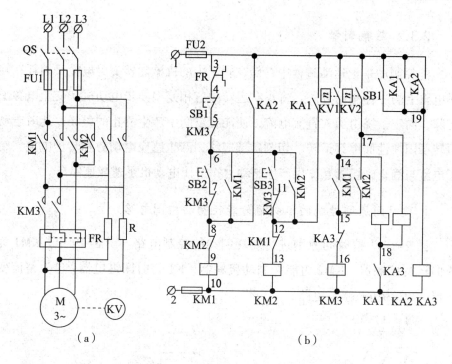

图 2-18　可逆运行反接制动控制电路

电路工作过程如下。

合上电源开关 QS，按下正转启动按钮 SB2，KM1 通电并自锁，电动机串入电阻接入正序电源启动；当转速升高到一定值时，KV1 触点闭合，KM3 通电，短接电阻电动机在全压下启动，进入正常运行状态。

停车时按下停止按钮 SB1，KM1、KM3 相继断电，电动机脱开正序电源并串入电阻，同时 KA3 通电，其常闭触点又再次切断 KM3 电路，使 KM3 断开，保证电阻 R 串接于定子电路中。由于电动机转子的惯性转速仍很高，KV1 仍然保持闭合。使 KA1 通电，触点 KA1（图 2-18）闭合，使 KM2 通电，电动机串接电阻接上反序电源实现反接制动，另一触点 KA1 闭合，使 KA3 仍通电，确保 KM3 始终处于断电状态，R 始终串入。当电动机转速下降到 100 r/min 时，KV1 断开，KA1 断电，KM2、KA3 同时断电，反接制动结束，电动机停止。

电动机反向启动和停车反接制动过程与上述工作过程相同，不再赘述。

2.3.2 能耗制动

能耗制动是把运动过程中存储在转子中的机械能转变为电能又消耗在转子电阻上的一种制动方法。将正在运转的三相笼型异步电动机从交流电源上切除，向定子绕组通入直流电流，便能在空间中产生静止的磁场。此时电动机转子因惯性而继续运转，切割磁感应线，产生感应电动势和转子电流。转子电流与静止磁场相互作用产生制动力矩，使电动机迅速减速停车。

1. 按时间原则控制的单向运行能耗制动控制电路

图 2-19 为按时间原则进行能耗制动的控制电路。图 2-19 中，KM1 为单向运行接触器，KM2 为能耗制动接触器，KT 为时间继电器，T 为整流变压器，VC 为桥式整流电路。

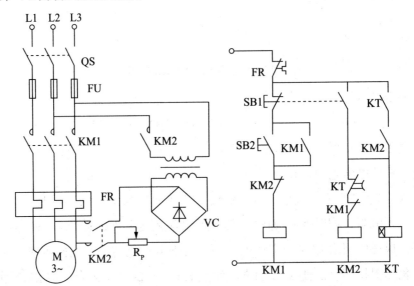

图 2-19　按时间原则控制的单向能耗制动控制电路

线路的工作过程如下。

启动时合上电源开关 QS，按下正转启动按钮 SB2，接触器 KM1 通电并自锁，主触点接通电动机主电路，电动机在全压下启动运行。

停车时按下停止按钮 SB1，其动断触点使 KM1 线圈断电，切断电动机交流电源。SB1 的动合触点闭合，接触器 KM2、时间继电器 KT 线圈通电并经 KM2 的辅助触点和 KT 的瞬动触点自锁，同时 KM2 的主触点闭合，给电动机二相定子绕组接入直流电源进行能耗制动。电动机转速在能耗制动作用下迅速下降，当接近零时，KT 延时时间到其延时触点动作，使 KM2、KT 线圈相继断电切断直流电源，制动过程结束。图 2-19 中利用 KM1 和 KM2 的动断触点进行互锁的目的是防止交流电和直流电同时加入电动机的定子绕组。

2. 按速度原则控制的可逆运行能耗制动控制电路

图 2-20 为按速度原则控制的可逆运转能耗制动控制电路。图 2-20 中，KM1、KM2 为正、反转接触器，KM3 为制动接触器。

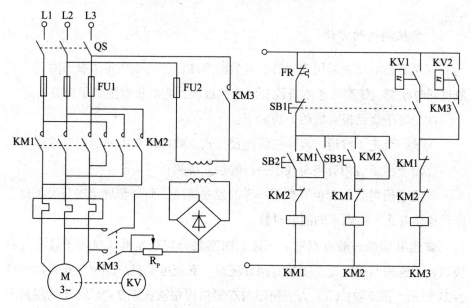

图 2-20　按速度原则控制的可逆运行能耗制动控制电路

电路工作过程如下。

合上电源开关 QS，根据需要可按下正转或反转启动按钮 SB2 或 SB3，相应的接触器 KM1 或 KM2 通电并自锁，电动机正常运转。此时速度继电器相应触点 KV1 或 KV2 闭合，为停车时接通 KM3 实现能耗制动做准备。

停车时按下停止按钮 SB1，电动机定子绕组脱离三相交流电源，同时 KM3 通电，电动机定子接入直流电源进入能耗制动，转速迅速下降。当转速降至 100 r/min 时，速度继电器 KV1 或 KV2 触点断开，此时 KM3 断电。能耗制动结束以后电动机自然停车。

2.3.3 两种制动方法的比较

能耗制动的特点是制动电流小、能量损耗小、制动准确度高，但它需直流电源，制动速度较慢，所以适用于要求平稳制动的场合。

反接制动的优点是制动能力强、制动时间短，缺点是能量损耗大、制动时冲击力大、制动准确度差。它适用于制动要求迅速、系统惯性大、制动不频繁的场合。

2.3.4 变极调速

1. 变极调速的方法

三相笼型电动机采用改变磁极对数的方法调速，改变定子极数时转子极数也同时改变。笼型转子本身没有固定的极数，它的极数随定子极数而定。

改变定子绕组极对数的方法如下：

①装一套定子绕组，改变它的连接方式，就能得到不同的极对数；

②定子槽里装两套极对数不一样的独立绕组；

③定子槽里装两套极对数不一样的独立绕组，而每套绕组本身又可以改变其连接方式，得到不同的极对数。

多速电动机一般有双速、三速、四速之分。双速电动机定子装有一套绕组，三速和四速电动机则装有两套绕组。双速电动机三相绕组连接图如图 2-21 所示。图 2-21（a）为三角形与双星形连接法；图 2-21（b）为星形与双星形连接法。应当注意，当三角形或星形连接时，$p=2$（低速），各相绕组互为 240° 电角度；当双星形连接时，$p=1$（高速），各相绕组互为 120° 电角度。为保持变速前后转向不变，改变磁极对数时必须改变电源时序。

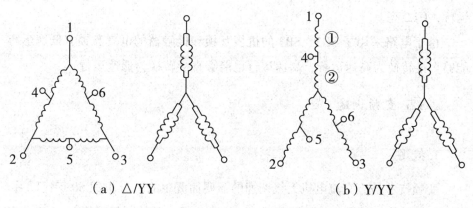

（a）△/YY　　　　　　　　（b）Y/YY

图 2-21　双速电动机三相绕组连接图

2. 双速电动机的控制线路

双速电动机调速控制线路如图 2-22 所示。图中，KM1 为△连接接触器，KM2、KM3 为双 Y 连接接触器，SB2 为低速启动按钮，SB3 为高速启动按钮，HL1、HL2 分别为低、高速指示灯。

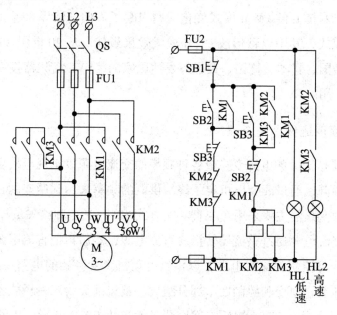

图 2-22　双速电动机调速控制线路

电路工作时，合上开关 QS，接通电源。当按下 SB2 以后，接触器 KM1 线圈通电并自锁，电动机做△连接，实现低速运行，HL1 亮。需高速运行时，按下 SB3，KM2、KM3 线圈通电并自锁，电动机接成双星形连接，实现高速运行，HL2 亮。

由于电路采用了 SB2、SB3 的机械互锁和接触器的电气互锁，低速运行能够直接转换为高速运行，高速运行也能够直接转换为低速运行。

2.3.5 变频调速

1. 概述

变频技术是应交流电机无级调速的需要而诞生的。20 世纪 60 年代以后，电力电子器件经历了 SCR（晶闸管）、GTO（门极可关断晶闸管）、BJT（双极型功率晶体管）、MOSFET（金属氧化物场效应管）、SIT（静电感应晶体管）、SITH（静电感应晶闸管）、MGT（MOS 控制晶体管）、MCT（MOS 控制晶闸管）、IGBT（绝缘栅双极型晶体管）、HVIGBT（耐高压绝缘栅双极型晶闸管）的发展过程。器件的更新促进了电力电子变换技术的发展。20 世纪 70 年代开始，脉宽调制变压变频调速研究引起了人们的高度重视。20 世纪 80 年代，作为变频技术核心的 PWM 模式优化问题引起了人们的浓厚兴趣，并产生了诸多优化模式，其中以鞍形波 PWM 模式效果最佳。从 20 世纪 80 年代后半期开始，美国、日本、德国、英国等发达国家的 VVVF 变频器投入市场并获得了广泛应用。

2. 变频调速概念及原理

变频器是把工频电源变换成各种频率的交流电源以实现电机变速运行的设备。变频调速通过改变电机定子绕组供电的频率来达到调速的目的。我们现在使用的变频器主要采用交－直－交方式（VVVF 变频或矢量控制变频），先把工频交流电源通过整流器转换成直流电源，然后再把直流电源转换成频率、电压均可控制的交流电源，以供给电动机。变频器的电路一般由整流、中间直流环节、逆变和控制四个部分组成。整流部分为三相桥式不可控整流器，逆变部分为 IGBT 三相桥式逆变器且输出为 PWM 波形，中间直流环节为滤波、直流储能和缓冲无功功率。

变频器的分类方法有多种：按照主电路工作方式分类，可以分为电压型变频器和电流型变频器；按照开关方式分类，可以分为 PAM 控制变频器、

PWM 控制变频器和高载频 PWM 控制变频器；按照工作原理分类，可以分为 V/F 控制变频器、转差频率控制变频器和矢量控制变频器等；按照用途分类，可以分为通用变频器、高性能专用变频器、高频变频器、单相变频器和三相变频器等。

3. 变频器控制方式的合理选用

控制方式是决定变频器使用性能的关键所在。目前市场上低压通用变频器品牌很多，包括欧美产、日产及国产的共 50 多种。选用变频器时不要认为档次越高越好，而要按负载的特性选择，以满足使用要求为准，以便做到量才使用、经济实惠。表 2-1 中所列参数可供选用时参考。

表 2-1　变频器控制方式参数

控制方式	$U/f=C$ 控制		电压空间矢量控制	矢量控制		直接转矩控制
反馈装置	不带 PG	带 PG 或 PID	调节器	不要	不带 PG	带 PG 或编码器
速比	1∶40	1∶60	1∶100	1∶100	1∶1000	1∶100
起动转矩（在 3 Hz）	150%	150%	150%	—	零转速时为 >150%	零转速时为 > 150% ～ 200%
静态速度精度 /%	±(0.2～0.3)	±(0.2～0.3)	±0.2	±0.2	±0.02	±0.2
适应场合	一般风机、泵类等	较高精度调速控制	一般工业上的调速或控制	所有调速或控制	伺服拖动、高精传动、转矩控制	负荷启动、起重负载转矩控制系统、恒转矩波动大负载

4. 变频器的选型原则

首先，要根据机械对转速（最高、最低）和转矩（启动连续及过载）的

要求确定最大输入功率（即电机的额定功率最小值）。经验公式为

$$P=nT/9950 \tag{2-2}$$

式中：P 为机械要求的输入功率，kW；n 为机械转速，r/min；T 为机械的最大转矩，N·m。

其次，选择电机的极数和额定功率。电机的极数决定了同步转速。要求电机的同步转速尽可能覆盖整个调速范围，使连续负载容量高一些。为了充分利用设备潜能，避免浪费，可允许电机短时超出同步转速，但必须小于电机允许的最大转速。转矩取设备在启动、连续运行、过载或最高转速等状态下的最大转矩。

最后，根据变频器输出功率和额定电流稍大于电机的输出功率和额定电流的原则来确定变频器的参数与型号。

5.MICROMASTER 420 系列变频器

MICROMASTER 420 是用于控制三相交流电动机速度的变频器系列。该系列有多种型号，从单相电源电压、额定功率 120 W 到三相电源电压、额定功率 11 kW，均可供用户选择。

本变频器由微处理器控制，并采用具有现代先进技术水平的绝缘栅双极型晶体管（IGBT）作为功率输出部件，因此，它们具有很高的运行可靠性和功能多样性。其脉冲宽度调制的开关频率是可以选择的，因而降低了电动机的噪声。全面而完善的保护功能为变频器和电动机提供了良好的保护。MICROMASTER 420 具有缺省的工厂设置参数，它是给数量众多的简单电动机控制系统供电的理想变频驱动装置。由于 MICROMASTER 420 具有全面而完善的控制功能，在设置相关参数以后，它也可用于更高级的电动机控制系统。

（1）特点。MICROMASTER 420 既可用于单机驱动系统，也可集成到"自动化系统"中。

其主要特性：易于安装；易于调试；具有牢固的 EMC 设计；可由 IT(中性点不接地）电源供电；对控制信号的响应是快速和可重复的；参数设置的范围广，确保它可对广泛的应用对象进行配置；电缆连线简单；采用模块化

设计，配置非常灵活；脉宽调制的频率高，因而电动机运行的噪声低；详细的变频器状态信息和信息集成功能；有多种可选件供用户选用，如用于 PC 通信的通信模块基本操作面板（BOP）、高级操作面板（AOP），用于进行现场总线通信的 PROFIBUS 通信模块等。

其性能特征：磁通电流控制（FCC）功能改善了动态响应和电动机的控制特性；快速电流控制（FCL）功能实现了正常状态下的无跳闸运行；内置的直流注入制动；复合制动功能改善了制动特性；加速/减速斜坡特性具有可编程的平滑功能；具有比例积分（PI）控制功能的闭环控制；多点 V/f 特性。

其保护特性：过电压/欠电压保护；变频器过热保护；接地故障保护；短路保护；I^2t 电动机过热保护；PTC 电动机保护。

（2）安装电源和电动机的接线必须按照图 2-23 所示的方法进行。打开变频器的盖子后就可以连接电源和电动机的接线端子。

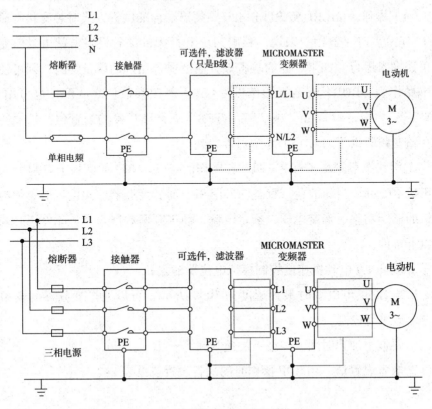

图 2-23　电源和电动机的连接方法

变频器的设计允许它在具有很强电磁干扰的工业环境下运行。通常良好的安装质量可确保运行的安全和无故障。防电磁干扰的措施如下：

①机柜内所有设备须用短而粗的接地电缆连接到公共接地点或公共的接地母线；

②变频器连接的任何设备都需要用短而粗的接地电缆连接到同一个接地网；

③由电动机返回的接地线直接连接到控制该电动机变频器的接地端子（PE）上；

④接触器的触点最好是扁平的，因为它们在高频时阻抗较低；

⑤截断电缆的端头时应尽可能整齐，保证未经屏蔽的线段尽可能短；

⑥控制电缆的布线应尽可能远离供电电源线，而使用单独的走线槽，必须与电源线交叉时应采取 90°直角交叉；

⑦无论何时，与控制回路的连接线都应采用屏蔽电缆。

（4）操作。MICROMASTER 420 变频器在标准供货方式时装有状态显示板（SDP）。对一般用户来说，利用 SDP 和厂家的缺省设置值就可以使变频器正常投入运行。如果厂家的缺省设置值不适合用户的设备情况，则可使用基本操作版（BOP）或高级操作板（AOP）修改参数使之匹配，也可用 PC IBN 工具 "Drive Monitor" 或 "STARTER" 来调整厂家的设置值。相关的软件在随变频器供货的 CD ROM 中可以找到。

①用状态显示板（SDP）调试和操作的条件。SDP 的面板上有两个 LED 用于显示变频器当前的运行状态。采用 SDP 时，变频器的预设定值必须与电动机的额定功率、额定电压、额定电流、额定频率数据兼容。此外还必须满足以下条件：

a.线性 V/f 电动机速度控制模拟电位器输入；

b.50 Hz 供电电源时最大速度为 3000 r/min，可以通过变频器的模拟输入电位器进行控制；

c.斜坡上加速时间、斜坡下加速时间等于 10 s。

②缺省设置值。用 SDP 操作时的缺省设置值见表 2-2。

表 2-2　用 SDP 操作时的缺省设置值

操作	端子	参数	缺省操作
数字输入 1	5	P 0701= '1'	ON 正向运行
数字输入 2	6	P 0702= '12'	反向运行
数字输入 3	7	P 0703= '9'	故障复位
输出继电器	10/11	P 0731= '52.3'	故障识别
模拟输出	12/13	P 0771= '21'	输出频率
模拟输入	3/40	P 0700= '0'	频率设定值

③用 SDP 进行的基本操作。使用变频器上装设的 SDP 可进行以下操作：

a. 启动和停止电动机；

b. 电动机反向；

c. 故障复位。

使用基本操作版（BOP）或高级操作板（AOP）进行参数修改、调试和操作时参看 MICROMASTER 420 变频器使用大全。

2.4　电气控制电路分析

异步电动机调速常用来改善机床的调速性能和简化机械变速装置。根据三相异步电动机的转速公式 $n = 60 f_1(1-s)/p$，三相异步电动机的调速方法有变极（p）调速、变转差率（s）调速和变频（f）调速三种。变极对数调速一般仅适用笼型异步电动机，变转差率调速可分别通过调节定子电压、改变转子电路中的电阻以及采用串级调速来实现。变频调速是现代电力传动的一个主要发展方向，已广泛应用于工业自动控制中。本节主要介绍三相笼型异步电动机变极调速电路。

2.4.1　电气控制电路分析基础

电气控制电路分析的依据是设备本身的基本结构、运行情况、加工工艺要求和电力拖动自动控制的要求，要熟悉了解控制对象，掌握其控制要求等。电气控制分析的内容是设备的技术资料，主要有设备说明书、电气原理图、电气接线图、电器元件一览表等。

1. 电气控制分析的内容

（1）设备说明书。设备说明书主要由机械、液压、电气几部分构成，分析过程中要重点掌握设备的构造、主要技术指标、机械液压、气动部分的传动方式与工作原理；了解电气传动方式，电机及执行电器的数目规格型号、安装位置、用途与控制要求；掌握设备的使用方法，了解操作手柄、开关按钮、指示信号装置及其在控制电路中的作用；熟悉了解与机械、液压部分直接关联的电器，如行程开关、电磁阀、传感器等的位置、工作状态以及与机械、液压部分的关系和它们在控制系统中的作用等。

（2）电气控制原理图。电气控制原理图由主电路、控制电路、辅助电路、保护与连锁环节以及特殊控制电路等部分组成。

（3）电气设备的总装接线图。通过电气设备的总装接线图可了解系统的组成和分布情况，各部分的连接方式，主要电器元件的布置、安装要求，以及导线和导线管的规格型号等。

（4）电器元件布置图与接线图。正确识别电器元件布置图与接线图便能迅速地找到各电器元件的测试点，以便进行检测、调试和维修等工作。

2. 电气原理图的阅读分析方法

阅读分析原则是先机后电、先主后辅、化整为零、统观全局、总结特点。

（1）先机后电。先了解设备的基本结构、运行情况、工艺要求、操作方法，以期对设备有总体了解，进而明确设备对电力拖动自动控制的要求，为阅读和分析电路做好前期准备。

（2）先主后辅。先阅读主电路，看设备由几台电动机拖动以及各台电动机的作用。结合工艺要求弄清各台电动机的启动、转向调速、制动等的控制要求及其保护环节。而主电路各控制要求是由控制电路来实现的，因此需要运用先主后辅的方法，先去阅读分析控制电路，然后再分析辅助电路。

（3）化整为零。分析控制电路时将控制电路功能分为若干个局部控制电路，从电源和主令信号开始，经过逻辑判断写出控制流程，用简单明了的方式表达出电路的自动工作过程，然后分析辅助电路。辅助电路包括信号电路、检测电路与照明电路等。

（4）统观全局。经过化整为零后逐步分析每一个局部电路的工作原理，之后还必须统观全局，弄清各局部电路之间的控制关系、连锁关系、机电液的配合情况、各种保护环节的设置等。

（5）总结特点。整机的电气控制各有特点，应予以总结。

2.4.2　Z3050型摇臂钻床电气控制电路分析

摇臂钻床是机械制造业中广泛使用的机床，适于机械加工部门对各类零件进行钻孔、扩孔、铰孔、攻螺纹及修刮端面等多种形式的加工，是通用性较好的通用机床。其操作方便、灵活，适用范围广，所以具有典型性。现以Z3050型摇臂钻床为例进行分析。

1. 机床结构和运动形式

Z3050摇臂钻床一般由底座、内立柱、外立柱、摇臂、主轴箱及工作台等部分组成，结构如图2-24所示。内立柱固定在底座上，外面套着的外立柱可绕内立柱回转360°。摇臂的一端套在外立柱上，利用丝杠的正反转控制摇臂沿外立柱做上下移动。主轴箱由主传动电动机、主轴和主轴传动机构、进给和变速机构以及机床的操作机构等部分组成。主轴箱安装在摇臂的水平导轨上，通过手轮操作可使主轴箱沿摇臂水平导轨做径向运动。

工作时，将摇臂调整到合适的高度。外立柱固定在内立柱上，摇臂固定在外立柱上，然后将零件固定在工作台上。切削加工时，主轴旋转运动为主运动，主轴的纵向运动为进给运动。此时用夹紧装置将主轴箱固定在摇臂水平导轨上。辅助运动有摇臂沿外立柱的上下垂直移动、主轴箱沿摇臂水平导轨的径向运动以及摇臂的回转运动。

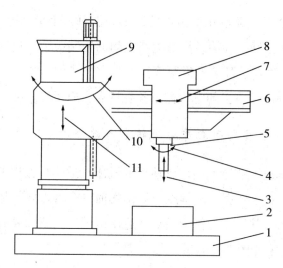

1—底座；2—工作台；3—主轴纵向进给；4—主轴旋转运动；5—主轴；6—摇臂；7—主轴箱沿摇臂
径向运动；8—主轴箱；9—内外立柱；10—摇臂回转运动；11—摇臂垂直运动。

图 2-24　Z3050 型摇臂钻床结构图

2. 机床电力拖动特点及控制要求

（1）电力拖动特点。摇臂钻床运动部件较多，为简化传动装置，要采用多电动机拖动，分别为主轴电动机、摇臂升降电动机、液压泵电动机和冷却泵电动机。

摇臂钻床的主运动与进给运动皆为主轴的运动，因此，这两种运动由一台主轴电动机拖动，分别经由主轴传动机构、进给传动机构来实现主轴的旋转与进给。

（2）控制要求。根据加工工艺，摇臂钻床的控制要求如下。

①4 台电动机容量均较小，采用直接启动方式。主轴要求正反转，但采用机械方法实现主轴电动机的单向旋转。

②升降控制电动机要求能正反转。液压泵电动机用来驱动液压泵，送出不同流向的压力油推动活塞，带动菱形块动作来实现内外立柱的夹紧与放松以及主轴箱和摇臂的夹紧与放松，故油泵电动机要求正反转。

③摇臂的调整严格按照"放松→调整→夹紧"的顺序进行，因此摇臂的夹紧、放松与摇臂升降应按上述程序自动进行。

④加工时需要对刀具冷却。冷却泵电动机负责喷洒冷却液。

⑤要求有必要的联锁和保护环节。

⑥具有机床安全照明电路与信号指示电路。

3.电气控制线路分析

（1）主电路分析。Z3050 型钻床的主电路图如图 2-25 所示。图 2-25 中，M1 为主轴电动机，M2 为摇臂升降电动机，M3 为液压泵电动机，M4 为冷却泵电动机。

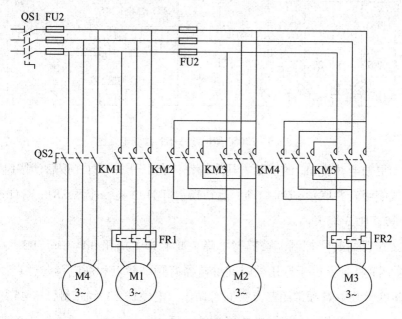

图 2-25　Z3050 型摇臂钻床的主电路图

在主电路中，M1 为单向旋转，由接触器 KM1 控制，FR1 作为 M1 的过载保护；M2 由正反转接触器 KM2、KM 控制，实现正反转；M3 用于立柱夹紧与放松、正转和反转，由 KM4、KM5 控制，FR2 作为 M3 的过载保护；手动开关 QS2 控制冷却泵电动机 M4；电路中的 QS1 为电源总开关；FU1 为总熔断器，同时作为 M1、M4 的短路保护；FU2 为 M2、M3 和变压器 TC 一次侧的短路保护。

（2）控制电路分析。Z3050 型钻床的控制电路图如图 2-26 所示。

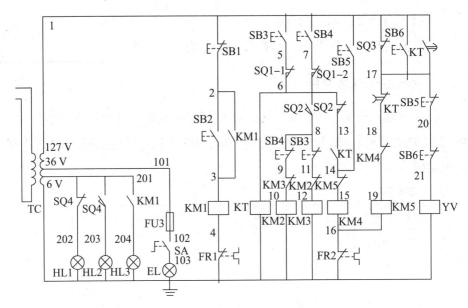

图 2-26　Z3050 型摇臂钻床的控制电路图

①主轴电动机 M1 的控制。具体操作：合上开关 QS1，按启动按钮 SB2，KM1 线圈吸合并联锁，M1 启动，运转指示灯 HL3 亮。按下 SB1，KM1 释放，M1 停转，HL3 熄灭。

②摇臂的升降控制。按摇臂下降（或上升）按钮 SB4（或 SB3），时间继电器 KT 吸合。由于选用的时间继电器有瞬动触点和断电延时触点，故通电瞬间的常开触点和常闭触点会同时动作。电磁铁 YV 和接触器 KM5 同时吸合，液压泵电动机 M3 旋转供给压力油；压力油经二位六通阀进入摇臂，松开油腔，推动活塞和菱形块使摇臂松开。摇臂松开后，活塞通过弹簧片使位置开关 SQ3 复位（即闭合），并压位置开关 SQ2，使 KM5 释放而使 KM2（或 KM3）吸合，M3 停转，升降电动机 M2 运转带动摇臂下降（或上升）。

当摇臂下降（或上升）到所需位置时松开按钮 SB4（或 SB3），KM2（或 KM3）和 KT 释放，M2 停转，摇臂停止升降。由于 KT 的瞬动触点立刻复位，断电延时触点经过 1～3 秒的延时后常闭触点闭合，KM4 得电吸合，M3 反转，液压泵反方向供给压力油使摇臂夹紧，同时活塞杆通过弹簧片压。位置开关 SQ3 置位（即断开），位置开关 SQ2 复位，使 KM4 和 YV 都释放，液压泵停止旋转。

图 2-26 中，SQ1 为摇臂升降行程的限位控制；SQ2 为摇臂的夹紧放松

与升降的转换开关；SQ3 为油压位置开关，SQ3 复位（即闭合）无油压、松开，SQ3 置位（即断开）有油压、夹紧；SQ4 为摇臂的夹紧与放松指示灯控制开关；SA 为照明灯控制开关；HL1 为夹紧指示灯，HL2 为放松指示灯；电磁铁 YV 实际是一个电磁阀门；时间继电器 KT 的作用是适应突然松开按钮 SB3（或 SB4）到摇臂升降之间的惯性时间。

③立柱和主轴箱的松开或夹紧控制。按松开按钮 SB5（或夹紧按钮 SB6），接触器 KM5（或 KM4）吸合，液压泵电机 M3 运转供给压力油，使立柱和主轴箱分别松开（或夹紧）。

④冷却泵电动机的控制。手动开关 QS2 控制冷却泵电动机 M4。

2.4.3 X62W 型卧式铣床电气控制电路分析

铣床在机械加工中用途非常广泛，其使用数量仅次于车床。铣床可以用来加工各种形式的表面，如平面、成型面及各种类型的沟槽等。铣床装上分度头后可以加工直齿轮或螺旋面，如果装上回转圆工作台还可以加工凸轮和弧形槽。铣床的种类有很多，按其结构形式和加工性能的不同，一般可以分为卧式铣床、立式铣床、龙门铣床、仿形铣床以及各种专用铣床。其中 X62W 型卧式万能铣床是实际应用最多的铣床之一。下面以 X62W 型卧式万能铣床为例进行分析。

1.X62W 型卧式铣床的结构及运动形式

X62W 型卧式万能铣床主要由底座、床身、主轴、悬梁、刀杆支架、工作台、手柄、溜板和升降台等部分组成。床身固定在底座上，其内部装有主轴的传动机构和变速操纵机构。床身的顶部安装带有刀杆支架的悬梁，可沿水平导轨移动，以调整铣刀的位置。

床身的前方（右侧面）装有垂直导轨，升降台可沿导轨做上、下垂直移动。升降台上面的水平导轨上装有可做平行于主轴线方向（横向或前后）的移动的溜板。溜板上面是可以转动的回转台，工作台就装在回转台的导轨上，它可以做垂直于主轴线方向（纵向或左右）的移动。在工作台上有固定工件的 T 形槽。这样安装在工作台上的工件就可以做上、下、左、右、前、后六个方向的位置调整或工作进给。此外，该机床还可以安装圆形工作台，溜板也可以绕垂直轴线方向左右旋转 45°，便于工作台在倾斜方向进行进给，完成螺旋槽的加工。

由以上分析可知，X62W 型卧式万能铣床的三种运动形式分别如下：

第一，主运动，指主轴带动铣刀的旋转运动。

第二，进给运动，指工作台带动工件在相互垂直的三个方向上的直线移动或圆工作台的旋转运动。

第三，辅助运动，指工作台带动工件在相互垂直的三个方向上的快速移动。

2.X62W 型卧式铣床的电力拖动特点及控制要求

（1）电力拖动特点。X62W 型卧式万能铣床由主轴电动机、工作台进给电动机、冷却泵电动机分别进行拖动。

①主轴电动机。铣削加工有顺铣和逆铣两种方式，要求主轴能正、反转，但又不能在加工过程中转换铣削方式，须在加工前选好转向，故采用倒顺开关，即正、反转转换开关控制主轴电动机的转向。为使主轴迅速停车，对主轴电动机采用速度继电器测速的串电阻反接制动。主轴转速要求调速范围广，采用变速孔盘机构选择转速。为使变速箱内齿轮易于啮合，减少齿轮端面的冲击，要求主轴电动机在主轴变速时稍微转动一下，称为变速冲动。这时也可利用限流电阻来限制主轴电动机的起动电流和起动转矩，减小齿轮间的冲击。为此，主轴电动机有三种控制：正、反转启动，反接制动和变速冲动。

②工作台进给电动机。工作台进给分机动和手动两种方式。手动进给是通过操作手轮或手柄实现的，机动进给是由工作台进给电动机配合有关手柄实现的。工作台在各个方向上往返，要求工作台进给电动机能正、反转。进给速度的转换也采用速度孔盘机构，要求工作台进给电动机也能变速冲动。为缩短辅助工时，工作台的各个方向上均有快速移动。由工作台进给电动机拖动，用牵引电磁铁使摩擦离合器合上，可减少中间传动装置，达到快速移动的目的。为此，工作台进给电动机有三种控制：进给、快速移动和变速冲动。

③冷却泵电动机。冷却泵电动机拖动冷却泵提供冷却液，对工件、刀具

进行冷却润滑，只需正向旋转。

（2）控制要求。

①两地控制。为了能及时实现控制机床，设置了两套操纵系统，在机床正面及左侧面都安装了相同的按钮、手柄和手轮，使操作方便。

②联锁。为了保证安全，防止事故，使机床有顺序地动作，采用了联锁。它要求主轴电动机启动后（铣刀旋转）才能进行工作台的进给运动，即工作台进给电动机才能启动进行铣削加工。而主轴电动机和工作台进给电动机须同时停止采用接触器联锁。工作台六个方向的进给也需要联锁，即在任何时候工作台都只能有一个方向的运动，这是采用机械和电气的共同联锁实现的。如将圆工作台装在工作台上，其传动机构与纵向进给机构耦合，经机械和电气的联锁，在六个方向的进给和快速移动都停止的情况下，圆工作台可由工作台进给，电动机拖动只能沿一个方向做回转运动。

③保护环节。三台电动机均设有过载保护，控制电路设有短路保护，工作台六个方向运动都设有终端保护。当运动到极限位置时，终端撞块碰到相应手柄使其回到中间位置，行程开关复位，工作台进给电动机停转，工作台停止运动。

3.X62W 型卧式铣床控制线路分析

X62W 型卧式铣床共有三台电动机：M1 是主轴电动机，M2 为工作台进给电动机，M3 为冷却泵电动机。由于该机床机械操作与电气开关密切相关，因此在分析电气原理图时应一一弄清机械操作手柄与相应开关电器的动作关系、各开关的作用及各开关的状态。X62W 型万能铣床电气原理图中各电器元件符号及功能说明见表 2-3。

表 2-3　X62W 型万能铣床电器元件符号及其功能

电器元件符号	名称及用途	电器元件符号	名称及用途
M1	主轴电动机	SQ6	进给变速控制开关
M2	进给电动机	SQ7	主轴变速冲动开关
M3	冷却泵电动机	SA1	冷却泵转换开关
KM1	主电动机起停控制接触器	SA3	圆工作台转换开关

电器元件符号	名称及用途	电器元件符号	名称及用途
KM2	反接制动控制接触器	SA4	照明灯开关
KM3、KM4	进给电动机正转、反转控制接触器	SA5	主轴换向开关
KM5	快移控制接触器	QS	电源隔离开关
KM6	冷却泵电动机起停控制接触器	SB1、SB2	分设在两处的主轴停止按钮
KS	速度继电器	SB3、SB4	分设在两处的主轴启动按钮
YA	快速移动电磁铁线圈	SB5、SB6	工作台快速移动按钮
R	限流电阻	FR1	主轴电动机热继电器
SQ1	工作台向右进给行程开关	FR2	进给电动机热继电器
SQ2	工作台向左进给行程开关	FR3	冷却泵热继电器
SQ3	工作台向后、向下进给行程开关	TC	变压器
SQ4	工作台向前、向上进给行程开关	FU1～FU4	熔断器

（1）主电路分析。

①主轴电动机 M1。三相电源通过熔断器 FU1 由电源隔离开关 QS 引入 X62W 型万能铣床的主电路。FR1 起过载保护作用。由主轴换向开关 SA5 预选转向。KM2 的主触头串接两相电阻并与速度继电器配合，实现 M1 的停车反接制动。另外，还通过机械机构和接触器 KM2 实现主轴的变速冲动控制。

②进给电动机 M2。进给电动机 M2 由正、反转接触器 KM3、KM4 的主触头实现正、反转，并由快速移动接触器 KM5 的主触头控制。快速进给磁铁 YA 决定着工作台的移动速度。KM5 接通，工作台做快速移动进给；KM5 断开，工作台做慢速工作进给。

③冷却泵电动机。冷却泵电动机 M3 由接触器 KM6 控制实现单向旋转。

（2）控制电路分析。

①控制电路电源。TC 变压器的一次侧接入交流电压，二次侧分别接出 220 V 与 12 V 两路二相交流电。其中，12 V 供给照明线路使用，而 220 V

则供给控制线路使用。

②主轴电动机控制。主轴电动机 M1 采用全压启动方式。启动前由组合开关 SA5 选择电动机转向。控制线路中主轴变速制动开关 SQ7 常开触点断开、SQ7 常闭触点闭合时，主轴电动机处在正常工作方式。

a. 主轴电动机的启动控制：启动前先合上电源开关 QS，再把主轴换向转换开关 SA5 扳到主轴所需要的旋转方向，然后按下启动按钮 SB3（或SB4），接触器 KM1 的线圈通电并自锁，KM1 主触头闭合，M1 实现全压启动；当主轴电动机 M1 的转速高于 120 r/min 时，速度继电器 KS 的常开触头KS-1（或 KS-2）闭合，为主轴电动机 M1 的停车反接制动做好准备。

b. 主轴电动机的停车制动控制：当需要主轴电动机 M1 停转时，按下停止按钮 SB1（或 SB2）；接触器 KM1 线圈断电释放，同时接触器 KM2 线圈通电吸合；KM2 主触头闭合，使主轴电动机 M1 的电源相序改变，进行反接制动；当主轴电动机转速低于 100 r/min 时，速度继电器 KS 的常开触头复原，反接制动接触器 KM2 线圈断电释放，KM2 主触头断开，使电动机 M1 的反向电源切断，制动过程结束以后依惯性旋转至零。

c. 主轴变速时的冲动控制：主轴变速时的冲动控制是利用变速手柄与冲动行程开关 SQ7 通过机械上的联动机构进行的；主轴变速时，先把主轴变速手柄向下压，使手柄的榫块自槽中滑出，然后拉动手柄，直到榫块落到第二道槽内为止；转动变速刻度盘，选择所需的转速，再把变速手柄以连续较快的速度推回原来的位置；当变速手柄被推向原来位置时，其联动机构瞬时压合变速行程开关 SQ7，使 SQ7 常闭触点断开，SQ7 常开触点闭合；接触器 KM2 线圈瞬时通电吸合，使主轴电动机 M1 瞬时反向转动一下，以利于变速时的齿轮啮合；当变速手柄榫块落入槽内时，SQ7 不再受压，SQ7 即刻复位，接触器 KM2 又断电释放，主轴电动机 M1 断电停转，主轴变速冲动结束。

③工作台进给电动机 M2 的控制。转换开关 SA3 是控制圆工作台运动的。在不需要圆工作台运动时，转换开关 SA3 的触头 SA3-1 闭合，SA3-2 断开，SA3-3 闭合；在接通圆工作台运动时，转换开关 SA3 的触头 SA3-1 断开，SA3-2 闭合，SA3-3 断开。

当主轴电动机 M1 的线路接触器 KM1 通电吸合后，其辅助常开触头KM1 闭合，将工作台进给运动控制电路的电源接通。所以只有在 KM1 通电吸合后工作台才能运动。工作台的运动方向有上、下、左、右、前、后六个方向。

　　a.工作台左右（纵向）运动的控制。

　　工作台左右纵向运动是由工作台进给电动机 M2 来拖动的，由工作台纵向操纵手柄来控制。此手柄是复式的，一个安装在工作台底座的正面中央部位，另一个安装在工作台底座的左下方。手柄有三个位置：向右、向左、中间位置。在接触器 KM1 的辅助触头 KM1 闭合后将手柄扳到向右或向左运动方向，手柄的联动机构使纵向运动传动丝杠的离合器接合，为纵向运动丝杠的转动做准备，同时压下行程开关 SQ1 或 SQ2，使接触器 KM3 或 KM4 线圈通电吸合，其主触头控制进给电动机 M2 的正转或反转，进而使纵向运动丝杆正、反转，拖动工作台向右或向左运动。若将手柄扳到中间位置，则纵向传动丝杠的离合器脱开，行程开关 SQ1 或 SQ2 断开，电动机 M2 断电，工作台停止运动。

　　工作台左右运动的行程可通过安装在工作台两端的挡铁位置来控制。当工作台纵向运动到极限位置时，挡铁撞动纵向操纵手柄使它回到中间位置，工作台停止运动，从而实现纵向运动的终端保护。

　　b.工作台上下和前后运动的控制。

　　工作台的上下（垂直）运动和前后（横向）运动全是由工作台垂直与横向操纵手柄来控制的。此操纵手柄有两个，分别安装在工作台的左侧前方和后方，操纵手柄的联动机构与行程开关 SQ3 和 SQ4 相关联。行程开关装在工作台的左侧。前面一个是 SQ4，控制工作台的向上及向后运动；后面一个是 SQ3，控制工作台的向下及向前运动。此手柄有五个位置：上、下、前、后及中间位置。行程开关工作状态见表 2-4。

表 2-4　工作台垂直、横向行程开关工作状态

触头	向前向下	中间（停）	向后向上
SQ3-1	+	–	–
SQ3-2	–	+	+
SQ4-1	–	–	+
SQ4-2	+	+	–

工作台垂直与横向操纵手柄的五个位置是连锁的，各方向的进给不能同时接通。当升降台运动到上限或下限位置，床身导轨旁的挡铁会撞动该手柄使其回到中间位置，行程开关 SQ3 或 SQ4 不再受压，KM3 或 KM4 断电释放，进给电动机 M2 停止旋转，升降台便停止运行，从而实现垂直运动的终端保护。工作台横向运动的终端保护是由安装在工作台左侧底部的挡铁撞动垂直与横向操纵手柄使其回到中间位置来实现的。

工作台向上运动的控制：在 KM1 通电吸合后，将垂直与横向操纵手柄扳至向上位置，其联动机构接合垂直传动丝杠的离合器，为垂直运动丝杠的转动做好准备，同时压下行程开关 SQ4，使其常闭触头 SQ4-2 断开，常开触头 SQ4-1 闭合，接触器 KM3 线圈通电吸合，KM4 主触头闭合，电动机 M2 正转，拖动升降台向上运动，实现工作台的向上运动。

工作台向下运动的控制：当垂直与横向操纵手柄向下扳时，其联动机构使垂直传动丝杠的离合器接合，为垂直丝杠的转动做好准备，同时压下行程开关 SQ3，使其常闭触头 SQ3-2 断开，常开触头 SQ3-1 闭合，接触器 KM3 线圈通电吸合，KM3 主触头闭合，电动机 M2 反转，拖动升降台向下运动，实现工作台的向下运动。

工作台向后运动的控制：当垂直与横向操纵手柄向后扳时，机械上用联动机构拨动垂直传动丝杠的离合器，使它脱开而停止转动，同时将横向传动丝杠的离合器接合进行传动，使工作台向后运动。工作台向后运动由 SQ4 和 KM4 控制，其工作原理同向上运动。

c.工作台进给变速时的冲动控制。

在改变工作台进给速度时，为了使齿轮易于啮合，需要进给电动机 M2 瞬时冲动一下。变速时先启动主轴电动机 M1，再将进给变速的蘑菇形手柄向外拉出并转动手柄，使转盘也跟着转动。把所需进给速度的标尺数字对准箭头，然后再把蘑菇形手柄用力向外拉到极限位置并随即推回原位。就在把蘑菇形手柄用力拉到极限位置的瞬间，其连杆机构瞬时压合行程开关 SQ6，使常闭触头 SQ6-1 断开，常开触头 SQ6-2 闭合，接触器 KM3 线圈通电吸合，进给电动机 M2 反转。因为只是瞬时接通，故进给电动机 M2 只是瞬时通电而瞬时冲动一下，以保证变速齿轮易于啮合。当手柄推回原位后，行程开关 SQ6 复位，接触器 KM4 线圈断电释放，进给电动机 M2 瞬时冲动结束。

d. 工作台快速移动的控制。

工作台的快速移动也是由进给电动机 M2 拖动的，在纵向、垂直与横向的六个方向上都可实现快速移动的控制。动作过程：先将主轴电动机 M1 启动，将进给操纵手柄扳到需要的位置，使工作台按照选定的方向和速度前进和移动；再按下快速移动启动按钮 SB5（或 SB6），使接触器 KM5 线圈通电吸合；KM5 主触头闭合，使牵引电磁铁 YA 线圈通电吸合，通过杠杆使摩擦离合器合上，减少中间传动装置，使工作台按原运动方向做快速移动；当松开快速移动按钮 SB5（或 SB6）时，电磁铁 YA 断电，摩擦离合器分离，快速移动停止，工作台仍按原进给速度继续运动。工作台快速移动是点动控制。

若要求在主轴电动机不转的情况下进行快速移动，可先启动主轴电动机 M1，将主轴电动机 M1 的转换开关 SA5 扳在"停止"位置，再按下 SB5（或 SB6）工作台，就可在主轴电动机不转的情况下获得快速移动。

e. 工作台各运动方向的联锁。

在同一时间，工作台只允许一个方向运动，这种联锁是利用机械和电气的方法来实现的。例如，工作台向左、向右是由同一手柄操作的，手柄本身起到左右运动的联锁作用。同理，工作台横向和垂直四个方向的联锁是由垂直、横向操作手柄本身来实现的，而工作台纵向与横向、垂直运动的联锁则是利用电气方法来实现的。由纵向进给操作手柄控制的 SQ1-2 与 SQ2-2 和垂直、横向操作手柄控制的 SQ4-2 与 SQ3-2 组成的两条并联支路控制着接触器 KM3 和 KM4 的线圈。若两个手柄都扳动，则把两条支路都断开，使 KM3 和 KM4 都不能工作，达到联锁目的，防止两个手柄同时操作而损坏设备。

f. 圆工作台的控制。

为了提高机床的加工能力，可在工作台上安装圆工作台。在使用圆工作台时，工作台纵向、垂直与横向操作手柄都应置于中间位置。在机床开动前，先将圆工作台转换开关 SA3 扳到"接通"位置，此时 SA3-2 闭合，SA3-1 和 SA3-3 断开。当按下主轴启动按钮 SB3 或 SB4 后，主轴电动机便启动，而进给电动机 M2 也因接触器 KM4 线圈通电吸合而启动旋转。通电路径为 11 → SQ6 → SQ4-2 → SQ3-2 → SQ1-2 → SQ2-2 → SA3-2 → KM4

常闭触头→KM3 线圈通电。电动机 M2 旋转并带动圆工作台单向运转，其旋转速度也可通过蘑菇状手柄进行调节。由于圆工作台的控制电路中串接了 SQ1 ～ SQ4 的常闭触头，扳动工作台任一方向的进给操作手柄都能使圆工作台停止转动，这就起到了圆工作台转动和长工作台三个相互垂直方向移动的联锁保护作用。

④冷却泵电动机 M3 的控制。冷却泵电动机 M3 由冷却泵转换开关 SA1 控制。将 SA1 扳到"接通"位置，则接触器 KM6 线圈通电吸合，冷却泵电动机 M3 启动旋转，送出冷却液。

⑤照明电路。机床照明电路由变压器 TC 供给 12V 安全电压，并由控制开关 SA4 控制照明灯 EL。

⑥电路的联锁与保护。X62W 型卧式万能铣床运动较多，且电气控制线路较为复杂，为安全可靠地工作，电路必须具有完善的联锁与保护。

a. 主运动与进给运动的联锁。进给电气控制电路接在主轴电动机线路接触器 KM1 常开触头之后，这就保证了只有在启动主轴电动机之后才可启动进给电动机，而当主轴电动机停止时进给电动机也立即停止。

b. 工作台六个运动方向的联锁。

c. 长工作台与圆工作台的联锁。由选择开关 SC1 来实现其相互间的联锁。当使用圆工作台时，将 SA3 置于"接通"位置，若此时又将纵向或垂直与横向进给操作手柄置于"接通"位置，则进给电动机 M2 立即停止。若长工作台正在运动，扳动 SA3 使其置于"接通"位置，则进给电动机也立即停止，从而实现长工作台与圆工作台只可取一的联锁。

d. 工作台进给运动与快速移动的联锁。工作台的快速移动是在工作台进给运动的基础上进行的。只要先使工作台工作进给，然后按下快速移动按钮 SB5 或 SB6，便可实现工作台的快速移动。

e. 具有完善的保护。由熔断器 FU1、FU2 实现主电路的短路保护，FU3 实现控制电路的短路保护，FU4 作为照明电路的短路保护，热继电器 FR1、FR2、FR3 实现相应电动机的长期过载保护。工作台六个运动方向的限位保护：由工作台前方的挡铁撞动纵向操作手柄使其返回中间位置来实现工作台左、右终端保护；由安装在铣床床身导轨的上、下两块挡铁撞动垂直与横向操作手柄使其返回中间位置来实现工作台上、下终端保护；由安装在工作台左侧底部的挡铁来撞动垂直与横向操作手柄使其返回中间位置来实现工作台前、后终端保护。

4.X62W 型卧式铣床电气控制特点

通过上述分析可得，X62W 型卧式万能铣床电气控制具有以下特点。

（1）电气控制电路与机械配合得相当密切，因此要详细了解机械机构与电气控制的关系。

（2）主轴变速与进给变速均设有变速冲动环节，从而使变速顺利进行。

（3）进给电动机采用机械挂挡与电气开关联动的手柄操作，而且操作手柄扳动方向与工作台运动方向一致，具有运动方向的直观性。

（4）采用两地控制，操作方便。

（5）具有完善的联锁与短路、零压、过载及行程限位保护环节，工作安全可靠。

第3章　PLC与其他典型控制系统的比较

3.1　PLC基本知识

现代社会要求制造业对市场需求做出迅速反应，生产出小批量、多品种、多规格、低成本和高质量的产品。为了满足这一要求，生产设备和自动生产线的控制系统要有良好的可靠性和灵活性。可编程逻辑控制器（PLC）正是顺应这一要求而出现的。

3.1.1　PLC的产生和发展

传统的生产机械自动控制系统采用的是继电器控制。继电器控制系统具有结构简单、价格低廉、容易操作等优点，适用于工作模式固定、要求比较简单的场合。20世纪60年代，汽车生产流水线的自动控制系统就是继电接触器控制的典型代表。当时汽车的每一次改型都直接导致继电接触器控制装置的重新设计和安装。随着生产的发展，汽车型号更新的周期越来越短，这样继电接触器控制装置就需要经常重新设计和安装，十分费时、费工、费料，甚至阻碍了更新周期的缩短，因此，迫切需要新型先进的自动控制装置来改变这一现状。1968年，美国通用汽车公司对外公开招标研制新的工业控制器，并提出了以下十项指标：

（1）编程方便，现场可修改程序；

（2）维修方便，采用模块化结构；

（3）可靠性高于继电接触器控制装置；

（4）体积小于继电接触器控制装置；

（5）数据可直接送入管理计算机；

（6）成本可与继电接触器控制装置竞争；

（7）输入可以是交流 115 V；

（8）输出为交流 115 V、2 A 以上，能直接驱动电磁阀接触器等；

（9）在扩展时原系统只需要很小的变更；

（10）用户程序存储器容量至少能扩展到 4 kB。

1969 年，美国数字设备公司（DEC）中标研制出世界上第一台可编程逻辑控制器 PDP-1，并将其应用于通用汽车公司的汽车自动装配线上。到 1971 年，PLC 已经成功地应用于食品、饮料、冶金、造纸等工业中。

早期的 PLC（20 世纪 60 年代末～70 年代中期）一般称为可编程逻辑控制器。这时的 PLC 是继电接触器控制装置的替代物，其主要功能是执行原先用继电器完成的逻辑控制、定时控制等。

中期的 PLC（20 世纪 70 年代中期～80 年代中后期）由于微处理器的出现而发生了巨大的变化。美国、日本、德国等一些厂家先后开始采用微处理器作为 PLC 的中央处理单元（CPU），使 PLC 的功能大大增强。

近期的 PLC（20 世纪 80 年代中后期至今）由于超大规模集成电路技术的迅速发展和微处理器市场价格的大幅度下跌，所采用的微处理器的档次普遍提高。而且为了进一步提高 PLC 的处理速度，各制造厂商还纷纷研制开发了专用逻辑处理芯片，使得 PLC 软硬件功能发生了巨大变化。

3.1.2　PLC 的定义

IEC（国际电工委员会）于 1982 年 11 月（第一版）和 1985 年（修订版）对 PLC 作了定义，其中修订版的定义为：PC（即 PLC）是一种数字运算操作的电子系统，专为工业环境下的应用而设计，它采用可编程序的存储器，在其内部存储各种操作指令，包括逻辑运算、顺序控制、定时、计数和算术运算等，并通过数字式或模拟式的输入与输出控制各种类型的生产过程。

3.2　PLC 特点与分类

3.2.1　PLC 的特点

1. 高可靠性

（1）所有的 IO 接口电路均采用光电隔离，使工业现场的外电路与 PLC 内部电路之间在电气上隔离。

（2）各输入端均采用 R-C 滤波器，其滤波时间常数一般为 10 ～ 20 ms。

（3）各模块均采用屏蔽措施，以防止辐射干扰。

（4）采用性能优良的开关电源。

（5）对采用的器件进行严格的筛选。

（6）有良好的自诊断功能。一旦电源或其他软硬件发生异常情况，CPU 将立即采用有效措施，以防止故障扩大。

（7）大型 PLC 还可以由双 CPU 构成冗余系统，或由三 CPU 构成表决系统，使可靠性进一步提高。

2. 丰富的 IO 接口模块

PLC 针对不同的工业现场信号，如交流或直流、开关量或模拟量、电压或电流、脉冲或电位、强电或弱电等，有相应的 I/O 模块与工业现场的器件或设备，如按钮、行程开关、接近开关、传感器及变送器、电磁线圈、控制阀等直接连接。

另外，为了提高操作性能，它还有多种人—机对话的接口模块；为了组成工业局部网络，它还有多种通信联网的接口模块等。

3. 采用模块化结构

为了适应各种工业控制的需要，除了单元式的小型 PLC 外，绝大多数 PLC 均采用模块化结构。PLC 的各个部件，包括 CPU 电源、IO 等均采用模块化设计，由机架及电缆将各模块连接起来。系统的规模和功能可根据用户的需要自行组合。

4.编程简单易学

PLC 的编程大多采用类似于继电器控制线路的梯形图形式，对使用者来说，不需要具备计算机的专门知识，因此很容易被一般工程技术人员理解和掌握。

5.安装简单，维修方便

PLC 不需要专门的机房，可以在各种工业环境下直接运行。使用时只须将现场的各种设备与 PLC 相应的 IO 端连接即可投入运行。各种模块上均有运行和故障指示装置，便于用户了解运行情况和查找故障。由于 PLC 采用模块化结构，因此一旦某模块发生故障，用户便可以通过更换模块的方法使系统迅速恢复运行。

6.可靠性高，抗干扰能力强

传统的继电器控制系统使用了大量的中间继电器和时间继电器，容易因触点接触不良而出现故障。PLC 用软件代替了大量的中间继电器和时间继电器，外部仅剩下与输入、输出有关的少量硬件，接线比继电器控制系统少得多，由接触不良造成的故障大为减少。PLC 采取了一系列硬件和软件抗干扰措施，具有很强的抗干扰能力，可以直接用于有强烈干扰的工业生产现场。PLC 已被广大用户公认为最可靠的工业控制设备之一。

7.系统的设计、安装、调试工作量少

PLC 用软件功能取代了继电器控制系统中大量的中间继电器、时间继电器、计数器等器件，使控制柜的设计、安装、接线工作量大大减少。PLC 的梯形图程序一般用顺序控制设计法来设计。这种设计方法很有规律，很容易掌握，可节省大量的设计时间。PLC 的用户程序可以在实验室模拟调试输入信号，用小开关或按钮来模拟，通过 PLC 上的发光二极管可观察输入、输出信号的状态。系统的调试时间比继电器控制系统少得多。

8.维修工作量小，维修方便

PLC 的故障率很低且有完善的自诊断和显示功能。PLC 或外部的输入装置和执行机构发生故障时，可以根据 PLC 上的发光二极管或编程软件提供的信息迅速查明故障原因，并用更换模块的方法迅速地排除故障。

9. 体积小，能耗低

复杂的控制系统使用 PLC 后可以减少大量的中间继电器和时间继电器。小型 PLC 的体积仅相当于继电器的大小。

3.2.2　PLC 的性能指标

PLC 最基本的应用是取代传统的继电器进行逻辑控制，此外还可用于定时 / 计数控制、步进控制、数据处理、过程控制、运动控制、通信联网和监控等场合。PLC 具有可靠性高、抗干扰能力强、功能完善、编程简单、组合灵活、扩展方便、体积小、质量轻、功耗低等特点，其主要性能通常用以下指标来描述。

1. I/O 点数

I/O 点数通常是指 PLC 的外部数字量的输入和输出端子数。这项指标可以用 CPU 本机自带的 I/O 点数来表示，或者用最大 I/O 扩展点数来表示，还可用 PLC 的外部扩展的最大模拟量数来表示。小型机通常最多有几十个点，中型机有几百个点，大型机超过千点。

2. 存储器容量

存储器容量指 PLC 所能存储的用户程序的多少，一般以字节（B）或千字节（kB）为单位。

3. 处理速度

PLC 的处理速度一般用基本指令的执行时间来衡量，即一条基本指令的处理速度主要取决于所用芯片的性能。早期 PLC 的处理速度一般为 1 μs/ 指令左右，现在则快得多。

4. 指令种类和条数

指令系统是衡量 PLC 软件功能的主要指标。PLC 指令包括基本指令和高级指令（或功能指令）两大类。指令的种类和数量越多，其软件功能就越强大，编程就越灵活、越方便。

5. 内存分配及编程元件的种类和数量

PLC 内部存储器的一部分是用于存储各种状态和数据的，包括输入继电器、输出继电器、内部辅助继电器、特殊功能内部继电器、定时器、计数器、通用"字"存储器、数据存储器等。其种类和数量关系到编程是否方便灵活，也是衡量 PLC 硬件功能强弱的重要指标。

此外，不同的 PLC 还有其他一些指标，如编程语言及编程手段、输入 / 输出方式、特殊功能模块种类、自诊断、监控、主要硬件型号、工作环境适应性及电源等级等。

3.3 PLC 的组成部分与工作原理

3.3.1 PLC 的组成部分

PLC 实质上是一种专用计算机。图 3-1 是一般 PLC 的结构框图。它由中央处理器（CPU）、存储器（EP-ROM、ROM 和 RAM）、输入输出（I/O）接口电路及电源等组成。图 3-1 中，信息传递方向用箭头表示，单向箭头表示信息单向传递，双向箭头表示信息双向传递。

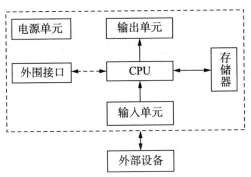

图 3-1 PLC 的基本结构

各组成部分的简要功能如下。

1. CPU

与通用微机 CPU 一样，它是主机的核心。CPU 按 EP-ROM 中系统程序所赋予的功能接收并存储从编程器键入的用户程序和数据；用扫描方式接收各现场输入装置的状态或数值，存入数值状态表或数据寄存器；诊断备用电池及 PLC 内部电路的工作状态和编程中的语法错误；PLC 进入运行状态后从 RAM 的用户程序中逐条取出指令，解释指令的内容，按指令规定的任务产生相应的控制信号，以便执行该指令。

PLC 常用的 CPU 主要采用通用微处理器、单片机或双极型位片式微处理器。在低档 PLC 中用通用微处理器 Z80A 做 CPU 较为普遍。中高档的 PLC 则较多采用了集成度更高、功能更强的 MCS-51 系列单片机 8051、8751、8031 以及 AMD2900 系列芯片等做处理器。

2. 整体式结构

整体式结构的特点是将 PLC 的基本部件，如 CPU 板、输入板、输出板、电源板等紧凑地安装在一个标准机壳内，构成一个整体，组成 PLC 的一个基本单元（主机）或扩展单元。基本单元上设有扩展端口，通过扩展电缆与扩展单元相连，配有许多专用的特殊功能模块，如模拟量输入/输出模块、热电偶和热电阻模块、通信模块等，以构成 PLC 不同的配置。整体式结构的 PLC 体积小，成本低，安装方便。微型和小型 PLC 一般都为整体式结构，如西门子的 S7-200 系列。

整体式 PLC 每一个 I/O 点的平均价格都比模块式的便宜。在小型控制系统中一般采用整体式结构。但是模块式 PLC 的硬件组态方便灵活，在 I/O 点数的多少、输入点数与输出点数的比例、I/O 模块的使用等方面的选择余地都比整体式 PLC 大得多，维修时更换模块、判断故障范围也很方便，因此，较复杂的、要求较高的系统一般选用模块式 PLC。

3.3.2 PLC 的工作原理

当 PLC 投入运行后，首先会对硬件和软件进行一些初始化操作。初始化之后，其工作过程一般分为 3 个阶段，即输入采样、用户程序执行和输出刷新。完成上述 3 个阶段的时间称作一个扫描周期。在整个运行期间，PLC 的 CPU 以一定的扫描速度重复执行上述 3 个阶段。这种周而复始的循环工作方式被称为扫描工作方式。

1. 输入采样阶段

在输入采样阶段，PLC 以扫描方式依次读入所有输入状态和数据，并将它们存入 I/O 映像区相应的单元内。输入采样结束后转入用户程序执行和输出刷新阶段。在这两个阶段中，即使输入状态和数据发生变化，因为下一次扫描采样还未到达，I/O 映像区相应单元的状态和数据也不会改变。因此，如果输入的是脉冲信号，则该脉冲信号的宽度必须大于一个扫描周期才能保证在任何情况下该输入均能被读入，即用宽度（时间）来保证下一次扫描到达时脉冲信号还存在。

2. 用户程序执行阶段

在用户程序执行阶段，PLC 总是按由上而下的顺序依次扫描用户程序（梯形图）。在扫描每一幅梯形图时又总是先扫描梯形图左边的由各触点构成的控制线路，并按先左后右、先上后下的顺序对由触点构成的控制线路进行逻辑运算，然后根据逻辑运算的结果刷新该逻辑线圈在系统 RAM 存储区中对应位的状态，或者刷新该输出线圈在 I/O 映像区中对应位的状态，或者确定是否要执行该梯形图所规定的特殊功能指令。即在用户程序执行过程中，只有输入点在 I/O 映像区内的状态和数据不会发生变化，而其他输出点和软设备在 I/O 映像区或系统 RAM 存储区内的状态和数据都有可能发生变化，而且排在上面的梯形图，其程序执行结果会对排在下面的凡是用到这些线圈或数据的梯形图起作用，相反，排在下面的梯形图被刷新的逻辑线圈的状态或数据只能到下一个扫描周期才能对排在其上面的程序起作用。

在程序执行的过程中，如果使用"立即 I/O"指令，则可以直接存取 I/O 点。即使用 I/O 指令的话：立即输入类指令使程序直接从 I/O 模块取值，而输入过程影像寄存器的值不会被更新；立即输出类指令使输出量 Q 的新值立即被写入对应的物理输出点，同时输出过程影像寄存器会被立即更新。两者有些区别。

如果在程序中使用了中断，当中断事件发生时，CPU 会暂时停止正常的扫描工作方式，立即执行中断程序，并在执行完后自动返回暂停的位置继续正常扫描。中断功能可以提高 PLC 对某些事件的响应速度。

3. 输出刷新阶段

当扫描用户程序结束后，PLC 就进入输出刷新阶段。在此期间，CPU 按照 I/O 映像区内对应的状态和数据刷新所有的输出锁存电路，再经输出电路驱动相应的外部设备。此时才是 PLC 的真正输出。

PLC 在 RUN 工作状态时，PLC 的 CPU 不断地循环扫描，速度非常快，这是计算机的特点。完成上述 3 个阶段所需的时间，即一个扫描周期很短，其典型值为 1～100 ms，甚至几十微秒。

扫描周期（T）=（输入一点的时间 × 输入端子数）+（指令执行速度 × 指令的条数）+（输出一点的时间 × 输出端子数）+ 故障诊断时间 + 通信时间。

指令执行所需的时间与用户程序的长短、指令的种类和 CPU 的执行速度有很大关系。一般来说，一个扫描的过程中故障诊断、通信、输入采样和输出刷新所占的时间较少，执行的时间占了绝大部分。用户程序较长时，指令执行的时间在扫描周期中占相当大的比例。

对 PLC 的工作原理的概述只能使初学者对 PLC 扫描工作方式的步骤有所了解。在今后的学习过程中，既要按此扫描工作方式的步骤去理解用户程序，又要在学习程序的过程中加深对扫描工作方式的理解。

3.4　PLC 与其他典型控制系统的比较

3.4.1 PLC 与继电器控制系统的区别

继电器控制系统虽有较好的抗干扰能力，但使用了大量的机械触点，使设备连线复杂，且触点在接通和断开时易受电弧的损害，寿命短，系统可靠性差。

PLC 的梯形图与传统的电气原理图非常相似，主要原因是 PLC 的梯形图沿用了继电器控制系统的电路元件符号和术语，仅个别之处有些不同。同时，二者信号的输入 / 输出形式及控制基本上也是相同的。但 PLC 的控制与继电器的控制又有根本的不同之处，主要表现在以下几个方面。

1.控制逻辑

继电器控制逻辑采用硬接线逻辑，利用继电器机械触点的串联或并联及时间继电器等组合控制逻辑。其具有接线多而复杂、体积大、功耗大、故障率高的特点，一旦系统构成后想再改变或增加都很困难。另外，继电器触点数目有限，每个只有 4～8 对触点，因此灵活性和扩展性很差。而 PLC 采用存储器逻辑，其控制逻辑以程序方式存储在内存中，要改变控制逻辑，只须改变程序即可，故称作"软接线"，因此灵活性和扩展性都很好。

2.工作方式

电源接通时，继电器控制线路中的各继电器同时都处于受控状态，即该吸合的都应吸合，不该吸合的都因受某种条件限制而不能吸合。它属于并行工作方式。而 PLC 的控制逻辑中的各内部器件都处于周期性循环阶段，扫描过程中各种逻辑、数值输出的结果都是按照程序中的前后顺序计算得出的，所以它属于串行工作方式。

3.可靠性和可维护性

继电器控制逻辑使用了大量的机械触点，连线也多，触点开闭时会受到电弧的损坏并有机械磨损，且寿命短，因此可靠性和可维护性差。而 PLC 采用微电子技术，大量的开关动作由无触点的半导体电路来完成，体积小，寿命长，可靠性高。PLC 还配有自检和监督功能，能检查出自身的故障并随时显示给操作人员，还能动态地监视控制程序的执行情况，为现场调试和维护提供了方便。

4.控制速度

继电器控制逻辑依靠触点的机械动作实现控制工作，频率低。触点的开闭动作一般在几十毫秒数量级。另外，机械触点还会出现抖动问题。而 PLC 是由程序指令控制半导体电路来实现控制的，属于无触点控制，速度极快，一般一条用户指令的执行时间在微秒数量级且不会出现抖动。

5. 定时控制

继电器控制逻辑利用时间继电器进行时间控制。一般来说，时间继电器存在定时精度不高、定时范围窄且易受环境湿度和温度变化的影响、调整时间困难等问题。PLC 使用半导体集成电路做定时器，时基脉冲由晶体振荡器产生，精度相当高且定时时间不受环境的影响，定时范围最小可为 0.001 s，最长几乎没有限制。用户可根据需要在程序中设置定时值，然后由软件来控制定时时间。

6. 设计和施工

使用继电器控制逻辑完成一项控制工程，其设计、施工、调试必须依次进行，周期长而且修改困难。工程越大，这一点就越突出。而用 PLC 完成一项控制工程，在系统设计完成以后，现场施工和控制逻辑的设计（包括梯形图设计）可以同时进行，周期短且调试和修改都很方便。

从以上几个方面的比较可知，PLC 在性能上比继电器控制逻辑优异，特别是可靠性高、通用性强、设计施工周期短、调试修改方便，而且体积小、功耗低、使用维护方便。但在很小的系统中使用时其价格要高于继电器系统。

3.4.2　PLC 与单片机控制系统的区别

PLC 控制系统和单片机控制系统在不少方面有较大的区别，是两个完全不同的概念。因为一般院校的电类专业都开设了 PLC 和单片机的课程，所以这也是学生们经常问及的一个问题。在这里从以下几个方面进行分析。

1. 本质区别

单片机控制系统是基于芯片级的系统，而 PLC 控制系统是基于模块级的系统。其实 PLC 本身就是一个单片机系统，它是已经开发好的单片机产品。开发单片机控制系统属于底层开发，而设计 PLC 控制系统是在成品的单片机控制系统上进行的二次开发。

2. 使用场合

单片机控制系统适合在家电产品（如冰箱、空调、洗衣机、吸尘器等）、智能化的仪器仪表、玩具和批量生产的控制器产品等场合使用。

PLC 控制系统适合在单机电气控制系统、工业控制领域的制造业自动化和过程控制中使用。

3. 使用过程

设计开发一个单片机控制系统需要做设计硬件系统、画硬件电路图、制作印刷电路板、购置各种所需的电子元器件、焊接电路板、进行硬件调试、进行抗干扰设计和测试等大量的工作，需要使用专门的开发装置和低级编程语言编制控制程序进行系统联调。

设计开发一个 PLC 控制系统不需要设计硬件系统，只需购置 PLC 和相关模块进行外围电气电路的设计和连接，不必操心 PLC 内部的计算机系统（单片机系统）是否可靠和它们的抗干扰能力如何。这些工作厂家已为用户做好，所以硬件工作量不大。软件设计使用工业编程语言相对比较简单。进行系统调试时因为有很好的工程工具（软件和计算机）的帮助，所以也非常容易。

4. 使用成本

因为使用的场合和对象完全不同，所以这两者之间的成本没有可比性。但如果硬要对同样的工业控制项目（仅限于小型系统或装置）中这两种系统的表现进行一个比较，可以得出如下结论。

（1）从使用的元器件总成本看，PLC 控制系统要比完成同样任务的单片机控制系统成本高得多。

（2）如果同样的项目就有一个或不多的几个，则使用 PLC 控制系统的成本不一定比使用单片机系统高，因为设计单片机控制系统要进行反复的硬件设计、制板、调试，其硬件成本也不低，因而其工作量成本非常高。做好的单片机系统其可靠性（和大公司的 PLC 产品相比）也不一定能保证，所以日后的维护成本也会相应提高。如果这样的控制系统是一个有批量的任务，即要做一大批，这时使用单片机进行控制系统开发会比较合适。但是在工业控制项目中，绝大部分场合还是使用 PLC 控制系统比较好。

5. 学习的难易程度

学习单片机要学习的知识很多，必须具备较好的电子技术基础和计算机控制基础及接口技术知识，要学习印刷电路板设计及制作，要学习汇编语言编程和调试，还需要对底层的硬件和软件的配合有足够的了解。

学习 PLC 要具备传统的电气控制技术知识，需要学习 PLC 的工作原理，对其硬件系统的组成及使用有一定了解，要学习以梯形图为主的工业编程语言。

如果从同一个起跑线出发，不论从硬件还是从软件方面的学习看，单片机都远比 PLC 需要的知识多，学习的内容也多，难度也大。

6. 就业方向

一些智能仪器仪表厂、开发智能控制器和智能装置的公司、进行控制产品底层开发的公司等单位，对单片机（或嵌入式系统、DSP 等）方面的技术人才有较大的需求；一般的厂矿企业、制造业生产流水线、流程工业、自动化系统集成公司等单位，对 PLC（DCS、FCS 等）方面的人才有较大需求。

3.4.3　PLC 与 DCS、FCS 控制系统的区别

PLC、DCS、FCS 是目前工业自动化领域所使用的三大控制系统。下面先简单介绍其各自的特点，然后再介绍它们之间的融合。

1. 三大系统的要点

（1）PLC。最初 PLC 是为了取代传统的继电器控制系统而开发的，所以它最适合在以开关量为主的系统中使用。由于计算机技术和通信技术的飞速发展，大型 PLC 的功能得到极大的增强，以至于它后来能完成 DCS 的功能。再加上它在价格上的优势，所以在许多过程控制系统中 PLC 也得到了广泛的应用。大型 PLC 构成的过程控制系统的要点：采用从上到下的结构，PLC 既可以作为独立的 DCS，也可以作为 DCS 的子系统；可实现连续 PID 控制

等各种功能；可用一台 PLC 为主站、多台同类型 PLC 为从站构成 PLC 网络，也可用多台 PLC 为主站、多台同类型 PLC 为从站构成 PLC 网络。

（2）DCS。集散控制系统（DCS）是集 4C 技术于一身的监控系统。它主要用于大规模的连续过程控制系统，如石化、电力等，在 20 世纪 70 年代~90 年代末占据主导地位。其核心是通信，即数据公路。它的基本要点为：从上到下的树状大系统，其中通信是关键；控制站连接计算机与现场仪表控制装置等设备；整个系统为树状拓扑和并行连线的链路结构，从控制站到现场设备之间有大量的信号电缆；信号系统为模拟信号、数字信号的混合；设备信号到 I/O 板一对一物理连接，然后由控制站挂接到局域网 LAN；可以做成很完善的冗余系统。DCS 是控制（工程师站）、操作（操作员站）、现场仪表（现场测控站）的三级结构。

（3）FCS。现场总线技术（FCS）以其彻底的开放性、全数字化的信号系统和高性能的通信系统给工业自动化领域带来了"革命性"的冲击。其核心是总线协议基础是数字化智能现场设备，本质是信息处理现场化。FCS 的要点：它可以在本质安全、危险区域与易变过程等过程控制系统中使用，也可以用于机械制造业、楼宇控制系统，应用范围非常广泛；现场设备高度智能化，提供全数字信号；一条总线连接所有的设备；系统通信是互联的、双向的、开放的，系统是多变量、多节点、串行的数字系统；控制功能彻底分散。

2. PLC、DCS 和 FCS 系统之间的融合

每种控制系统都有它的特色和长处，在一定时期内它们相互融合的程度可能会大大超过相互排斥的程度，这三大控制系统也是这样。比如 PLC 在 FCS 中仍是主要角色，许多 PLC 都配置上了总线模块和接口，使得 PLC 不仅是 FCS 主站的主要选择对象，也是从站的主要装置。DCS 也不甘落后，现在的 DCS 把现场总线技术包容了进来，对过去的 DCS I/O 控制站进行了彻底的改造，编程语言也采用标准化的 PLC 编程语言。第四代的 DCS 既保留了其可靠性高、高端信息处理功能强的特点，也使得底层真正实现了分散控制。目前在中小型项目中使用的控制系统比较单一和明确，但在大型工程项目中使用的多半是 DCS、PLC 和 FCS 的混合系统。

第 4 章　S7-200 系列 PLC 研究

S7-200 系列 PLC 是德国西门子公司推出的一种小型可编程控制器，其内部的 CPU 型号开始为 CPU21X，后来的改进型为 CPU22X。作为小型的可编程控制器，其结构紧凑，功能强大，具有很高的性价比，在一些中小规模控制系统中应用广泛。

4.1　S 系列 PLC 发展简介

德国的西门子公司是欧洲最大的电子和电气设备制造商，其生产的 SIMATIC 可编程控制器在欧洲处于领先地位。它的第一代可编程控制器是 1975 年投放市场的 SIMATICS3 系列的控制系统。此后 SIMATIC 系列产品迅速发展，不断推陈出新，每一到两年甚至不到一年就会推出一个新的品种或型号。

1979 年，微处理器技术被应用到可编程控制器中，产生了 SIMATICS5 系列，取代了 S3 系列。20 世纪 80 年代初，S5 系列进一步升级，产生了 U 系列 PLC 和由之而成的 H 系列。较常用的机型有 S5-90U、S5-95U、S5-100U、S5-115U、S5-135U 和 S5-155U。

20 世纪末，西门子公司又推出了 S7 系列产品。S7 系列产品具有更国际化、性能等级更高、安装空间更小、Windows 用户界面更良好等优势。它包括小型 PLCS7-200、中型 PLCS7-300 和大型 PLCS7-400。1996 年，在过程控制领域，西门子公司又提出了 PCS7（过程控制系统 7）的概念，将 WINCC（与 Windows 兼容的操作界面）、PROFIBUS（工业现场总线）、COROS（监控系统）、SINEC（西门子工业网络）及控调技术融为一体。现在西门子公司又提出了 TIA（totally integrated automation）概念，即全集成自动化系统，将 PLC 技术融于全部自动化领域。2004 年 8 月 28 日，西门子公司举行了新一代 S7-200 产品发布会，推出了升级产品 CPU224 和 CPU226、全新产品 CPU224XP 和 TD200C、编程软件 STEP7-Micro/WIN4.0 和 OPC 服务器软件 PC Access V1.0。最新的 SIMATIC 产品为 SIMATIC S7M7 和 C7 等几大系列。

4.2 S7-200 系列 PLC 的构成

S7-200 系列 PLC 是德国西门子公司生产的一种小型 PLC，可以单机运行，也可以进行输入 / 输出和功能模块的扩展。它的许多功能已达到大、中型 PLC 的水平，而价格却和小型 PLC 一样。因此，它一经推出即受到了广泛的关注，在各行各业中得到了迅速推广，在规模不太大的控制领域是较为理想的控制设备。

S7-200 系列 PLC 系统由基本单元、个人计算机或编程器、编程软件以及通信电缆等构成。同时还可以根据系统的要求有选择地增加扩展 I/O 模块和各种功能模块。

4.2.1 基本单元

基本单元又称 CPU 模块，也被称为主机或本机。它由中央处理单元 CPU 存储器、基本输入 / 输出点和电源等组成。其中 CPU 负责执行程序，输入部分负责从现场设备中采集信号，输出部分则负责输出控制信号，驱动外部负载。这些组成部分通常安装在一个独立的装置中。实际上它就是一个完整的控制系统，可以单独完成一定的控制任务。主机外形如图 4-1 所示。

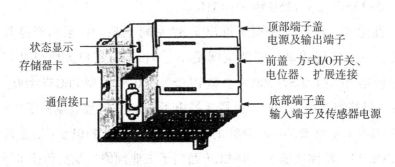

图 4-1 主机外形

由图 4-1 可知，在主机的顶部端子盖内有电源及输出端子，底部端子盖内有输入端子和传感器电源；在主机的中部右侧前盖内有 CPU 工作方式开关、模拟调节电位器和扩展 I/O 连接接口，左侧分别有状态指示灯、可选卡插槽和通信接口。

从 CPU 模块的功能来看，S7-200 系列小型可编程控制器发展至今经历了两代产品。第一代产品的 CPU 模块为 CPU21X，主机都可进行扩展。它具有四种不同结构配置的 CPU 单元，即 CPU212、CPU214、CPU215 和 CPU216，现在均已停止生产。第二代产品的 CPU 模块为 CPU22X，是在 21 世纪初投放市场的。它速度快，具有极强的通信能力，具有以下五种不同结构配置的 CPU 单元。

1.CPU221

该机集成 6 输入 /4 输出共 10 个数字量 I/O 点，无 I/O 扩展能力。该机现有 6 kB 程序和数据存储空间，4 个独立的 30 kHz 高速计数器，2 路独立的 20 kHz 高速脉冲输出，1 个 RS485 通信 / 编程口，具有 PPI 通信协议、MPI 通信协议和自由方式通信能力，有一定的高速计数处理能力，非常适合于小点数控制的微型控制器。

2.CPU222

该机集成 8 输入 /6 输出共 14 个数字量 I/O 点。和 CPU221 相比，该机可以进行一定模拟量的控制，可以连接 2 个扩展模块。该机有 6 kB 程序和数据存储空间，4 个独立的 30 kHz 高速计数器，2 路独立的 20 kHz 高速脉冲输出，1 个 RS485 通信 / 编程口，具有 PPI 通信协议、MPI 通信协议和自由方式通信能力，非常适合于小点数控制的微型控制器。

3.CPU224

该机集成 14 输入 /10 输出共 24 个数字量 I/O 点。和前两者相比，该机存储容量扩大了一倍，可连接 7 个扩展模块，最大可扩展至 168 路数字量 I/O 点或 35 路模拟量 I/O 点。该机有 13 kB 程序和数据存储空间，6 个独立的 30 kHz 高速计数器，2 路独立的 20 kHz 高速脉冲输出，具有 PID 控制器。

该机有 1 个 RS485 通信 / 编程口，具有 PPI 通信协议、MPI 通信协议和自由方式通信能力。它的 I/O 端子排可很容易地整体拆卸。CPU224 是具有较强控制能力的控制器。

4.CPU224XP

该机集成 14 输入 /10 输出共 24 个数字量 I/O 点，2 输入 /1 输出共 3 个模拟量 I/O 点，可连接 7 个扩展模块，最大可扩展至 168 路数字量 I/O 点或 38 路模拟量 I/O 点。该机有 20kB 程序和数据存储空间，6 个独立的高速计数器（100 kHz），2 个 100 kHz 的高速脉冲输出，2 个 RS485 通信 / 编程口，具有 PPI 通信协议、MPI 通信协议和自由方式通信能力。该机还新增多种功能，如内置模拟量 I/O、位控特性、自整定 PID 功能、线性斜坡脉冲指令、诊断 LED、数据记录及配方功能等，是具有模拟量 I/O 和强大控制能力的新型 CPU。

5.CPU226

该机集成 24 输入 /16 输出共 40 个数字量 I/O 点，可连接 7 个扩展模块，最大可扩展至 248 路数字量 I/O 点或 35 路模拟量 I/O 点。该机有 13 kB 程序和数据存储空间，6 个独立的 30 kHz 高速计数器，2 路独立的 20 kHz 高速脉冲输出，具有 PID 控制器。该机有 2 个 RS485 通信 / 编程口，具有 PPI 通信协议、MPI 通信协议和自由方式通信能力。其 I/O 端子排可很容易地整体拆卸。CPU226 用于较高要求的控制系统，具有更多的输入 / 输出点、更强的模块扩展能力、更快的运行速度和功能更强的内部集成特殊功能，可完全适应一些复杂的中小型控制系统。还有一种 CPU226XM，是西门子公司后来推出的一种增强型主机，它在用户程序存储容量和数据存储容量上进行了扩展，其他指标和 CPU226 相同。

4.2.2 S7-200 系列 PLC 的扩展模块

西门子公司生产的 S7-200 系列的 CPU 中，每种 CPU 都拥有不同的 I/O 点数和特殊功能，但是它们的核心处理芯片的运算能力相同。当 CPU 的 I/O 点数不够用或需要进行特殊功能的控制时，就要进行 I/O 的扩展。I/O 扩展包括 I/O 点数的扩展和功能模块的扩展。

所有的扩展模块都是用自身配有的总线扩展电缆方便地连接到前面的 CPU 或其他扩展模块。

1. 数字量 I/O 扩展模块

S7-200 系列 PLC 中的 CPU 提供一定数量的主机数字量 I/O 点，但在主机 I/O 点数不能满足控制需要的情况下，就必须使用扩展模块的 I/O 点。

数字量模块有数字量输入模块（直流输入和交流输入）、数字量输出模块（直流输出、交流输出和继电器输出）和数字量输入 / 输出扩展模块三种。

输入扩展模块 EM221 有两种：8 点 DC 输入、8 点 AC 输入。

输出扩展模块 EM222 有三种：8 点 DC 晶体管输出、8 点 AC 输出和 8 点继电器输出。

输入 / 输出混合扩展模块 EM223 有六种：4 点（8 点、16 点）DC 输入 / 4 点（8 点、16 点）DC 输出和 4 点（8 点、16 点）DC 输入 /4 点（8 点、16 点）继电器输出。

2. 模拟量 I/O 扩展模块

工业控制中，除了用数字量信号外，有时还要用模拟量信号来进行控制。模拟量模块有模拟量输入模块、模拟量输出模块和模拟量输入 / 输出模块。模拟量信号是一种连续变化的物理量，如电流、电压、温度、流量等。工业控制中，有时要对这些模拟量进行采集并送给 PLC 的 CPU，就必须先对模拟量进行模 / 数转换。模拟量输入模块用来将模拟信号转换成 PLC 能够识别的数字量信号。另外，有些现场设备需要用模拟量信号控制，如电磁阀等，这就要求把 PLC 输出的数字量转换成模拟量。模拟量输出模块的作用就是把 PLC 输出的数字量信号转换成相应的模拟量信号，以适应模拟量控制的要求。

模拟量输入扩展模块 EM231 具有 4 路模拟量输入。

模拟量输出扩展模块 EM232 具有 2 路模拟量输出。

模拟量输入 / 输出扩展模块 EM235 具有 4 路模拟量输入 /1 路模拟量输出。

3. 智能模块

为了获得一些特殊功能或更多的通信能力，PLC 还配有多种智能模块，以适应工业控制的多种需求。智能模块由处理器、存储器输入 / 输出单元、外部接口设备等组成。智能模块内部都有自身的处理器，是一个独立的系统，可不依赖主机的运行方式独立运行。智能模块在自身系统程序的管理下，对输入的控制信号进行检测、处理和控制，并通过外部设备接口与 PLC 主机实现通信。主机运行时，在每个扫描周期都要与智能模块交换信息并进行综合处理。智能模块完成特定的功能，PLC 只是对智能模块的信息进行综合处理，以完成其他更多的工作。常见的智能模块有 PID 调节模块、高速计数器模块、温度传感器模块等。

4.S7-200 系列 PLC 系统 I/O 点数扩展和编址

CPU22X 系列的每种主机所提供的本机 I/O 点的 I/O 地址都是固定的，进行扩展时可以在 CPU 右边连接多个扩展模块，每个扩展模块的组态地址编号取决于各模块的类型和该模块在 I/O 链中所处的位置。编址方法是同种类型输入或输出点的模块在链中按与主机的位置而递增，其他类型模块的有无以及所处的位置不影响本类型模块的编址。对于数字量，输入 / 输出映像寄存器的单位长度为 8 位（即 1 个字节），本模块高位实际位数未满 8 位的，未用位不能分配给 I/O 链的后续模块。对于模拟量，输入 / 输出以两个通道递增的方式来分配空间。

S7-200 主机带扩展模块进行扩展配置时应注意以下几点。

第一，PLC 主机的 I/O 和可连接的扩展模块数量。各类主机可带的扩展模块的数量是不同的。CPU221 模块不可以带扩展模块；CPU222 模块最多可以带 2 个扩展模块；CPU224 模块和 CPU226 模块最多可以带 7 个扩展模块。

第二，CPU 输入 / 输出映像寄存器的数量。S7-200PLC 各类主机提供的数字量 I/O 映像寄存器区域为 128 个输入映像寄存器和 128 个输出映像寄存器，扩展总点数不能大于输入 / 输出映像寄存器的总数。

S7-200PLC 主机 CPU224 模块和 CPU226 模块提供的模拟量输入 / 输出映像寄存器区域为 32 输入 /32 输出，模拟量的最大 I/O 配置不能超过此区域。

第三，CPU 能为扩展模块提供的最大电流和每种扩展模块消耗的电流。在一个控制系统中，所有扩展模块消耗的电流都不能超过 CPU 所能提供的电流。例如，某一控制系统选用 CPU224 作为主机进行系统的 I/O 扩展配置，系统要求数字量输入 26 点、数字量输出 22 点、模拟量输入 8 点和模拟量输出 2 点。

该系统可有多种不同模块的选取组合，并且各模块在 I/O 链中的位置排列方式也可能有多种。按系统要求，CPU224 模块带了 5 块扩展模块，是其中的一种模块连接形式，如图 4-2 所示。图中，模块 1 是一块具有 8 个输入点的数字量输入扩展模块；模块 2 是一块具有 8 个输出点的数字量输出扩展模块；模块 4 是一块具有 4 个输入点和 4 个输出点的数字量输入 / 输出扩展模块；模块 3 和模块 5 是具有 4 路输入和 1 路输出的模拟量扩展模块。表 4-1 所列为其对应的各模块的编址情况。

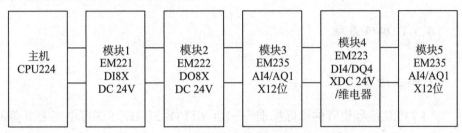

图 4-2 模块连接方式

表 4-1 各模块编址

CPU224		模块 1	模块 2	模块 3	模块 4		模块 5
I0.0	Q0.0	I2.0	Q2.0	AI-W0AQW0	I3.0	Q3.0	AI-W8AQW2
I0.0	Q0.1	I2.1	Q2.1	AIW2	I3.1	Q3.1	AIW10
I0.0	Q0.2	I2.2	Q2.2	AIW4	I3.2	Q3.2	AIW12
I0.0	Q0.3	I2.3	Q2.3	AIW6	I3.3	Q3.3	AIW14
I0.4	Q0.4	I2.4	Q2.4				
I0.5	Q0.5	I2.5	Q2.5				
I0.6	Q0.6	I2.6	Q2.6				

CPU224	模块 1	模块 2	模块 3	模块 4	模块 5
I0.7 Q0.7	I2.7	Q2.7			
I1.0 Q1.0					
I1.0 Q1.1					
I1.2					
I1.3					
I1.4					
I1.5					

4.3 S7-200 系列 PLC 的基本指令及程序设计

4.3.1 编程基础

1. 编程语言

（1）PLC 编程语言的国际标准——IEC 61131-3。IEC（国际电工委员会）是为电工电子技术的所有领域制定全球标准的世界性组织。IEC 61131 标准是 IEC 于 1994 年 5 月制定并公布的 PLC 标准，它由五个部分组成：通用信息、设备与测试要求、编程语言、用户指南和通信。其中的第三部分（IEC 61131-3）是 PLC 的编程语言标准。

目前已有越来越多的 PLC 厂家可提供符合 IEC 61131-3 标准的产品。IEC 61131-3 已经成为 DCS（集散控制系统）、IPC（工业控制计算机）、PAC（可编程计算机控制器）、FCS（现场总线控制系统）、SCADA（数据采集与监视系统）和运动控制系统事实上的软件标准。

IEC 61131-3 中规定了五种标准编程语言，具体如下。

①梯形图（LAD）。梯形图语言是 PLC 中应用程序设计的一种标准语言，也是在实际设计中最常用的一种语言。它与继电器控制电路很相似，具有直观易懂的特点，故很容易被熟悉继电器控制的电气人员掌握，特别适用于数字逻辑控制，但不适于编写控制功能复杂的大型程序。

②指令语句表（STL）。指令语句表是一种类似于计算机汇编语言的文本编程语言，即用特定的助记符来表示某种逻辑运算关系，一般由多条语句组成一个程序段。指令语句表适合经验丰富的程序员使用，可以实现某些梯形图不易实现的功能。

③功能块图（FBD）。功能块图的使用类似于用布尔代数的图形逻辑符号来表示控制逻辑，一些复杂的功能用指令框表示，适合有数字电路基础的人员使用。功能块图采用类似于数字电路中的逻辑门的形式来表示逻辑运算关系。一般一个运算框表示一个功能，运算框的左侧为逻辑的输入变量，右侧为输出变量。输入、输出端的小圆圈表示"非"运算，方框用"导线"连在一起。

④顺序功能图（SFC）。顺序功能图是针对顺序控制系统进行编程的图形编程语言，特别适合编写顺序控制程序。在 STEP7 中为 S7-Graph，不是标准配置，需要安装软件包。

⑤结构文本（ST）。结构文本是根据 IEC 61131-3 标准创建的一种专用的高级编程语言。与梯形图相比，它能实现复杂的数学运算，编写的程序非常简洁和紧凑。

西门子公司的 PLC 所使用的 STEP7 中的 S7 SCL 属于结构化控制语言，程序结构与 C 语言和 Pascal 语言相似，特别适合习惯用高级语言进行程序设计的技术人员使用。

S7-200 的编程软件支持 LAD、STL 和 FBD 三种编程语言，在编程软件中可以自由地在不同编程语言之间切换。一般的 LAD 程序都能够转换为 STL 程序，但只有网络标记正确的 STL 程序才能转换为 LAD 程序。

使用梯形图语言可以设计较复杂的数字量控制程序，而在设计通信、数学运算等高级应用程序时，则最好使用指令语句表。功能块图编程语言比较少使用。

STEP 7-Micro/WIN 编程软件提供了两种指令集：SIMATIC 指令集和 IEC 61131-3 指令集。其中，SIMATIC 指令集是西门子公司专门针对其产品设计开发的精简高效的指令集，支持 LAD、STL 和 FBD 三种编程语言；IEC 61131-3 指令集只支持 LAD 和 STL 两种编程语言。SIMATIC 指令集较 IEC 61131-3 指令集更丰富，IEC 61131-3 指令编辑器中多出的 SIMATIC 指令被当作 IEC 61131-3 指令集的非标准扩展，在编程软件的指令树中用红色的"+"号标记。

（2）S7-200 的程序结构。S7-200 CPU 的控制程序由主程序、子程序和中断程序组成。

主程序是程序的主体，每一个项目都必须有并且只能有一个主程序。每个扫描周期都要被执行一次，在主程序中可以调用子程序和中断程序。在 STEP7-Micro/WIN 编程软件中，各个程序组织单元（POU）都被保存在单独的页中（即被放在独立的程序块中），故各程序结束时不需要加入无条件结束指令或无条件返回指令。

子程序是可选的，仅在被其他程序调用时执行。同一子程序可以在不同的地方被多次调用。使用子程序可以简化程序代码和减少扫描时间。设计好的子程序容易被移植到别的项目中。

中断程序主要用来及时处理与用户程序执行时序无关的操作，或者不能事先预测何时发生的中断事件。中断程序不是由用户程序调用的，而是在中断事件发生时由操作系统调用的。中断程序是用户编写的。因为不能预知何时会发生中断事件，所以不允许中断程序改写可能在其他程序中使用的存储器。

以上三种程序可组成线性程序和分块程序两种结构。

线性程序是指一个工程的全部控制任务都按照工程控制的顺序写在一个程序中。如写在 OB1 中，程序执行过程中，CPU 不断地扫描 OB1，按照事先准备好的顺序去执行工作。线性程序结构简单，一目了然，但是当控制工程大到一定程度后，仅仅采用线性程序就会使整个程序变得庞大而难于编制和调试了。

分块程序是指一个工程的全部控制任务被分成多个小的任务块，每个任务块根据具体任务的情况分别放到子程序中，或者放到中断程序中。程序执行过程中，CPU 不断地调用这些子程序或者中断程序。分块程序虽然结构复杂一些，但是可以把一个复杂的过程分解成多个简单的过程，具体的程序块容易编写，容易调试。从总体上看，分块程序的优势是十分明显的。

2. 数据类型

（1）基本数据类型及检查。

①基本数据类型。S7-200 PLC 的指令参数所用的基本数据类型有 1 位布尔型（BOOL）、8 位字节型（BYTE）、16 位无符号整数型（WORD）、16 位有符号整数型（INT）、32 位无符号双字整数型（DWORD）、32 位有符号双字整数型（DINT）、32 位实数型（REAL）。实数型（REAL）是按照 ANSI/IEEE Std 754—1985 标准（单精度）的表示格式规定的。

②数据类型检查。PLC 对数据类型的检查有助于避免常见的编程错误。数据类型检查分为三级：完全数据类型检查、简单数据类型检查和无数据类型检查。

S7-200 PLC 的 SIMATIC 指令集不支持完全数据类型检查。使用局部变量时，执行简单数据类型检查；使用全局变量，指令操作数为地址而不是可选的数据类型时，执行无数据类型检查。例如，在加法指令中使用 VW100 中的值作为有符号数，同时也可以在异或指令中将 VW100 中的数据当作无符号的二进制数。

（2）数据的长度与数值范围。CPU 存储器中存放的数据类型可分为 BOOL、BYTE、WORD、INT、DWORD、DINT、REAL。不同的数据类型具有不同的数据长度和数值范围。在上述数据类型中，用字节（B）型、字（W）型、双字（D）型分别表示 8 位、16 位、32 位数据的数据长度。不同长度的数据对应的数值范围如表 4-2 所示。

表 4-2　不同长度的数据表示的数值范围

数据类型	数据长度	取值范围
位（BOOL）	1 位	0，1
字节（BYTE）	8 位（1 字节）	0 ～ 255
字（WORD）	16 位（2 字节）	0 ～ 65 536
整数（INT）	16 位（2 字节）	0 ～ 65 536（无符号）-32 768 ～ 32 767（有符号）

数据类型	数据长度	取值范围
双字（DWORD）	32 位 （4 字节）	0 ～ 4 294 967 295
双整数（DINT）	32 位 （4 字节）	0 ～ 4 294 967 295（无符号） –2 147 483 648 ～ 2 147 483 647（有符号）
实数（REAL）	32 位（4 字节）	1–155 495E–38 ～ 3.402 823E+38（正数） –1–155 495E–38 ～ 3.402 823E+38（负数）
字符串（STRING）	8 位（1 字节）	

（3）常数。S7-200 PLC 的许多指令中都会用到常数。常数有多种表示方法。常数的长度可以是字节、字或双字。PLC 以二进制方式存储常数，书写形式可以是二进制、十进制、十六进制、ASCII 码或浮点数等多种形式。几种常数形式的表示方法如表 4-3 所示。

表 4-3　常数的几种形式

进制	书写格式	举例
十进制	十进制数值	1234
二进制	2# 二进制数值	2#0010 1100 0101 0001
十六进制	16# 十六进制数值	16#2AB7
ASCII 码	'ASCII 码文本'	'show termimals'
浮点数（实数）	ANSI/IEEE Std 754-1985 标准	+1.036 782E–36（正数） –1.036 782E–36（负数）

3. 存储器区域

S7-200 PLC 的存储器分为程序区、系统区和数据区。程序区用于存放用户程序，存储器为 EEPROM。系统区用于存放有关 PLC 配置结构的参数，如 PLC 主机及扩展模块的 I/O 配置与编址、配置 PLC 站地址、设置保护口令、停电记忆保持区、软件滤波功能等，存储器为 EEPROM。数据区是 S7-200

CPU 提供的存储器的特定区域，它包括输入映像寄存器（I）、输出映像寄存器（Q）、变量存储器（V）、内部标志位存储器（M）、顺序控制继电器存储器（S）、特殊标志位存储器（SM）、局部存储器（L）、定时器存储器（T）、计数器存储器（C）、模拟量输入映像寄存器（AI）、模拟量输出映像寄存器（AQ）、累加器（AC）、高速计数器（HC）。数据区的存储空间是用户程序执行过程中的内部工作区域。数据区使 CPU 的运行更快、更有效。存储器为 EEPROM 和 RAM。

（1）编址方法。存储器由许多存储单元组成，每个存储单元都有唯一的地址，可以依据存储器地址来存取数据。数据区存储器地址的表示格式有位、字节、字、双字等地址格式。

数据区存储器区域某一位的地址格式是由存储器区域标识符、字节地址及位号构成的。元件名称（区域地址符号）如表 4-4 所示。

表 4-4　元件名称

元件符号	所在数据区域	位寻址格式	数据寻址格式
I（输入映像寄存器）	数字量输入映像区	Ax.y	ATx
Q（输出映像寄存器）	数字量输出映像区	Ax.y	ATx
M（内部标志位存储器）	内部存储器标志位区	Ax.y	ATx
SM（特殊标志位存储器）	特殊存储器标志位区	Ax.y	ATx
S（顺序控制继电器存储器）	顺序控制继电器存储器区	Ax.y	ATx
V（变量存储器）	变量存储器区	Ax.y	ATx
L（局部存储器）	局部存储器区	Ax.y	ATx
T（定时器存储器）	定时器存储器区	Ay	无
C（计数器存储器）	计数器存储器区	Ay	无
AI（模拟量输入映像寄存器）	模拟量输入存储器区	无	ATx
AQ（模拟量输出映像寄存器）	模拟量输出存储器区	无	ATx
AC（累加器）	累加器区	Ay	无
HC（高速计数器）	高速计数器区	Ay	无

按位寻址的格式为 Ax.y。必须指定元件名称、字节地址和位号，MSB 表示最高位，LSB 表示最低位，可以进行位寻址的编程元件有输入映像寄存器（I）、输出映像寄存器（Q）、变量存储器（V）、内部标志位存储器（M）、顺序控制继电器存储器（S）、特殊标志位存储器（SM）、局部存储器（L）。

存储区内的另一些元件是具有一定功能的硬件。由于元件数量很少，所以不用指出元件所在存储区域的字节，而是直接指出它的编号。其寻址格式为 Ay。这类元件包括定时器（T）、计数器（C）、累加器（AC）和高速计数器（HC）。其地址编号中包含两个相关变量信息，如 T10 既可表示 T10 定时器的位状态，又可表示 T10 定时器的当前值。累加器用来暂存数据，如运算数据、中间数据、结果数据。数据的长度可以是字节、字或者双字，使用时只表示出累加器的地址编号，如 AC0，数据长度取决于进出 AC0 的数据类型。

数据寻址格式为 ATx，这种按字节编址的形式在直接访问字节、字和双字数据时，也必须指明元件名称、数据类型和存储区域内的首字节地址。图 4-3 以变量存储器为例分别对存取 3 种数据进行了比较。图中，V 是元件名称；B 代表数据长度为字节型；W 代表数据长度为字类型（16 位）；D 代表数据长度为双字类型（32 位）；VW100 由 VB100、VB101 两个字节组成；VD100 由 VB100 ～ VB103 四个字节组成。

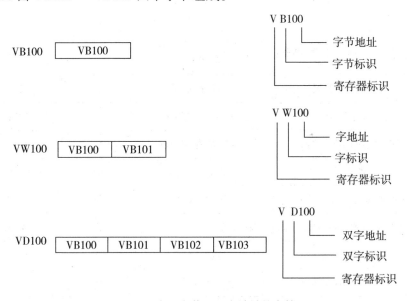

图 4-3　字、字节、双字地址的存放

（2）编程元件。

①输入映像寄存器（I）。PLC 的输入端子是从外部接收输入信号的窗口。输入映像寄存器中的每一个位地址都对应 PLC 的一个输入端子，用于存放外部传感器或开关元件发来的信号。在每个扫描周期的开始，PLC 会对所有输入端子状态进行采样并把采样结果送入输入映像寄存器，作为程序处理时输入点状态的依据。在一个扫描周期内，程序执行只对输入映像寄存器中的数据进行处理，不论外部输入端子的状态是什么。编程时要注意，输入映像寄存器只能反映外部信号的状态，而不能由程序设置，也不能用于驱动负载。输入映像寄存器的等效电路如图 4-4 所示。

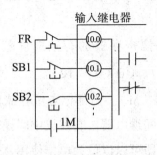

图 4-4　输入映像寄存器等效电路图

输入映像寄存器的地址格式如下。

位地址：I【字节地址】.【位地址】，如 I0.1。

字节、字、双字地址：I【数据长度】【起始字节地址】，如 IB4、IW6、ID10。

CPU226 模块输入映像寄存器的有效地址范围：I（0.0～15.7）、IB（0～15）、IW（0～14）、ID（0～12）。

②输出映像寄存器（Q）。输出映像寄存器中的每一个位地址都对应 PLC 的一个输出端子，用于存放程序执行后的所有输出结果，以控制外部负载的接通与断开。PLC 在执行用户程序的过程中，并不把输出信号直接输出到输出端子，而是送到输出映像寄存器中，在每个扫描周期的最后，才将输出映像寄存器中的数据统一送到输出端子。输出映像寄存器的等效电路如图 4-5 所示。

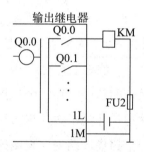

图 4-5　输出映像寄存器等效电路图

输出映像寄存器的地址格式如下。

位地址：Q【字节地址】.【位地址】，如 Q1.1。

字节、字、双字地址：Q【数据长度】【起始字节地址】，如 QB5、QW8、QD11。

CPU226 模块输出映像寄存器的有效地址范围：Q（0.0 ～ 15.7）、QB（0 ～ 15）、QW（0 ～ 14）、QD（0 ～ 12）。

③内部标志位存储器（M）。内部标志位存储器也称为内部线圈，是模拟继电器控制系统中的中间继电器。它存放中间操作状态，或存储其他相关的数据。内部标志位存储器可以以位为单位使用，也可以以字节、字、双字为单位使用。

内部标志位存储器的地址格式如下。

位地址：M【字节地址】.【位地址】，如 M26.7。

字节、字、双字地址：M【数据长度】【起始字节地址】，如 MB11、MW23、MD26。

CPU226 模块内部标志位存储器的有效地址范围：M（0.0 ～ 31.7）、MB（0 ～ 31）、MW（0 ～ 30）、MD（0 ～ 28）。

有的用户习惯使用 M 区作为中间地址，但 S7-200 CPU 中的 M 区地址空间很小，只有 32 个字节，往往不够用。而 S7-200 CPU 中提供大量的 V 区存储空间，即用户数据空间。V 存储区相对很大，其用法与 M 相似，可以按位、字节、字、双字来存取 V 区数据。

④变量存储器（V）。在程序处理过程或上下位机通信过程中，会产生大量的中间变量数据需要存储，S7-200 系列 PLC 专门提供了一个较大的存储器区，用来存储此类数据，即变量存储器，其应用比较灵活。

变量存储器是全局有效的,即同一个存储器可以在任一程序分区(主程序、子程序、中断程序)被访问。变量存储器的地址格式如下。

位地址:V【字节地址】.【位地址】,如 V10.2。

字节、字、双字地址:V【数据长度】【起始字节地址】,如 VB20、VW100、VD320。

CPU226 模块变量存储器的有效地址范围:V(0.0~5 119.7)、VB(0~5 119)、VW(0~5 118)、VD(0~5 116)。

⑤局部存储器(L)。局部存储器用于存放局部变量。局部存储器是局部有效的,即某一局部存储器只能在某一程序分区(主程序、子程序或中断程序)中使用。S7-200 PLC 提供了 64 个字节的局部存储器。局部存储器可用作暂时存储器或为子程序传递参数,它可以按位、字节、字、双字访问;可以把局部存储器作为间接寻址的指针,但是不能作为间接寻址的存储器区。局部存储器的地址格式如下。

位地址:L【字节地址】.【位地址】,如 L0.0。

字节、字、双字地址:L【数据长度】【起始字节地址】,如 LB33、LW44、LD55。

CPU226 模块局部存储器的有效地址范围:L(0.0~63.7)、LB(0~63)、LW(0~62)、LD(0~60)。

⑥顺序控制继电器(S)。顺序控制继电器用于顺序控制(或步进控制)。顺序控制继电器指令是基于顺序功能图(SFC)的编程方式而发出的。顺序控制继电器是顺控指令中的特殊(专用)继电器,通常要与步进顺控指令结合使用,用于组织步进过程。顺序控制继电器的地址格式如下。

位地址:S【字节地址】.【位地址】,如 S2.6。

字节、字、双字地址:S【数据长度】【起始字节地址】,如 SB11、SW23、SD26。

CPU226 模块顺序控制继电器的有效地址范围:S(0.0~31.7)、SB(0~31)、SW(0~30)、SD(0~28)。

⑦特殊标志位存储器(SM)。特殊标志位存储器是 PLC 内部保留的一部分存储空间,用于保存 PLC 自身的工作状态数据或提供特殊功能。该存储器区可以反映 CPU 运行时的各种状态信息,用户程序能够根据这些信息判

断 PLC 的工作状态，从而确定下一步的程序走向。特殊标志位区域分为只读区域（SMBO ～ SMB29）和可读写区域。在只读区域的特殊标志位，用户只能使用其触点。可读写区域的特殊标志位主要用于特殊控制功能，例如，用于自由通信口设置的 SMB30，用于定时中断间隔时间设置的 SMB34/SMB35，用于 6S 高速计数器设置的 SMB36 ～ SMB65，用于脉冲串输出控制的 SMB66 ～ SMB85 等。尽管 SM 区域是按位存取的，但也可以按字节、字、双字来存取数据。特殊标志位存储器的地址表示格式如下。

位地址：SM【字节地址】.【位地址】，如 SM0.1。

字节、字、双字地址：SM【数据长度】【起始字节地址】，如 SMB86、SMW100、SMD12。

CPU226 模块特殊标志位存储器的有效地址范围：SM（0.0 ～ 549.7）、SMB（0 ～ 549）、SMW（0 ～ 548）、SMD（0 ～ 546）。表 4-5 和表 4-6 分别为 SMB 的各个位功能描述和其他状态字功能表。

表 4-5　SMB 的各个位功能描述

SMB0 的各个位	功能描述
SM0.0	常闭触点，在程序运行时一直保持闭合状态
SM0.1	该位在程序运行的第一个扫描周期闭合，常用于调用初始化子程序
SM0.2	若永久保持的数据丢失，则该位在程序运行的第一个扫描周期闭合，可用于存储器错误标志位
SM0.3	开机后进行 RUN 方式，该位将闭合一个扫描周期。可用于启动操作前为设备提供预热时间
SM0.4	该位为一个 1 min 时钟脉冲，30 s 闭合，30 s 断开
SM0.5	该位为一个 1 s 时钟脉冲，0.5 s 闭合，0.5 s 断开
SM0.6	该位为扫描时钟，本次扫描闭合，下次扫描断开，不断循环
SM0.7	该位指示 CPU 工作方式开关的位置（断开为 TERM 位置，闭合为 RUN 位置）。当开关在 RUN 位置时，可使自由口通信方式有效，开关切换至 TERM 位置时，同编程设置的正常通信有效

表 4-6　SMB 的其他状态字功能表

状态字	功能描述
SMB1	包含了各种潜在的错误提示，可在执行某些指令或执行出错时由系统自动对相应位进行置位或复位
SMB2	在自由口通信时，自由接口接收字符的缓冲区
SMB3	在自由口通信时，发现接收到的字符中有奇偶校验错误，可将 SM3.0 置位，根据该位来丢弃错误的信息，其他位保留
SMB4	标志中断队列中是否溢出或通信接口使用状态
SMB5	标志 I/O 系统错误
SMB6	CPU 模块识别（ID）寄存器
SMB7	系统保留
SMB8 ～ SMB21	I/O 模块识别和错误寄存器，按字节对形式（相邻两个字节）存储扩展模块 0 ～ 6 的模块类型、I/O 类型、I/O 点数和测得的各模块 I/O 错误
SMB22 ～ SMB26	记录系统扫描时间
SMB28 ～ SMB29	存储 CPU 模块自带的模拟电位器所对应的数字量
SMB30 和 SMB130	SMB30 为自由口通信时，自由接口 0 的通信方式控制字节；SMB130 为自由口通信时，自由接口 1 的通信方式控制字节；两字节可读可写
SMB31 ～ SMB32	永久存储器（EEPROM）写控制
SMB34 ～ SMB35	用于存储定时中断的时间间隔
SMB36 ～ SMB65	高速计数器 HSC0、HSC1、HSC2 的监视及控制寄存器
SMB66 ～ SMB85	高速脉冲（PTO/PWM）的监视及控制寄存器
SMB86 ～ SMB94 SMB186 ～ SMB194	自由口通信时，接口 0 或接口 1 接收信息状态寄存器
SMB98 ～ SMB99	标志扩展模块总线错误号
SMB131 ～ SMB165	高速计数器 HSC3、HSC4、HSC5 的监视及控制寄存器

状态字	功能描述
SMB 166 ～ SMB194	高速脉冲（PTO）的包络定义表
SMB200 ～ SMB299	预留给智能扩展模块，保存其状态信息

⑧定时器（T）。在 PLC 中，定时器的作用相当于继电器控制系统中的时间继电器。定时器的工作过程与时间继电器基本相同，均须提前置入时间预设值。当定时值的输入条件满足时，开始计时，当前值从 0 开始按一定时间单位增加；当定时器的当前值达到预定值时，定时器发生动作，即常开触点闭合，常闭触点断开。利用定时器的输入和输出触点可以实现对所需要的延时时间的控制。

S7-200 系列 PLC 中包括 1 ms、10 ms、100 ms 三种精度的定时器，每个定时器都对应一个 16 位的当前值寄存器和一个状态位。16 位的寄存器存储定时器所累积的时间，以及状态位标志定时器定时时间到达时的动作。当前值寄存器和状态位均可由 T+ 定时器号来表示，如 T10，对其区分依赖对其操作的指令：带位操作数的指令存取定时器的状态位，而带字操作数的指令对定时器当前值寄存器进行操作。

S7-200 PLC 定时器存储器的有效地址范围：T0 ～ T255。

⑨计数器（C）。在 PLC 中，计数器用于累积输入脉冲的个数。当计数值达到由程序设置的数值时，执行特定功能。S7-200PLC 提供了三种类型的计数器，即增计数器、减计数器和增减计数器。通常计数器的设定值由程序赋予，需要时也可在外部设定。

计数器的地址表示格式为 C+ 计数器号，如 C10。每个计数器也分别对应一个 16 位的当前值寄存器和一个状态位。

计数器位：表示计数器是否发生动作的状态，当计数器的当前值达到预置值时，该位被置为"1"。

计数器当前值：存储计数器当前值所累计的脉冲个数，它用 16 位带符号整数表示。

当前值寄存器和状态位均可用 C10 来表示，对其区分依赖于对其操作的指令：带位操作数的指令存取计数器的状态位，而带字操作数的指令存取计数器的当前值。

S7-200 PLC 计数器的有效地址范围：C0 ～ C255。

⑩高速计数器（HC）。高速计数器用于累计高速脉冲信号。当高速脉冲信号的频率比 CPU 扫描速率更快时，必须要用高速计数器计数。高速计数器的当前值寄存器为 32 位，读取高速计数器当前值应以双字（32 位）来寻址。高速计数器的当前值为只读数据。

高速计数器的地址格式：HC【高速计数器号】，如 HC1。

CPU226 模块高速计数器的有效地址范围：HC0 ～ HC5。

⑪模拟量输入映像寄存器（AI）。模拟量输入模块将外部输入的模拟信号的模拟量转换成 1 个字长的数字量，存放在模拟量输入映像寄存器中，供 CPU 运算处理。模拟量输入映像寄存器的值为只读数据。模拟量输入映像寄存器的地址格式为 AIW【起始字节地址】，如 AIW4。

模拟量输入映像寄存器的地址必须用偶数字节地址（如 AIW0、AIW2）来表示。

CPU226 模块模拟量输入映像寄存器的有效地址范围：AIW0 ～ AIW62。

⑫模拟量输出映像寄存器（AQ）。CPU 运算的相关结果会存放在模拟量输出映像寄存器中。D/A 转换器将 1 个字长的数字量转换成模拟量，供外部电路使用。模拟量输出映像寄存器中的数字量为只写数据。

模拟量输出映像寄存器的地址格式：AQW【起始字节地址】，如 AQW4。

模拟量输出映像寄存器的地址必须用偶数字节地址（如 AQW0、AQW2）来表示。

CPU226 模块模拟量输出映像寄存器的有效地址范围：AQW0 ～ AQW62。

⑬累加器（AC）。累加器是可以像存储器一样使用的读 / 写区间，它可以用于向子程序传递参数或从子程序返回参数，也可以用于存储计算过程的中间值。S7-200 系列 PLC 提供了 4 个 32 位的累加器，地址编号分别为 AC0、AC1、AC2、AC3，使用时只须写出累加器的地址编号即可。

累加器是可读写单元，其字节可以按字节、字、双字存取。DECW 指令存取累加器的字，INCD 指令存取累加器的双字。按字节、字存取时，累加器只存取存储器中数据的低 8 位、低 16 位；以双字存取时，则累加器存取存储器的 32 位。

4. 寻址方式

指令中提供操作数或操作数地址方式的被称为寻址方式。S7-200 PLC 的寻址方式有立即寻址、直接寻址、间接寻址三种。

（1）立即寻址。立即寻址方式是指令直接给出操作数，操作数紧跟着操作码，在取出指令的同时也就取出了操作数，立即有操作数可用，所以称为立即操作数或立即寻址。立即寻址方式可用来提供常数、设置初始值等。

CPU 以二进制方式存储所有常数。指令中可用十进制、十六进制、ASCII 码或浮点数形式来表示，表示格式举例如下。

十进制常数：30112。

十六进制常数：16#42F。

ASCII 常数：'INPUT'。

实数或浮点常数：+1.1E-10。

二进制常数：2#01011110。

（2）直接寻址。直接寻址方式是指令直接使用存储器或寄存器的元件名称或地址编号，根据这个地址就可以立即找到该数据。操作数的地址应按规定的格式表示。指令中，数据类型应与指令标识符相匹配。

不同数据长度的直接寻址指令举例如下。

位寻址：AND Q5.5。

字节寻址：ORB   VB33，LB21。

字寻址：MOVW ACO，AQW2。

双字寻址：MOVD AC1，VD200。

（3）间接寻址。间接寻址方式是指数据存放在存储器或寄存器中，指令中只出现所需数据所在单元的内存地址。存放操作数地址的存储单元的地址也称地址指针。这种间接寻址方式与计算机的间接寻址方式相同。间接寻址在处理内存连续地址中的数据时非常方便，而且可以缩短程序所生成代码的长度，使编程更加灵活。可间接寻址的存储区域有 I、Q、V、M、S、T（仅当前值）、C（仅当前值）。对独立的位（BIT）值或模拟量值不能进行间接寻址。使用间接寻址方式存取数据的方法如下。

①建立指针。间接寻址前，应先建立指针。指针为双字长。指针中存放的是所要访问的存储单元的 32 位物理地址。只能使用变量存储器（V）、局部存储器（L）或累加器（AC1、AC2、AC3）作为指针，AC0 不能用作间接寻址的指针。建立指针时，将存储器的某个地址移入另一个存储器或累加器中作为指针。建立指针后，就可把从指针处取出的数值传送到指令输出操作数指定的位置。

例："MOVD &VB200，VD10"。该程序表示把 VB200 的 32 位物理地址送入 AC1，建立指针。

上例中的 "&" 为取地址符号，它与存储单元地址编号结合，表示对应单元的 32 位物理地址。物理地址是指存储单元在整个存储器中的绝对位置。VB200 只是存储单元的一个直接地址编号。指令中的第二个存储器单元或寄存器必须为双字长度（32 位），如 VD、LD 或 AC。

②利用地址指针存取数据。在存储器单元或寄存器前面加 "*" 号表示一个地址指针。

例：MOVD&VB200，AC1；

MOVW*AC1，VB100。

该程序表示将 VB200 中的数据传送到 VB100 中。AC1 中存储着 VB200 的物理地址，* AC1 直接指向 VB200 存储单元，MOVW 指令决定了指针指向的是一个字长的数据。在本例中，存储在 VB200、VB201 中的数据被送到 VB100、VB101 中，如图 4-6 所示。

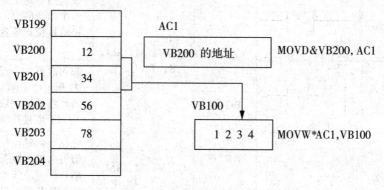

图 4-6　使用指针间接寻址

③修改地址指针。通过修改地址指针，可以方便地存取相邻存储单元的

数据，如进行查表或多个连续数据两两计算。只需要使用加法、自增等算术运算指令就可以实现地址指针的修改，但要注意指针所指向数据的长度。存取字节时，指针值加 1；存取一个字、定时器或计数器的当前值时，指针值加 2；存取双字时，指针值加 4。

4.3.2 S7-200 PLC 基本逻辑指令及编程

基本逻辑指令是 PLC 中最简单、最基本的指令，是构成梯形图和语句表的基本成分。基本逻辑指令一般指位逻辑指令、定时器指令及计数器指令。位逻辑指令又包括触点连接指令、线圈指令、逻辑堆栈指令、RS 触发器指令等。这些指令处理的对象大多为位逻辑量，主要用于逻辑控制类程序。

1. 位逻辑操作指令及应用

（1）基本触点及线圈指令。触点及线圈是梯形图的基本元素。从元件角度出发，触点及线圈是元件的组成部分。线圈得电，则该元件的常开触点闭合，常闭触点断开；线圈失电，则常开触点恢复断开，常闭触点恢复接通。从梯形图的结构来看，触点是线圈的工作条件，线圈的动作是触点运算的结果。

（2）LD、LDN 与 = 指令。指令的符号、名称及功能如表 4-7 所示。

表 4-7　LD、LDN 与 = 指令的符号、名称及功能

指令名称	梯形图符号	数据类型	操作数	指令功能
LD 载入	⊢⊣		Q、V、M、SM、S、T、C、L	载入指令通常是打开一个常开触点，同时将地址位数值置于堆栈顶部
LDN 载入取反	⊢/⊣	BOOL		载入取反指令通常是打开一个常闭触点，同时将地址位数值置于堆栈顶部
= 输出	─( )		Q、V、M、SM、S、T、C、L	此指令将输出位的新值写入过程映像寄存器，同时位于堆栈顶端的数值被复制至指定的位

（3）触点串联指令在梯形图和语句表程序中的应用如图 4-7 所示。

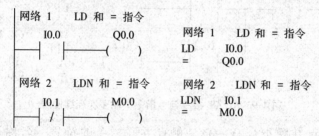

图 4-7　触点串联指令的应用

由图 4-8 可知，I0.1 与 I0.2 执行相与的逻辑运算，在 I0.1 与 I0.2 均闭合时，线圈 Q0.0 接通；I0.1 与 I0.2 只要有一个不闭合，线圈 Q0.0 就不能接通。I0.3 与常闭触点 I0.4 执行相与的逻辑运算，I0.3 闭合，I0.4 断开时，线圈 Q0.1 接通；I0.3 断开或 I0.4 闭合，则线圈 Q0.1 不能接通。

指令使用注意事项如下。

① A/AN 是单个触点串联连接指令，可以连续使用，但是用梯形图编程时会受到打印宽度和屏幕显示的限制。S7-200 PLC 的编程软件中规定的串联触点的上限为 11 个。

②若要串联多个触点组合回路，须采用后面说明的 ALD 指令。

③使用 = 指令进行线圈驱动后，仍然可以使用 A、AN 指令，然后再次使用 = 指令，如图 4-8 所示。

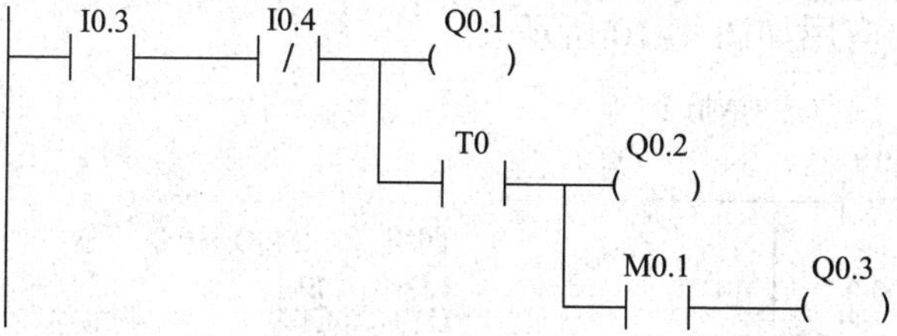

```
      I0.3      I0.4      Q0.1              LD    I0.3
 ├──┤ ├──────┤/├──────( )              AN    I0.4
                                           =     Q0.1
                 T0      Q0.2              A     T0
             ──┤ ├──────( )              =     Q0.2
                                           A     M0.1
                 M0.1    Q0.3              =     Q0.3
             ──┤ ├──────( )
```

图 4-8　A、AN 指令与 = 指令的多次连续使用

如图 4-8 所示，程序的上下次序不能随意更改，否则 A、AN 指令与 = 指令就不能连续使用。如图 4-9 所示的程序，在指令表中需要使用堆栈指令过渡。这是因为 S7-200 系列 PLC 提供了一个 9 层堆栈，栈顶用于存储逻辑运算的结果，即每次运算后结果都保存在栈顶，而且下一次运算结果会覆盖前一个结果。若要使用中间结果，就必须对该中间结果进行压栈处理，才能保存下来。

```
    I0.3        I0.4       Q0.1        LD      I0.3
 ├──┤ ├──────┤/├────────(    )         LPS
 │                                      AN      I0.4
 │   I0.2        Q0.2                   =       Q0.1
 ├──┤ ├────────────────(    )          LPP
                                        A       I0.2
                                        =       Q0.2
```

图 4-9 A、AN 指令与 = 指令不能多次连续使用

（3）触点并联指令 O、ON。触点并联指令的符号、名称及功能见表 4-8。

表 4-8 触点并联指令的符号、名称及功能

指令名称	梯形图符号	数据类型	操作数	指令功能
O 或		BOOL	I、Q、V、M、SM、S、T、C、L	载入指令通常是打开一个常开触点，同时将地址位数值置于堆栈顶部
ON 或非				载入取反指令通常是打开一个常闭触点，同时将地址位数值置于堆栈顶部

触点并联指令的应用如图 4-10 所示。

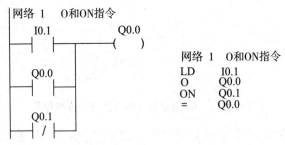

```
网络 1  O和ON指令
    I0.1            Q0.0
 ├──┤ ├───────────(    )
 │
 │   Q0.0
 ├──┤ ├──┤
 │
 │   Q0.1
 └──┤/├──┘
```

网络 1 O和ON指令
```
LD      I0.1
O       Q0.0
ON      Q0.1
=       Q0.0
```

图 4-10 O 和 ON 指令的应用

由图 4-10 可知，当网络 1 中的常开触点 I0.1、Q0.0 和常闭触点 Q0.1 有一个或者多个接通时，线圈 Q0.0 接通；当常开触点 I0.0、Q0.0 和常闭触点 Q0.1 都不接通时，线圈 Q0.0 不接通。

指令使用注意事项如下。

① O/ON 指令是使一个触点从当前步开始，直接并联到左母线上，且并联次数不限。但是因为图形编程器和打印机的功能有限制，所以连续输出的次数不得超过 24 次。

② O 和 ON 用于单个触点与前面电路的并联，并联触点的左端接到该指令所在电路块的起始点（LD 点）上，右端与前一条指令对应的触点的右端相连，即单个触点并联到它前面已经连接好的电路的两端（两个以上触点串联连接的电路块再并联连接时，要用后续的 ORB 指令）。

（4）跳变指令 EU、ED。跳变指令的符号、名称及功能如表 4-9 所示。

表 4-9　跳变指令的符号、名称及功能

指令名称	梯形图符号	数据类型	操作数	指令功能
EU 正跳变	─┤ P ├─	无	无	执行指令时，一旦在堆栈顶部数值中检测到 0 至 1 转换时，则将堆栈顶值设为 1，否则，将其设为 0
ED 负跳变	─┤ N ├─			执行指令时，一旦在堆栈顶部数值中检测到 1 至 0 转换时，则将堆栈顶值设为 1，否则，将其设为 0

跳变指令的应用如图 4-11 所示。

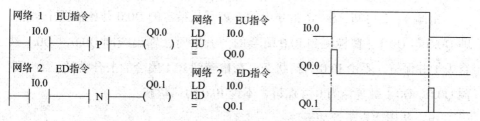

图 4-11　跳变指令的应用

由图 4-11 可知，当触点 I0.0 上有正"边缘向上"输入时，Q0.0 输出一个扫描周期的脉冲；当触点 I0.0 上有负"边缘向下"输入时，Q0.1 输出一个扫描周期的脉冲。

（5）置位、复位指令 S、R。线圈置位、复位指令的符号、名称及功能见表 4-10。

表 4-10　线圈置位、复位指令的符号、名称及功能

指令、名称	梯形图符号	数据类型	操作数	指令功能
S 置位			Q、M、SM、T	置位指令设置指定的点数（N），从指定的地址（位）开始。可以设置 1～255 个点
		BOOL	C、V、S、L	
R 复位				复位指令复位指定的点数（N），从指定的地址（位）开始。可以设置 1～255 个点

置位、复位指令的应用如图 4-12 所示。

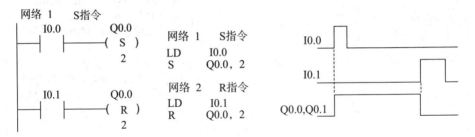

图 4-12　置位、复位指令的应用

由图 4-12 可知，S、R 指令中的 2 表示从指定的 Q0.0 开始的两个触点，即 Q0.0 与 Q0.1。在检测到 I0.0 闭合的上升沿时，输出线圈 Q0.0、Q0.1 被置为 1 并保持，不论 I0.0 为何状态；在检测到 I0.1 闭合的上升沿时，输出线圈 Q0.0、Q0.1 被复位为 0 并保持，不论 I0.0 为何状态。

指令使用注意事项如下。

①指定触点一旦被置位，则保持接通状态，直到对其进行复位操作；而指定触点一旦被复位，则变为断开状态，直到对其进行置位。

②如果对定时器和计数器进行复位操作，则被指定的 T 或 C 会被复位，同时其当前值被清零。

③ S、R 指令可多次使用相同编号的各类触点，使用次数不限。

（6）RS、SR 指令。RS、SR 指令的符号、名称及功能如表 4-11 所示。

表 4-11　RS、SR 指令的符号、名称及功能

指令名称	梯形图符号	数据类型	操作数	指令功能
RS 复位优先锁存器	bit S OUT RS R1	BOOL	Q、M、SM、T C、V、S、L	当置位信号和复位信号都有效时，复位信号优先，输出线圈不接通
SR 置位优先锁存器	bit S1 OUT SR R			当置位信号和复位信号都有效时，置位信号优先，输出线圈接通

RS、SR 指令的应用如图 4-13 所示。

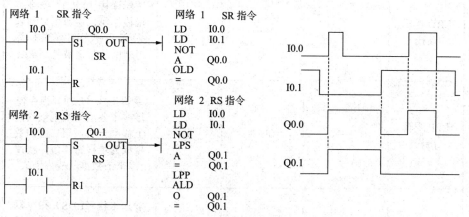

图 4-13　RS、SR 指令的应用

（7）逻辑堆栈指令。在 PLC 中有 11 个存储器，它们是用来存储运算的中间结果的，被称为栈寄存器。LPS、LRD、LPP 指令分别为进栈、读栈和出栈指令。

逻辑堆栈指令的符号、名称及功能如表4-12所示。

表4-12　逻辑堆栈指令的符号、名称及功能

指令名称	梯形图符号	梯形图说明	操作数	指令功能
ALD 栈装载与指令		将多个触点的组合块进行串联	无	指令采用逻辑 AND（与）操作将堆栈第一级和第二级中的数值组合，并将结果载入堆栈顶部执行 ALD 后，堆栈深度减 1
OLD 栈装载或指令		将多个触点的组合块进行并联		指令采用逻辑 OR（或）操作将堆栈第一级和第二级中的数值组合，并将结果载入堆栈顶部，执行 OLD 后，堆栈深度减 1
LPS 逻辑进栈	—	—	无	逻辑进栈（LPS）指令复制堆栈中的栈顶值并使该数值进栈，堆栈底值被推出栈并丢失
LRD 逻辑读栈	—	—	无	逻辑读栈（LRD）指令将堆栈中第二层数据复制到栈顶。不执行进栈或出栈，但旧的栈顶值被复制破坏
LPP 逻辑出栈	—	—	无	逻辑出栈（LPP）指令使堆栈中各层的数据依次向上移动一层，第二层的数据成为堆栈新顶值，栈顶原来的数据从栈内消失
LDS 载入堆栈	—	—	无	载入堆栈（LDS）指令复制堆栈内第 n 层的值到栈顶。堆栈中原来的数值依次向下一层推移，堆栈底值被推出并丢失

ALD、OLD 指令的应用如图 4-14 所示。

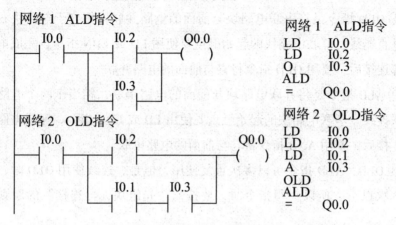

图 4-14 ALD、OLD 指令的应用

由图 4-14 可见，网络 1 中，触点 I0.2 和 I0.3 的组合触点块与触点 I0.0 进行块串联；网络 2 中，触点 I0.1 和 I0.3 的组合触点块与触点 I0.2 进行块并联，形成的新的组合块再与 I0.0 串联。

LPS、LRD、LPP 指令的应用如图 4-15 所示。

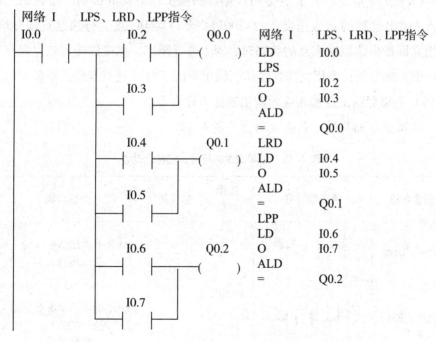

图 4-15 LPS、LRD、LPP 指令的应用

指令使用注意事项如下。

① OLD 指令是将串联电路块与前面的电路并联，相当于电路块右侧的一段垂直连线。并联电路块的起始触点要使用 LD 或 LDN 指令，完成电路块的内部连接后，要用 OLD 指令将它与前面的电路并联。

② ALD 指令是将并联电路块与前面的电路串联，相当于两个电路之间的串联连线。串联电路块的起始触点要使用 LD 或 LDN 指令，完成电路块的内部连接后，要用 ANB 指令将它与前面的电路串联。

③ OLD、ALD 指令可以多次重复使用，但是，连续使用 OLD 时，应限制在 8 次以下。所以在写指令时，要按照"先组块，再连接"的原则进行编写。

④ LPS 和 LPP 指令必须成对使用。在它们之间可以多次使用 LRD 指令。LPS 和 LPP 指令的连续使用次数不能超过 9 次。

⑤ LPS、LRD、LPP 指令后若有其他触点串联，要用 A 或 AN 指令；若有电路块串联，要用 ALD 指令；若直接与线圈相连，应该用 OUT 指令。

（8）立即指令。为了不受 PLC 循环扫描工作方式的影响，提高 PLC 对输入 / 输出过程的响应速度，S7-200PLC 允许对 I/O 点进行快速直接存取。当用立即指令读取输入点的状态时，对 I 进行操作，相应的输入映像寄存器中的值并未更新；当用立即指令访问输出点时，对 Q 进行操作，新值同时写到 PLC 的物理输出点和相应的输出映像寄存器上。

立即指令的符号、名称及功能见表 4-13。

表 4-13　立即指令的符号、名称及功能

指令名称	梯形图符号	数据类型	操作数	指令功能
LDI 立即取	⊢ I ⊢	BOOL	—	LDI 指令立即将实际输入值载入堆栈顶部
LDNI 立即取反	⊢ /I ⊢		—	LDNI 指令立即将实际输入值的逻辑 NOT（非）载入堆栈顶部

续 表

指令名称	梯形图符号	数据类型	操作数	指令功能
AI 立即与	┤ I ├	BOOL	—	AI 指令立即将实际输入值 AND（与）载入堆栈顶部
ANI 立即与反	┤ /I ├	BOOL	—	ANI 指令立即将实际输入值的逻辑 NOT（非）、AND（与）载入堆栈顶部
OI 立即或	I	BOOL	—	OI 指令立即将实际输入值 OR（或）载入堆栈顶部
ONI 立即或反	/I	BOOL	—	ONI 指令立即将实际输入值的逻辑 NOT（非）、OR（或）载入堆栈顶部
=I 立即输出	─（ I ）	BOOL	—	指令将新值写入实际输出和对应的过程映像寄存器位置，同时将位于堆栈顶部的数值复制至指定的实际输出位
SI 立即置位	bit ─（ SI ） N	—	—	将指定位（bit）开始的 N 个物理量输出端立即置 1
RI 立即复位	bit ─（ RI ） N	—	—	将指定位（bit）开始的 N 个物理量输出端立即置 0
—	—	—	—	—

立即指令的应用如图 4-16 所示。

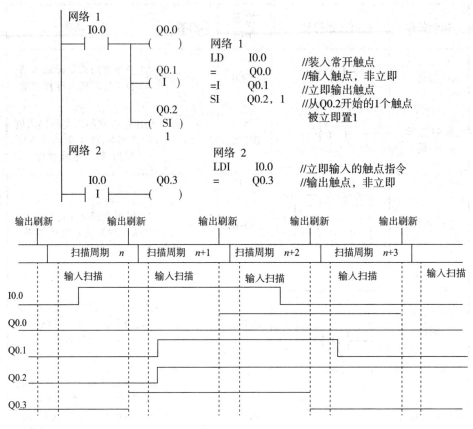

图 4-16　立即指令的应用

图 4-16 中，Q0.0、Q0.1 和 Q0.2 的输入逻辑是 I0.0 的普通常开触点。Q0.0 是普通输出，当程序执行到它时，I0.0 的映像寄存器的状态会随着本次扫描周期采集到的 I0.0 状态而改变，而 Q0.0 的物理触点要等到本次扫描周期的输出刷新阶段才会改变。Q0.1、Q0.2 为立即输出，当程序执行到它们时，它们的物理触点和输出映像寄存器同时改变。对 Q0.3 而言，它的输入逻辑是 I0.0 的立即触点，所以在程序执行到它时，Q0.3 的映像寄存器的状态会随着 I0.0 即时状态的改变而立即改变，而它的物理触点要等到本次扫描周期的输出刷新阶段才会改变。

（9）NOT 和 NOP 指令。NOT 和 NOP 指令的符号、名称及功能如表 4-14 所示。

表 4-14   NOT 和 NOP 指令的符号、名称及功能

指令名称	梯形图符号	数据类型	操作数	指令功能
NOT	─┤NOT├─	无	无	逻辑结果取反
NOP	N NOP			空操作

NOT 指令的应用如图 4-17 所示。

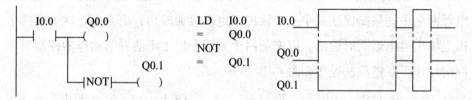

图 4-17   NOT 指令的应用

指令使用注意事项如下。

① NOP 操作指令是一条无动作、无目标元件、占一个程序步的指令。空操作指令使该步序做空操作。

② 用 NOP 指令代替已写入的指令，可以改变电路。在程序中加入 NOP 指令，在改变或追加程序时，可以减少步序号的改变。执行完清除用户存储器的操作后，用户存储器的内容全部变为空操作指令。

2. 基本逻辑指令的典型电路

（1）自保持控制。用启动和停止按钮实现信号的自保持控制。要求：按下启动按钮（I0.0），输出指示灯（Q0.0）亮，释放按钮，灯保持亮；按下停止按钮（I0.1），指示灯灭。控制程序如图 4-18 所示。

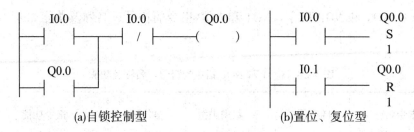

(a)自锁控制型   (b)置位、复位型

图 4-18　自保持控制电路

  自锁控制型程序常用于以无锁定开关做启动开关的控制电路，或者用只接通一个扫描周期的触点去启动一个持续动作的控制电路。置位复位控制型程序中，常开触点 I0.0 将输出继电器 Q0.0 置位，常开触点 I0.1 将输出继电器 Q0.0 复位，同样启动了一个持续动作的控制电路。自保持控制电路的使用频率非常高，希望工作人员熟练掌握。

  （2）互锁电路。互锁控制是 PLC 控制程序中常用的控制程序形式。继电器网络中，只能保证其中一个输出继电器接通输出，而不能让两个或两个以上输出继电器同时输出，以避免两个或两个以上不能同时动作的控制对象同时动作。互锁控制程序如图 4-19 所示。

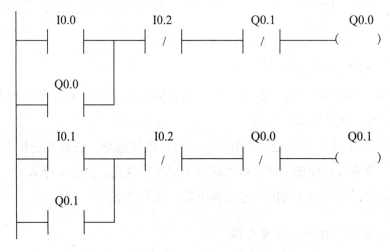

图 4-19　互锁控制程序

  在如图 4-19 所示的程序中，当 I0.0 得电闭合时，Q0.0 输出。由于 Q0.0 的常闭触点接在 Q0.1 的网络中，即使 I0.1 得电闭合，Q0.1 也不输出，只有当 I0.2 的常闭触点断开、Q0.0 断电后，I0.1 得电闭合，Q0.1 才输出。由于 Q0.1 的常闭触点接在 Q0.0 的网络中，此时当 I0.0 得电闭合，Q0.0 也不输出。

（3）二分频电路。在许多场合，都需要对控制信号进行分频，常见的有二分频、四分频控制。下面以二分频为例介绍分频控制的实现方法。控制要求：将输入信号脉冲 I0.1 分频输出，输出脉冲 Q0.0 为 I0.1 的二分频。二分频电路程序如图 4-20 所示。

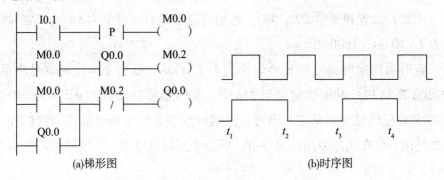

(a)梯形图　　　　　　　　　　　　　(b)时序图

图 4-20　二分频电路程序

在如图 4-20 所示的二分频电路的梯形图和时序图中，当输入 I0.1 在 t_1 时刻接通（ON）时，内部标志位存储器 M0.0 上将产生单脉冲。然而输出继电器 Q0.0 在此之前并未得电，其对应的常开触点也处于断开状态。因此，扫描程序至第 2 行时，尽管 M0.0 得电，内部标志位 M0.2 也不可能得电。扫描至第 3 行时，Q0.0 得电并自锁。此后这部分程序虽然多次扫描，但由于仅接通一个扫描周期，不可能得电，Q0.0 对应的常开触点闭合，为 M0.2 的得电做好了准备，等到 t_2 时刻，输入 I0.1 再次接通（ON），M0.0 上再次产生单脉冲。因此，在扫描第 2 行时，内部标志位存储器 M0.2 满足条件得电，M0.2 对应的常闭触点断开，执行第 3 行程序时，输出继电器 Q0.0 断电，输出信号消失。以后，虽然 I0.1 继续存在，但由于 M0.0 是单脉冲信号，虽多次扫描第 3 行，输出继电器 Q0.0 也不可能得电。在 t_3 时刻，输入 I0.1 第 3 次出现（ON），M0.0 上又产生单脉冲，每当有控制信号时，输出 Q0.0 就有状态翻转（ON → 0FF → ON → OFF →…），因此也可用作脉冲发生器。

3. 定时器指令及应用

（1）S7-200PLC 中的定时器。S7-200PLC 中的定时器为增量型定时器，用于实现时间控制，可以按照工作方式和时间基准分类。

按工作方式分类，定时器可分为通电延时型（TON）、有记忆的通电延时型（TONR）、断电延时型（TOF）三种类型。

按照分辨率（时基）分类，定时器可分为 1 ms、10 ms、100 ms 三种类型。分辨率是指定时器中能够区分的最小时间增量，即精度。定时器具体的定时时间 T 由预置值 PT 和分辨率的乘积决定。

例如，设置预置值 PT=1000，选用的定时器的分辨率为 10 ms，定时时间为 T= 10 ms × 1000= 10 s。

定时器的定时器号和分辨率如表 4-15 所示，分辨率由定时器号决定。S7-200 系列 PLC 共提供定时器 256 个，定时器号的范围为 0 ~ 255。TON 与 TOF 分配的是相同的定时器号，这表示该部分定时器号能作为这两种定时器使用。但在实际使用时要注意，同一个定时器号在一个程序中不能既为 TON，又为 TOF。

表 4-15　定时器各类型所对应的定时器号及分辨率

分辨率 /ms	最大计时范围 / s	定时器号
1	32.767	T0，T64
10	327.67	T1 ~ T4，T65 ~ T68
100	3276.7	T5 ~ T31，T69 ~ T95
1	32.767	T32，T96
10	327.67	T33 ~ T36，T97 ~ T100
100	3276.7	T37 ~ T63，T101 ~ T255

定时器号用定时器的名称和常数来表示，即 Tn，如 T4。T4 不仅仅是定时器的编号，还包含两方面的变量信息，即定时器位和定时器当前值。

定时器当前值用于存储定时器当前所累计的时间，它用 16 位符号整数来表示，故最大计数值为 32767。

对于 TONR 和 TON，当定时器的当前值等于或大于预置值时，该定时器位被置为 1，即所对应的定时器触点闭合；对于 TOF，当输入 IN 接通时，定时器位被置为 1，当输入信号由高变低，负跳变时，定时器启动，达到预定值 PT 时，定时器位断开。

（2）定时器指令的表示格式。定时器指令的符号、名称及参数见表 4-16。

表 4-16　定时器指令的符号、名称及参数

指令名称	梯形图符号	参数	数据类型	参数说明	操作数
TON 通电延时型定时器	TXXX IN　TONR PT—PT	TXXX	WORD	表示要启动的定时器	T32，T96，T33 ～ T36，T97 ～ T100，T37 ～ T63，T101 ～ T255
TOF 断电延时型定时器	TXXX IN　TOF PT—PT	PT	INT	定时器的设定值	VW，IW，QW，MW，SW，SMW，ALW，AIW，T，C，AC，常数，*VD，*LD，*AC
		IN	BOOL	使能端	I，Q，M，SM，T，C，V，S，L
TONR 有记忆通电延时型定时器	TXXX IN　TONR PT—PT	TXXX	WORD	表示要启动的定时器	T0，T64，T1 ～ T4，T65 ～ T68，T5 ～ T31，T69 ～ T95
		PT	INT	定时器的设定值	VW，IW，QW，MW，SW，SMW，LW，AIW，T，C，AC，常数，*VD，*LD，*AC
		IN	BOOL	使能端	I，Q，M，SM，T，C，V，S，L

（3）定时器指令应用举例。

①接通延时定时器 TON（on-delay timer）。接通延时定时器用于单一时间间隔的定时，其应用如图 4-21 所示。

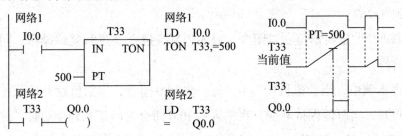

网络1
```
       I0.0          T33
        |  |      IN  TON
                 500—PT
```
网络2
```
       T33          Q0.0
        |  |        (   )
```

网络1
```
LD    I0.0
TON   T33,=500
```
网络2
```
LD    T33
=     Q0.0
```

图 4-21　接通延时定时器指令应用举例

PLC 上电后的第一个扫描周期，定时器位为断开（OFF）状态，当前值

为 0。输入端 I0.0 接通后，定时器当前值从 0 开始定时。在当前值达到预置值时，定时器位闭合（ON），当前值仍会连续计数到 32767。

在输入端断开后，定时器自动复位，定时器位同时断开（OFF），当前值恢复为 0。

若再次将 I0.0 闭合，则定时器重新开始定时。若未到定时时间 I0.0 已断开，则定时器复位，当前值也恢复为 0。

在本例中，I0.0 闭合 5 s 后，定时器位 T33 闭合，输出线圈 Q0.0 接通。I0.0 断开，定时器复位，Q0.0 断开。I0.0 再次接通时间较短，定时器没能动作。

②有记忆接通延时定时器指令 TONR。有记忆接通延时定时器具有记忆功能，它可用于累计输入信号的接通时间，其应用如图 4-22 所示。

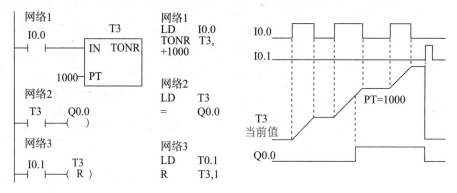

图 4-22　有记忆接通延时定时器指令应用举例

PLC 上电后的第一个扫描周期，定时器位为断开（OFF）状态，当前值保持掉电前的值。输入端每次接通时，定时器当前值都会从上次保持值开始继续定时，在当前值达到预置值时，定时器位闭合（ON），当前值仍会连续计数到 32767。

TONR 的定时器位一旦闭合，只能用复位指令 R 进行复位操作，同时清除当前值。

在本例中，当前值最初为 0，每一次 I0.0 闭合，当前值就开始累积，输入端断开，当前值保持不变。在输入端 I0.0 闭合时间累积到 10s 时，定时器位 T3 闭合，输出线圈 Q0.0 接通。当 I0.1 闭合时，由复位指令复位 T36 的位及当前值。

③断开延时定时器 TOF（off-delay timer）。断开延时定时器 TOF 用于输入端断开后的单一时间间隔定时，其应用如图 4-23 所示。

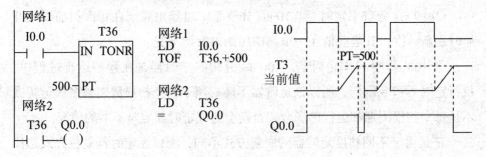

图 4-23　断开延时定时器指令应用举例

PLC 上电后的第一个扫描周期，定时器位为断开（OFF）状态，当前值为 0。输入端闭合时，定时器位为 ON，当前值保持为 0。当输入端由闭合变为断开时，定时器开始计时。在当前值达到预置值时，定时器位断开（OFF），同时停止计时。

定时器动作后，若输入端由断开变闭合，则 TOF 定时器位闭合且当前值复位；若输入端再次断开，则定时器可以重新启动。

若再次将 I0.0 闭合，则定时器重新开始定时；若未到定时时间 I0.0 已断开，则定时器复位，当前值也恢复为 0。

在本例中，PLC 刚刚加电运行时，输入端 I0.0 没有闭合，定时器 T36 为断开状态；I0.0 由断开变为闭合时，定时器位 T36 闭合，输出线圈 Q0.0 接通，定时器并不开始定时；I0.0 由闭合变为断开时，定时器当前值开始累计时间，达到 5s 时，定时器位 T36 断开，输出端 Q0.0 同时断开。

（4）定时器指令使用说明。定时器精度高时（1 ms），定时范围较小（0 ～ 32.767 s）；而定时范围大时，定时器精度又比较低。所以应用时要恰当地使用不同精度等级的定时器，以便满足不同的现场要求。

定时器的复位是其重新启动的先决条件。若希望定时器重复定时动作，就一定要设计好定时器的复位动作。由于不同分辨率的定时器在运行时当前值的刷新方式不同，所以在使用方法上，尤其是在复位方式上也有很大的不同。

① 1 ms 分辨率定时器。1 ms 分辨率定时器采用中断刷新方式，由系统每隔 1 ms 刷新一次，与扫描周期和程序运行无关。在扫描周期大于 1 ms 时，

在一个扫描周期中，1 ms 定时器会被刷新多次，所以当前值在一个扫描周期内会发生变化。

② 10 ms 分辨率定时器。10 ms 分辨率定时器由系统在每次扫描周期开始时刷新一次，其当前值在一个扫描周期内保持不变。

③ 100 ms 分辨率定时器。100 ms 分辨率定时器是在程序运行过程中，执行定时器指令刷新，所以该定时器不能应用于一个扫描周期被多次运行或不是每个扫描周期都运行的场合，否则会造成定时器定时不准的情况。

正是由于不同精度定时器的刷新方式不同，所以在定时器复位方式选择上不能简单使用定时器本身的常闭触点。如图 4-24 所示的程序，同样的程序内容，使用不同精度的定时器，有些是正确的，有些则是错误的。

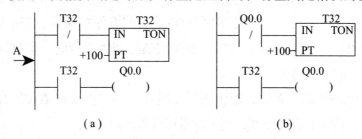

图 4-24　使用定时器生成宽度为一个扫描周期的脉冲

在图 4-24（a）中，T32 定时器 1 ms 更新一次。只有当定时器当前值等于 100 的那次刷新发生在图示 A 处时，Q0.0 才可以产生一个宽度为一个扫描周期的脉冲，而在 A 处刷新的概率是很小的。若改为图 4-24（b），就可保证当定时器当前值达到设定值时，Q0.0 会接通一个扫描周期。

若为 10 ms 分辨率定时器，图 4-24（a）同样不适合。因为该种定时器会在每次扫描开始时刷新当前值，所以 Q0.0 永远不可能为 ON，因此也不会产生脉冲。若要产生宽度为 1 个扫描周期的脉冲，要使用图 4-24（b）的程序。

若为 100 ms 分辨率定时器，图 4-24（a）是正确的。在执行程序中的定时器指令时，当前值才被刷新。若该次刷新使当前值等于预置值，则定时器常开触点闭合，Q0.0 接通。下一次扫描时，定时器又被常闭触点复位，常开触点断开，Q0.0 断开，由此产生一个宽度为一个扫描周期的脉冲。而使用图 4-24（b）同样正确。

（5）定时器应用典型电路。

①用定时器构成的脉冲发生电路。在控制系统里，往往还需要一种周期性的重复信号，如巡回检测，或者报警用的闪光灯等。用两个定时器即可组成一个振荡电路，其脉宽和周期都可用定时常数来设定，其单元电路如图4-25 所示。

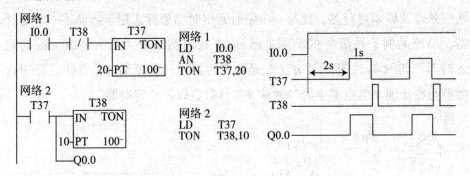

图 4-25   定时器构成的脉冲发生电路

图 4-25 中，I0.0 是输入的开关信号。当 I0.0 由 0 变为 1 时，由于 T38 的常闭触点是闭合状态，T37 定时器开始定时。2 s 定时时间到，T37 的常开触点闭合，T38 定时器开始定时。T38 定时，1 s 定时时间到，T38 常闭触点断开，T37 定时器被复位，同时，T37 的常开触点断开，使 T38 定时器复位。T38 复位后，T38 常闭触点恢复闭合，由于 I0.0 一直为接通状态，T37 再次启动定时，依此循环。

②脉宽可调、占空比为 50% 的振荡电路。用一个定时器也可以组成一个脉宽可调、占空比为 50% 的振荡电路，其脉宽可用定时常数来设定，其单元电路如图 4-26 所示。

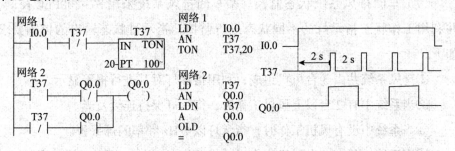

图 4-26   脉宽可调、占空比为 50% 的振荡电路

图 4-26 中，I0.0 为输入信号，网络 1 产生一个周期为 2 s 的脉冲信号，网络 2 对 T37 的脉冲信号进行二分频，所以 Q0.0 输出的是一个占空比为 50%、周期为 4 s 的脉冲。

（6）定时器的延时扩展。一个定时器最长的延时时间是 3276.7 s，若需要延时时间超过 3276.7 s，则可以用三种方法来扩展定时器的延时时间。方法一是连续编制定时器，使每一个定时器定时结束标志用于启动下一个定时器。简单的例子是两个 900.0 s（15 min）定时器结合成为一个 30 min 功能定时器，如图 4-27 所示。方法二是将定时器与计数器结合。方法三是用计数器与特殊辅助继电器中的时钟脉冲位计数，以延长定时器。

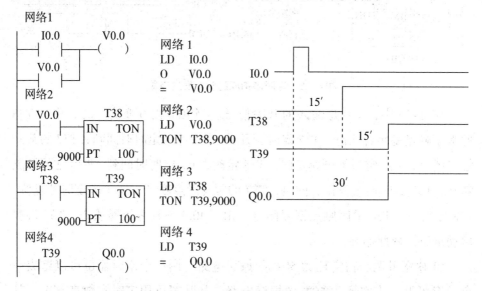

图 4-27 连续编制定时器延长定时时间

（7）车间排风系统状态监控。某车间排风系统采用 S7-200PLC 控制，并利用工作状态指示灯的不同状态进行监控，指示灯状态输出的控制要求如下。

①排风系统共由 3 台风机组成，利用指示灯对其进行报警显示。

②当系统中有 2 台以上风机工作时，指示灯保持连续发光。

③当系统中没有风机工作时，指示灯以 2 Hz 频率闪烁报警。

④当系统中只有 1 台风机工作时，指示灯以 0.5 Hz 频率闪烁报警。

根据以上要求，PLC 的程序设计可以按照如下步骤进行。

首先，确定 I/O 地址分配表。某车间排风系统的 I/O 地址分配表如表 4–17 所示。

表 4–17　某车间排风系统 I/O 地址分配表

名称及地址	状态	类型
风机 1 工作：I0.1	1，风机 1 工作；0，风机 1 停止	常开输入
风机 2 工作：I0.2	1，风机 2 工作；0，风机 2 停止	常开输入
风机 3 工作：I0.3	1，风机 3 工作；0，风机 3 停止	常开输入
报警指示灯：Q0.0	1，两台以上风机工作； 2 Hz 频率闪烁，无风机工作； 0.5 Hz 频率闪烁，1 台风机工作	输出

其次，程序设计。在以上 PLC 地址确定以后，即可以进行 PLC 程序设计。PLC 程序的设计可以根据系统的基本动作要求分步进行编制，并充分应用前述的典型程序。

其一，闪烁信号的生成程序。为了实现控制要求中的报警灯闪烁，可以先设计报警灯的闪烁信号生成程序。要注意的是，在大多数 PLC 中，一般都有特定的闪烁信号（系统内部继电器或标志位）。当闪烁频率与系统信号一致时，可以直接使用系统信号。

本控制要求中有 2 Hz、0.5 Hz 两种频率的闪烁信号，可以采用如图 4–28 所示的闪烁信号生成程序。

图 4–28 即利用定时器设计脉宽可调的振荡波电路的程序。2 Hz 的闪烁信号，周期为 0.5 s，可采用 T33、T34（设定值为 25）；0.5 Hz 的闪烁信号，周期为 2s，可采用 T37、T38（设定值为 10）。

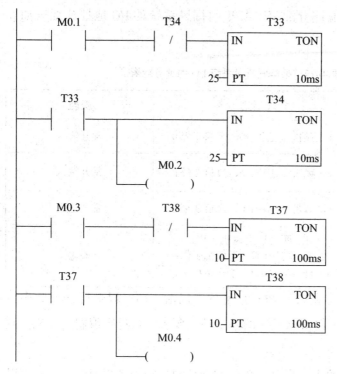

M0.1为2 Hz频率闪烁启动信号
M0.2为2 Hz频率闪烁输入

M0.3为0.5 Hz频率闪烁启动信号
M0.4为0.5 Hz频率闪烁输入

图 4-28 闪烁信号程序

其二，风机工作状态的检测程序。风机工作状态检测程序可根据已知条件及 I/O 地址表，分别对两台以上风机运行、没有风机运行和只有 1 台风机运行这 3 种情况进行编程。假设以上 3 种情况对应的内部继电器存储元件分别为 M0.0、M0.1、M0.3，可以得到如图 4-29 所示的程序。

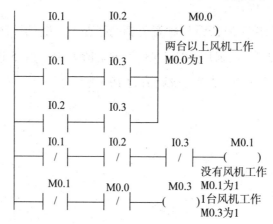

图 4-29 风机工作状态检测程序

其三，指示灯输出程序。指示灯输出程序只需要根据风机的运行状态与对应的报警灯要求，将以上两部分程序的输出信号进行合并，并按照规定的输出地址控制输出即可。

合并图 4-28 和图 4-29 的程序后，可以得到指示灯输出程序，如图 4-30 所示。

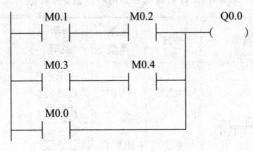

图 4-30　指示灯输出程序

作为本控制要求的完整程序，只需要将以上三部分梯形图进行合并即可。对于指示灯信号来说，无须考虑一个 PLC 循环时间的影响，因此，程序的先后次序对实际动作不产生影响。

4. 计数器指令及应用

（1）S7-200PLC 中的计数器。定时器对时间的计量是通过对 PLC 内部时钟脉冲的计数来实现的。计数器的运行原理和定时器基本相同，只是计数器是对外部或内部由程序产生的计数脉冲进行计数。在运行时，首先为计数器设置预置值 PV，用计数器检测输入端信号的正跳变个数。当计数器当前值与预置值相等时，计数器发生动作，完成相应控制任务。

S7-200 系列 PLC 提供了 3 种类型的计数器，即增计数器 CTU、增减计数 CTUD 和减计数 CTD，共 256 个。计数器编号由计数器名称和常数（0 ～ 255）组成，表示方法为 Cn，如 C8。3 种计数器使用同样的编号，所以在使用中要注意，同一个程序中每个计数器编号只能出现一次。计数器编号包括两个变量信息：计数器当前值和计数器位。

计数器的当前值用于存储计数器当前所累计的脉冲数。它是一个 16 位的存储器，存储 16 位带符号的整数，最大计数值为 32767。

对于增计数器来说，当计数器的当前值等于或大于预置值时，该计数器位置为 1，即所对应的计数器触点闭合；对于减计数器来说，当计数器当前值减为 0 时，计数器位置为 1。

（2）计数器指令的表示格式。计数器指令的符号、名称及参数如表 4-18 所示。

表 4-18　计数器指令的符号、名称及参数

指令名称	梯形图符号	参数	数据类型	参数说明	操作数
CTUD 增减计数器	Cxxx CU　CTUD CD R PV─PV	CXXX	WORD	表示要启动的计数器	C0 ～ C255
		CU	BOOL	加计数输入端	I, Q, M, SM, T, C, V, S, L
		CD	BOOL	减计数输入端	
		R	BOOL	复位	
		PV	INT	计数器的设定值	VW, IW, QW, MW, SW, SMW, LW, AIW, T, C, AC, 常数, *VD, *LD, *AC
CTD 减计数器	Cxxx CD　CTD LD PV─PV	CXXX	WORD	表示要启动的计数器	C0 ～ C255
		CD	BOOL	减计数输入端	I, Q, M, SM, T, C, V, S, L
		LD	BOOL	预置值（PV）载入当前值	
		PV	INT	计数器的设定值	VW, IW, QW, MW, SW, SMW, LW, AIW, T, C, AC, 常数, *VD, *LD, *AC

指令名称	梯形图符号	参数	数据类型	参数说明	操作数
CTU 增计数器	Cxxx CU　CTU R PV－PV	CXX	WORD	要启动的计数器	C0 ～ C255
		CU	BOOL	加计数输入端	I, Q, M, SM, T, C, V, S, L
		R	BOOL	复位	
		PT	INT	预置值	VW, IW, QW, MW, SW, SMW, LW, AIW, T, C, AC, 常数, *VD, *LD, *AC

（3）计数器指令应用举例。

①增计数器（CTU）。当 CU 端输入上升沿脉冲时，计数器的当前值增 1。当前值保存在 CXX，如 C1 中，当 CXX 的当前值大于或等于预置值 PV 时，计数器位 CXX 置位。当复位端（R）接通或者执行复位指令后，计数器状态位复位，计数器当前值清零。当计数值达到最大值（32767）后，计数器停止计数。增计数器的应用举例如图 4-31 所示。

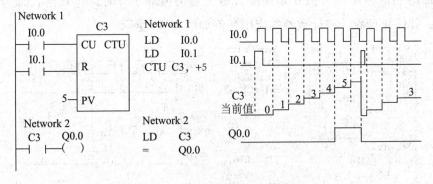

图 4-31　增计数器指令应用举例

②增减计数器（CTUD）。增减计数器有两个脉冲输入端，CU 用于递增计数，CD 用于递减计数。当 CU 端输入上升沿脉冲时，计数器的当前值增 1；当 CD 端的输入上升沿脉冲时，计数器的当前值减 1。计数器的当前值 CXX 保存当前计数值。在每一次计数器执行时，预置值 PV 与当前值比较。当达

到最大值（32767）时，在增计数输入处的下一个上升沿导致当前计数值变为最小值（-32768）。当达到最小值（-32768）时，在减计数输入端的下一个上升沿导致当前计数值变为最大值（32767）。

当 CXX 的当前值大于或等于预置值 PV 时，计数器位 CXX 置位；否则，计数器位关断。当复位端（R）接通或者执行复位指令后，计数器被复位。当达到预置值 PV 时，CTUD 计数器停止计数。增减计数器的应用举例如图 4-32 所示。

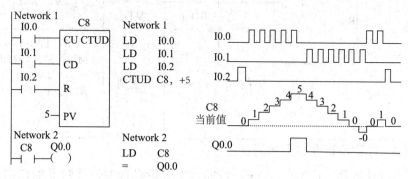

图 4-32　增减计数器指令应用举例

③减计数器（CTD）。复位输入（LD）有效时，计数器把预置值（PV）装入当前值寄存器，计数器状态位复位。当 CD 端的输入上升沿脉冲时，计数器的当前值从预置值开始递减计数。当前值等于 0 时，计数器状态为置位，并停止计数。减计数器的应用举例如图 4-33 所示。

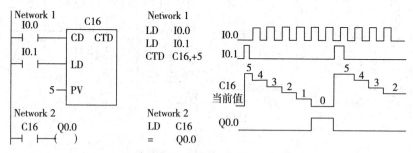

图 4-33　减计数器指令应用举例

（4）计数器应用典型电路。

①定时器的延时扩展。使用定时器和计数器的组合可以实现时钟控制。要求：当按下启动按钮，延时 1h 后指示灯点亮。方法一：采用计数器和定

时器结合方法延长定时时间电路，如图 4–34 所示；方法二：采用计数器和特殊辅助继电器结合方法延长定时时间电路，如图 4–35 所示。

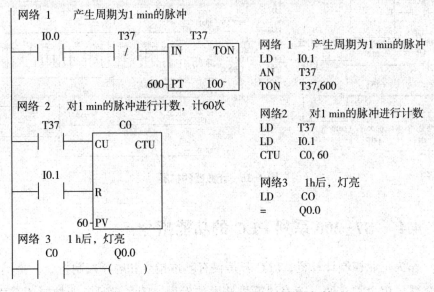

图 4-34　定时器与计数器结合，延长定时时间

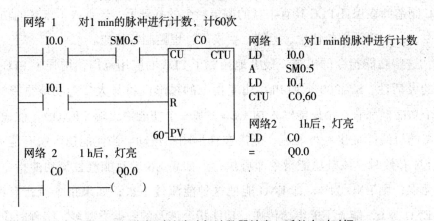

图 4-35　内部时钟脉冲与计数器结合，延长定时时间

②计数器的扩展。当需要计数值超过单个计数器的最大值时，需要扩展计数器的容量。方法一：可将两个计数器串联，得到一个计数值为 $n_1 + n_2$ 的计数器；方法二：将两个计数器级联，得到一个计数值为 $n_1 \times n_2$ 的计数器。计数器的扩展如图 4-36 所示。

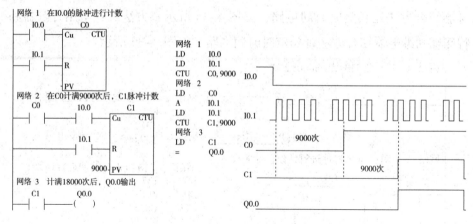

图 4-36 计数器的扩展

4.4　S7-200 系列 PLC 的功能指令

作为工业控制计算机，PLC 若是仅有基本指令和顺序控制指令，是不能完全满足用户需求的。随着计算机技术的发展，为了满足工业控制的需要，PLC 制造商在保证 PLC 具有丰富的逻辑指令的基础上，还引入了丰富的功能指令，以实现数据的传送、运算、变换、过程控制等功能。

这些功能指令的出现，极大地拓宽了 PLC 的应用范围，增强了 PLC 编程的灵活性。S7-200 系列 PLC 功能指令的梯形图符号大多为功能框形式，每个功能框都有一个使能输入端（EN）和一个使能输出端（ENO）。假设梯形图的母线能提供一种能流，能流在梯形图中流动。当使能输入端有能流，即 EN 有效时，该条功能指令即可执行。如果 EN 端有能流且该功能指令执行无误，则 ENO 为 1，即 ENO 能把这种能流传下去；如果指令执行有误，则 ENO 为 0，能流不能继续传递。功能指令涉及的数据类型多，编程时应确保操作数在所选的机型规定的合法范围内。

S7-200 系列可编程控制器的功能指令主要包括以下类型：传送、移位及填充指令，算术运算与逻辑运算指令，数据转换指令，高速处理指令，通信指令，PID 指令。

4.4.1 数据处理指令及其应用

1. 传送类指令

传送指令包括单个数据传送及一次性多个连续字块的传送，每一种又可依传送数据的类型分为字、字节、双字或者实数等几种情况。传送指令可实现 PLC 内部数据的流转和生成，可用于存储单元的清零、程序初始化等场合。

（1）单一数据传送指令。该指令包括字节传送指令（MOVB）、字传送指令（MOVW）、双字传送指令（MOVD）、实数传送指令（MOVR），用来进行一个数据的传送，使能输入有效时，在不改变原值的情况下将输入端（IN）指定的数据传送到输出端（OUT）。按操作数的数据类型分为字节传送、字传送、双字传送和实数传送。其梯形图和语句表的表示方法如图 4-37 所示。

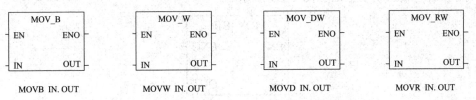

图 4-37　单一数据传送指令的梯形图和语句表表示方法

（2）数据块传送指令。该指令用来进行多个数据的传送。使能输入有效时，将输入端（IN）指定地址起始的 N 个连续字节、字、双字存储单元中的内容传送到输出端（OUT）指定地址起始的 N 个连续字节、字、双字存储单元中。按操作数的数据类型分为字节块传送、字块传送、双字块传送。N 的数据范围是 1 ～ 255。其梯形图和语句表的表示方法如图 4-38 所示。

图 4-38　数据块传送指令的梯形图和语句表表示方法

设 VB20 ～ VB23 中的数据为 30、31、32、33，程序执行后，将 VB20 ～ VB23 中的数据送到 VB100 ～ VB103。

执行结果如下。

数据：30、31、32、33。

数据地址：VB20、VB21、VB22、VB23。

块移动执行后，结果如下。

数据：30、31、32、33。

数据地址：VB100、VB101、VB102、VB103。

（3）字节立即传送指令。字节立即传送指令就像位指令中的立即指令一样，用于输入和输出的立即处理。

①传送字节立即读指令。使能输入有效时，读取输入端（IN）指定的物理输入点 IB 的值，并传送到输出端（OUT）指定的存储单元中。该指令用于对输入信号的立即响应。输入是 IB（物理输入点），输出是字节。其梯形图和语句表的表示方法如图 4-39 所示。

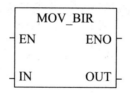

图 4-39　传送字节立即读指令的梯形图和语句表表示方法

②传送字节立即写指令。使能输入有效时，将 IN 中的字节型数据传送到 OUT 指定的物理输出点（QB），同时刷新相应的输出映像寄存器。该指令用于把计算结果立即输出到负载。输入是字节，输出是 QB。其梯形图和语句表的表示方法如图 4-40 所示。

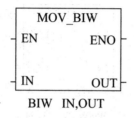

图 4-40　传送字节立即写指令的梯形图和语句表表示方法

2. 字节交换指令

使能输入有效时，将 IN 指定的字节型数据的高字节内容与低字节内容互相交换，交换的结果仍存放在 IN 指定的地址中。其梯形图和语句表的表示方法如图 4-41 所示。

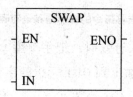

图 4-41　字节交换指令的梯形图和语句表表示方法

程序执行结果：指令执行之前，VW50 中的字为 D6 C3，指令执行之后，VW50 中的字为 C3 D6 。

3. 移位指令与循环移位指令

移位指令与循环移位指令均为无符号数操作。

（1）移位指令。该指令有左移和右移两种，根据所移位数长度的不同可分为字节型、字形和双字形。移位数据存储单元的移出端与 SM1.1（溢出）相连，所以最后被移出的位被放到 SM1.1 位存储单元。移位时，移出位进入 SM1.1，另一端自动补 0。SM1.1 始终存着最后一次被移出的位。移位次数与移位数据的长度有关。如果所需移位的次数大于移位数据的位数，则超出次数无效。如果移位操作使数据变为 0，则零存储器标志位（SM1.0）自动置位。

①右移指令。使能输入有效时，把字节型（字形或双字形）输入数据 IN 右移 N 位后，再将结果输出到 OUT 所指的字节（字或双字）存储单元。最大实际可移位次数为 8 位（16 位或 32 位）。其梯形图和语句表的表示方法如图 4-42 所示。

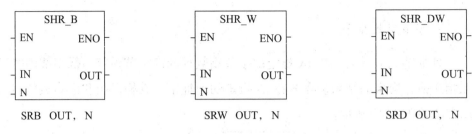

图 4-42 右移指令的梯形图和语句表表示方法

②左移指令。使能输入有效时，把字节型（字形或双字形）输入数据 IN 左移 N 位后，再将结果输出到 OUT 所指的字节（字或双字）存储单元。最大实际可移位次数为 8 位（16 位或 32 位）。其梯形图和语句表的表示方法如图 4-43 所示。

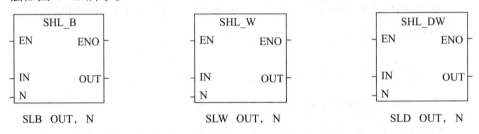

图 4-43 左移指令的梯形图和语句表表示方法

（2）循环移位指令。循环移位指令包括循环左移和循环右移，根据所移位数长度的不同可分为字节型、字形和双字形。循环数据存储单元的移出端与另一端相连，同时又与 SM1.1（溢出）相连，所以最后被移出的位被移到另一端的同时，也被放到 SM1.1 位存储单元。SM1.1 始终存放着最后一次被移出的位。移位次数与移位数据的长度有关。如果移位次数设定值大于移位数据的位数，则在执行循环位移之前，系统会先对设定值取以数据长度为底的模，用小于数据长度的结果作为实际循环移位的次数。如果移位操作使数据变为 0，则零存储器标志位（SM1.0）自动置位。

①循环右移指令。使能输入有效时，把字节型（字形或双字形）输入数据 IN 循环右移 N 位后，再将结果输出到 OUT 所指的字节（字或双字）存储单元。实际移位次数为系统设定值，取以 8（16 或 32）为底的模所得的结果。

②循环左移指令。使能输入有效时，把字节型（字形或双字形）输入数据 IN 循环左移 N 位后，再将结果输出到 OUT 所指的字节（字或双字）存储

单元。实际移位次数为系统设定值，取以 8（16 或 32）为底的模所得的结果。其梯形图和语句表的表示方法如图 4-44 所示。

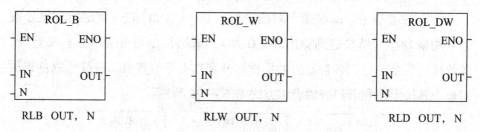

图 4-44　循环左移指令的梯形图和语句表表示方法

4.4.2　数学运算指令

运算功能的加入是现代 PLC 与以往 PLC 最大的区别之一。目前各种型号的 PLC 普遍具备较强的运算功能。和其他 PLC 不同，S7-200 对算术运算指令来说，在使用时要注意存储单元的分配，在用 LAD 编程时，IN1、JIN2 和 OUT 可以使用不一样的存储单元，但在用 STL 方式编程时，OUT 要和其中的一个操作数使用同一个存储单元。因此，梯形图转化为语句表，或语句表转化为梯形图时，会有不同的转换结果。

1. 四则运算指令

（1）加法指令。加法指令对两个输入端（IN1 和 IN2）指定的有符号数进行相加操作，结果送到输出端（OUT）。加法指令可分为整数、双整数、实数加法指令，它们各自对应的操作数的数据类型分别为有符号整数、有符号双整数、实数。其梯形图和语句表的表示方法如图 4-45 所示。

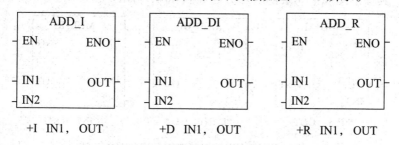

图 4-45　加法指令的梯形图和语句表表示方法

执行加法操作时，在 LAD 中，执行结果为 IN1 + IN2 → OUT；在 STL

中，通常使操作数 IN2 与 OUT 共用一个地址单元，因而执行结果为 IN1 + OUT → OUT。

（2）减法指令。减法指令对两个输入端（INI 和 IN2）指定的有符号数进行相减操作，结果送到输出端（OUT）。减法指令可分为整数、双整数、实数减法指令，它们各自对应的操作数分别是有符号整数、有符号双整数和实数。其梯形图和语句表的表示方法如图 4-46 所示。

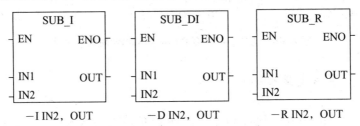

图 4-46　减法指令的梯形图和语句表表示方法

执行减法操作时，在 LAD 中，执行结果为 IN1–IN2 → OUT；在 STL 中，通常使操作数 IN1 与 OUT 共用一个地址单元，因而执行结果为 OUT–IN2 → OUT。

（3）乘法指令。乘法指令对两个输入端（IN1 和 IN2）指定的有符号数进行相乘操作，结果送到输出端（OUT）。乘法指令可分为整数、双整数、实数和完全整数乘法指令。

执行乘法操作时，在 LAD 中，执行结果为 IN1 × IN2 → OUT；在 STL 中，通常使操作数 IN2 与 OUT 共用一个地址单元，因而执行结果为 IN1 × OUT → OUT。

①一般乘法指令。一般乘法指令包括整数乘法、双整数乘法和实数乘法。它们各自对应的操作数的数据类型分别为有符号整数、有符号双整数、实数。其梯形图和语句表的表示方法如图 4-47 所示。

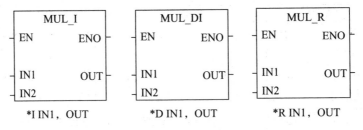

图 4-47　一般乘法指令的梯形图和语句表表示方法

②完全整数乘法指令。完全整数乘法是指使能输入有效时，把输入端指定的两个 16 位整数相乘，产生一个 32 位乘积，并送到输出端。

（4）除法指令。除法指令对两个输入端（IN1 和 IN2）指定的有符号数进行相除操作，结果送到输出端（OUT）。除法指令可分为整数、双整数、实数和完全整数除法指令。

执行除法操作时，在 LAD 中，执行结果为 IN1/IN2 → OUT；在 STL 中，通常使操作数 IN1 与 OUT 共用一个地址单元，因而执行结果为 OUT/IN2 → OUT。

①一般除法指令。一般除法指令包括整数除法、双整数除法和实数除法。它们各自对应的操作数的数据类型分别为有符号整数、有符号双整数和实数。其梯形图和语句表的表示方法如图 4-48 所示。

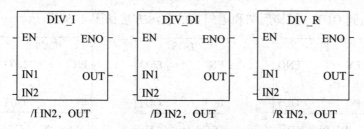

图 4-48　一般除法指令的梯形图和语句表表示方法

②完全整数除法指令。完全整数除法指令是把输入端指定的两个 16 位整数相除，产生一个 32 位结果，并送到输出端指定的存储单元中。其中高 16 位是余数，低 16 位是商。其梯形图和语句表的表示方法如图 4-49 所示。

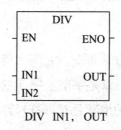

图 4-49　完全整数除法指令的梯形图和语句表表示方法

2. 数学函数指令

S7-200 系列 PLC 的数学函数指令有平方根、自然对数、指数、正弦、余弦和正切。运算输入和输出数据都为实数，结果大于 32 位二进制数表示的范围时产生溢出。

（1）平方根指令。平方根指令是把一个双字长（32 位）的实数 IN 开平方，得到 32 位的实数结果并送到 OUT。

（2）自然对数指令。自然对数指令是将一个双字长（32 位）的实数 IN 取自然对数，得到 32 位的实数结果并送到 OUT。

当求解以 10 为底的常用对数时，用（/R）DIV_R 指令将自然对数除以 2.302585 即可（In10 的值约为 2.302585）。

（3）指数指令。指数指令是将一个双字长（32 位）的实数 IN 取以 e 为底的指数，得到 32 位的实数结果并送到 OUT。

（4）正弦、余弦和正切指令。正弦、余弦和正切指令是将一个双字长（32 位）的实数弧度值 IN 分别取正弦、余弦、正切，分别得到 32 位的实数结果并送到 OUT。其梯形图和语句表的表示方法如图 4-50 所示。

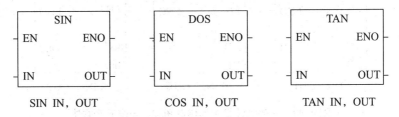

图 4-50　正弦、余弦和正切指令的梯形图和语句表表示方法

如果已知输入值为角度，要先将角度值转化为弧度值，方法是使用（*R）MUL_R 指令，把角度值乘以 π/180°。

4.4.3　增 / 减指令

增 / 减指令又称自增和自减指令。它对无符号或有符号整数进行自动加 1 或减 1 的操作，数据长度可以是字节、字或双字。其中，字节增减是对无符号数的操作，而字或双字的增减是对有符号数的操作。

1. 增指令

增指令包括字节增、字增和双字增指令。在 LAD 中，IN1+1=OUT；在 STL 中，OUT+1=OUT，即 IN 和 OUT 使用同一个存储单元。

字节增指令功能是当使能输入有效时，将单字节长的无符号字节型输入数 IN 加 1，得到单字节长无符号整数结果并存入 OUT。

字增指令功能是当使能输入有效时，将单字长的有符号输入数 IN 加 1，得到单字长有符号整数结果并存入 OUT。

双字增指令功能是当使能输入有效时，将双字长的有符号输入数 IN 加 1，得到双字长有符号整数结果并存入 OUT。其梯形图和语句表的表示方法如图 4–51 所示。

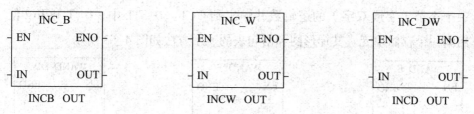

图 4-51　增指令的梯形图和语句表表示方法

2. 减指令

减指令包括字节减、字减和双字减指令。在 LAD 中，IN1–1 = OUT；在 STL 中，OUT–1 =OUT，即 IN 和 OUT 使用同一个存储单元。

字节减指令功能是当使能输入有效时，将单字节长的无符号输入数 IN 减 1，得到单字节长无符号整数结果并存入 OUT。

字减指令功能是当使能输入有效时，将单字长的有符号输入数 IN 减 1，得到单字长有符号整数结果并存入 OUT。

双字减指令功能是当使能输入有效时，将双字长的有符号输入数 IN 减 1，得到双字长有符号整数结果并存入 OUT。其梯形图和语句表的表示方法如图 4–52 所示。

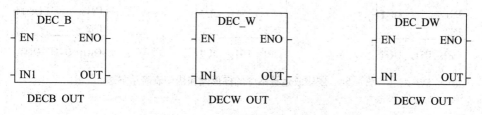

图 4-52　减指令的梯形图和语句表表示方法

4.4.4　逻辑运算指令

逻辑运算是对无符号数进行的逻辑处理，主要包括逻辑与、逻辑或、逻辑异或和取反等运算指令。按操作数长度的不同可分为字节、字和双字逻辑运算。

1. 逻辑与运算指令

逻辑与运算指令包括字节逻辑与运算、字逻辑与运算和双字逻辑与运算。功能是把两个长为一个字节（字或双字）的输入逻辑数按位相与，得到一个字节（字或双字）的逻辑数并输出到 OUT。在 STL 中，OUT 和 IN2 使用同一个存储单元。其梯形图和语句表的表示方法如图 4-53 所示。

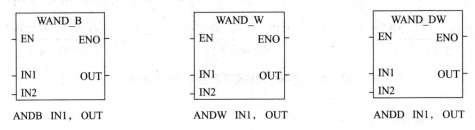

图 4-53　逻辑与运算指令的梯形图和语句表表示方法

2. 逻辑或运算指令

逻辑或运算指令包括字节逻辑或运算、字逻辑或运算和双字逻辑或运算。功能是把两个长为一个字节（字或双字）的输入逻辑数按位相或，得到一个字节（字或双字）的逻辑数并输出到 OUT。在 STL 中，OUT 和 IN2 使用同一个存储单元。其梯形图和语句表的表示方法如图 4-54 所示。

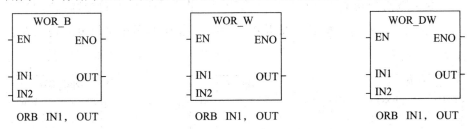

图 4-54　逻辑或运算指令的梯形图和语句表表示方法

3. 逻辑异或运算指令

逻辑异或运算指令包括字节逻辑异或运算、字逻辑异或运算和双字逻辑异或运算。功能是把两个长为一个字节（字或双字）的输入逻辑数按位相异或，得到一个字节（字或双字）的逻辑数并输出到 OUT。在 STL 中，OUT 和 IN2 使用同一个存储单元。其梯形图和语句表的表示方法如图 4-55 所示。

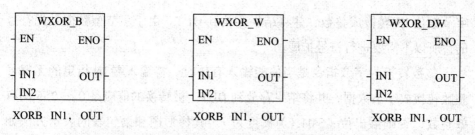

图 4-55　逻辑异或运算指令的梯形图和语句表表示方法

4. 取反指令

取反指令包括字节逻辑取反、字逻辑取反和双字逻辑取反。功能是把两个长为一个字节（字或双字）的输入逻辑数按位取反，得到一个字节（字或双字）的逻辑数并输出到 OUT。在 STL 中，OUT 和 IN 使用同一个存储单元。其梯形图和语句表的表示方法如图 4-56 所示。

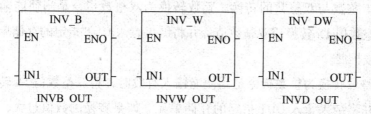

图 4-56　取反指令的梯形图和语句表表示方法

4.4.5 转换指令

转换指令是指对操作数的类型进行转换，并输出到指定目标地址中的指令。转换指令包括数据的类型转换、码的类型转换以及数据和码之间的类型转换。

1. 数据类型转换指令

可编程控制器中的主要数据类型包括字节、整数、双整数和实数，主要的码有 BCD 码、ASCII 码、十进制数和十六进制数等。不同性质的指令对操作数的类型要求不同。类型转换指令可使固定的一个数值用于不同类型要求的指令，因此在指令使用之前，需要将操作数转化成相应的类型。转换指令可以完成这样的任务，从而不必对数据进行针对类型的重新装载。

（1）字节与整数的转换。字节转换为整数指令是当使能输入有效时，将字节数值 IN 转换成整数，并将结果存放到 OUT。由于字节型数据是无符号的，所以不需要进行符号扩展。

整数转换为字节指令是当使能输入有效时，将输入端 IN 指定的无符号整数转换成字节数据，并将结果存放到 OUT。被转换的值应是 0～255 的有效整数，否则溢出位（SM1.1）被置为 1。其梯形图和语句表的表示方法如图 4-57 所示。

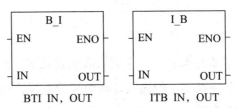

图 4-57　字节与整数的转换指令的梯形图和语句表表示方法

（2）整数与双整数的转换。整数转换为双整数指令是当使能输入有效时，将整数值 IN 转换成双整数值，并将结果置入 OUT 指定的存储单元。此时符号被扩展。

双整数转换为整数指令是当使能输入有效时，将双整数值 IN 转换成整数值，并将结果置入 OUT 指定的存储单元。如果转换的数值过大，则无法在输出中表示，产生溢出 SM1.1=1，输出不受影响。其梯形图和语句表的表示方法如图 4-58 所示。

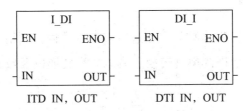

图 4-58　整数与双整数的转换指令的梯形图和语句表表示方法

（3）双整数与实数的转换。双整数转换为实数指令是当使能输入有效时，将 32 位带符号整数 IN 转换成 32 位实数，并将结果置入 OUT 指定的存储单元。

实数转换为双整数指令有两条：ROUND 指令和 TRUNC 指令。

ROUND 指令按小数部分四舍五入的原则，将 32 位实数（IN）转换成 32 位双整数值，并将结果置入 OUT 指定的存储单元。TRUNC 指令按小数部

分直接舍去的原则，将 32 位实数（IN）转换成 32 位双整数，并将结果置入
OUT 指定的存储单元。值得注意的是，不论是四舍五入取整，还是截位取
整，如果转换的实数数值过大，则无法在输出中表示，会产生溢出，即影响
溢出标志位，使 SM1.1 =1，输出不受影响。其梯形图和语句表的表示方法如
图 4-59 所示。

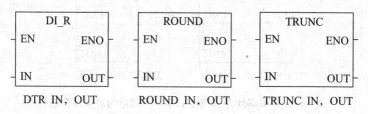

图 4-59　双整数与实数的转换指令的梯形图和语句表表示方法

注意，没有直接的整数到实数转换指令。转换时，先使用 I_DI（整数
到双整数）指令，然后再使用 DTR（双整数到实数）指令即可完成转换。

（4）整数与 BCD 码的转换。BCD 码转换为整数指令是当使能输入有效
时，将 IN 指定的 BCD 码转换成整数，并将结果存放到 OUT，输入数据的范
围是 0 ～ 9999 的 BCD 码。在 STL 中，IN 和 OUT 使用相同的存储单元。

整数转换为 BCD 码指令是当使能输入有效时，将 IN 指定的整数转换
成 BCD 码，并将结果存放到 OUT，输入数据的范围是 0 ～ 9999 的整数。在
STL 中，IN 和 OUT 使用相同的存储单元。其梯形图和语句表的表示方法如
图 4-60 所示。

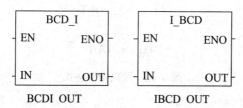

图 4-60　整数与 BCD 码的转换指令的梯形图和语句表表示方法

2. 编码和译码指令

编码指令是当使能输入有效时，将字形输入数据 IN 中值为 1 的最低有
效位的位号编码成 4 位二进制数，并将结果输出到 OUT 所指定的字节单元的
低 4 位中。即用半个字节来对一个字型数据 16 位中的 1 位有效位进行编码。

译码指令是当使能输入有效时，根据字节型输入数据 IN 的低 4 位所表示的位号将 OUT 所指定的字单元的对应位置为 1，其他位置为 0。即对半个字节的编码进行译码来选择一个字型数据 16 位中的 1 位。其梯形图和语句表的表示方法如图 4-61 所示。

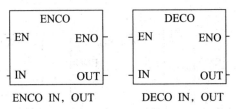

图 4-61　编码和译码指令的梯形图和语句表表示方法

3. 段码指令

指令格式：LAD 及 STL 格式，如图 4-62 所示。

功能描述：段码指令使字节型输入数据 IN 的低 4 位有效数字产生相应的七段码，并将结果输出到 OUT 所指定的字节单元。该指令可在数码显示时直接应用，非常方便。

数据类型：输入 / 输出均为字节。

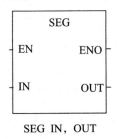

图 4-62　段码指令格式

4.5　S7-200 系列 PLC 的网络通信技术与应用

PLC 通信包括 PLC 之间、PLC 与上位计算机之间、PLC 和其他智能设备之间的通信。PLC 之间的连接，使众多相对独立的控制任务构成一个控制工程整体，形成模块控制体系；PLC 与计算机的连接，使 PLC 应用于现场设备直接控制，将计算机用于编程、显示、打印和系统管理，构成集中管理、分散控制的分布式控制系统（DCS），满足工厂自动化（FA）系统发展的需要。

4.5.1 工业控制网络通信基础

1. 计算机通信的国际标准

（1）开放系统互连模型。国际标准化组织提出了开放系统互连模型，作为通信网络国际标准化的参考模型。它详细描述了网络结构的七个层次，如图 4-63 所示。这个标准模型的建立，使得各种计算机网络都向它靠拢，实现了不同厂家生产的智能设备之间的通信，大大推动了网络通信的发展。

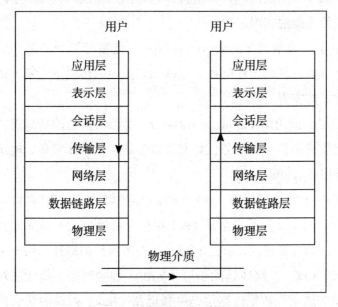

图 4-63 开放系统互连模型

①物理层。物理层（physical layer）是参考模型的最底层，即第 1 层。该层是网络通信的数据传输介质，由连接不同结点的电缆与设备共同构成。其主要功能是利用传输介质为数据链路层提供物理连接，负责处理数据传输并监控数据出错率，以便实现数据流的透明传输。

②数据链路层。数据链路层（data link layer）是参考模型的第 2 层。其主要功能是在物理层提供的服务基础上，在通信的实体间建立数据链路连接，传输以"帧"为单位的数据包，并采用差错控制与流量控制的方法，使

有差错的物理线路变成无差错的数据链路。

③网络层。网络层（network layer）是参考模型的第 3 层。其主要功能是为数据在节点之间的传输创建逻辑链路，通过路由选择算法为分组通过通信子网选择最恰当的路径，以及实现拥塞控制、网络互联等功能。

④传输层。传输层（transport layer）是参考模型的第 4 层。其主要功能是向用户提供可靠的端到端（End-to-End）服务，并处理数据包错误、数据包次序以及其他一些关键传输问题。传输层向高层屏蔽了下层数据通信的细节，因此，它是计算机通信体系结构中的关键一层。

⑤会话层。会话层（session layer）是参考模型的第 5 层。其主要功能是负责维护两个节点之间的传输链接，以确保点到点的传输不中断，以及管理数据交换等功能的实现。

⑥表示层。表示层（presentation layer）是参考模型的第 6 层。其主要功能是处理节点之间的传输链接，以确保点到点的传输不中断，以及管理数据交换等功能的实现。

⑦应用层。应用层（application layer）是参考模型的最高层。其主要功能是为应用软件提供多种服务，如文件服务器、数据库服务、电子邮件与其他网络软件服务。

（2）IEEE 802 通信标准。IEEE 802 通信标准是 IEEE（国际电工与电子工程师学会）的 802 分委员会从 1981 年至今所颁布的一系列计算机局域网分层通信协议标准草案的总称。它把 OSI 参考模型的底部两层分解为逻辑链路控制子层（LLC）、媒体访问子层（MAC）和物理层。前两层对应 OSI 模型中的数据链路层。数据链路层是一条链路（link）两端的两台设备进行通信时须共同遵守的规则和约定。

IEEE 802 的媒体访问控制子层对应多种标准，其中最常用的有三种，即带冲突检测的载波侦听多路访问（CSMA/CD）协议、令牌总线（Token Bus）和令牌环（Token Ring）。

①CSMA/CD 协议。CSMA/CD 通信协议的基础是 XEROX 公司研制的以太网（Ethernet），各站共享一条广播式的传输总线，每个站都是平等的，采用竞争方式发送信息到传输线上。当某个站识别出报文上的接收站名与本站站名相同时，便将报文接收下来。由于没有专门的控制站，两个或多个站

可能会因同时发送信息而发生冲突，造成报文作废，所以必须采取措施来防止冲突。

发送站在发送报文之前，要先监听总线是否空闲，如果空闲则发送报文到总线上，称为"先听后讲"。但是这样做仍然有发生冲突的可能，因为从组织报文到报文在总线上传输需要一段时间，在这一段时间内，另一个站通过监听也可能会认为总线空闲并发送报文到总线上，这样就会因两站同时发送信息而发生冲突。

为了防止冲突，可以采取以下两种措施。一种是发送报文开始的一段时间，仍然监听总线，采用边发送边接收的办法，把接收到的信息和自己发送的信息相比较，若相同则继续发送报文，称为"边听边讲"，若不相同则立即停止发送报文，并发送一段简短的冲突标志。通常把这种"先听后讲"和"边听边讲"相结合的方法称为 CSMA/CD，其控制策略是竞争发送、广播式传送、载体监听、冲突检测、冲突后退和再试发送。另一种措施是让准备发送报文的站先监听一段时间，如果在这段时间内总线一直空闲，则开始做发送准备，准备完毕，真正要将报文发送到总线上之前，再对总线做一次短暂的检测，若仍为空闲，则正式开始发送，若总线不空闲，则延时一段时间后再重复上述的二次检测过程。

②令牌总线。令牌总线是 IEEE 802 标准中的工厂媒质访问技术，其编号为 802.4。它吸收了 GM 公司支持的 MAP（manufacturing automation protocol，即制造自动化协议）系统的内容。

在令牌总线中，媒体访问控制是通过传递一种被称为令牌的特殊标志来实现的。令牌从一个装置传递到另一个装置，直至从最后一个装置再返回第一个装置，如此周而复始，形成一个逻辑环。令牌有"空"和"忙"两个状态。令牌网开始运行时，由指定站产生一个空令牌沿逻辑环传送。任何一个要发送信息的站都要等到令牌传给自己，判断为"空"令牌时才能发送信息。发送站先把令牌设置成"忙"，并写入要传送的信息、发送站名和接收站名，然后将载有信息的令牌送入环网传输。令牌沿环网循环一周后返回发送站时，信息已被接收站复制。发送站将令牌设置为"空"，送上环网继续传送，以供其他站使用。如果在传送过程中令牌丢失，则由监控站向网中注入一个新的令牌。

令牌传递式总线能在很重的负荷下提供实时同步操作，传送效率高，适用于频繁、较短的数据传送。因此，它最适合于需要进行实时通信的工业控制网络。

③令牌环。令牌环媒质访问方案是 IBM 公司开发的，它在 IEEE 802 标准中的编号为 802.5，与令牌总线有些类似。在令牌环上，最多只能有一个令牌绕环运动，不允许两个站同时发送数据。令牌环从本质上看是一种集中控制式的环，环上必须有一个中心控制站，负责对网的工作状态进行检测和管理。

2. 数据通信方式（数据流动方向）

在通信线路上，按照传送的方向可以将数据通信方式分为单工、半双工和全双工通信方式。

（1）单工通信方式。单工通信就是指数据的传送始终保持同一个方向，而不能进行反向传送，如图 4-64（a）所示。其中，A 端只能作为发送端发送数据，B 端只能作为接收端接收数据。

（2）半双工通信方式。半双工通信就是指信息流可以在两个方向上传送，但同一时刻只限于一个方向传送，如图 4-64（b）所示。其中，A 端和 B 端都具有发送和接收的功能，但传送线路只有一条，要么 A 端发送，B 端接收，要么 B 端发送，A 端接收。

（3）全双工通信方式。全双工通信能在两个方向上同时发送和接收，如图 4-64（c）所示。其中，A 端和 B 端双方都可以一边发送数据，一边接收数据。

（a）单工示意图　　　　　　　（b）半双工示意图　　　　　　　（c）全双工示意图

图 4-64　数据通信方式

3. 数据传输方式

数据传输方式是指数据代码的传输顺序和数据信号传输时的同步方式。

数据传输有串行传输和并行传输两种方式。为了保证数据发送端发出的信号能被接收端准确无误地接收，通信的两端必须保证同步。在串行传输中，为了实现同步，可采取同步传输和异步传输。

（1）并行传输和串行传输。并行传输是将数据以成组的形式在多条并行的通道上同时传输的传输方式，如传输 8 个数据位（一个字节）或传输 16 个数据位（一个字）。除数据位之外，还需要一条"选通"线来协调双方的收发。并行传输的通信速率高，但需要的数据线多，短距离通信时还可以忍受，但长距离通信时，由于存在高成本和低可靠性等问题，就不会采用这种方式了。并行传输一般用于计算机和打印机之间以及其外部设备之间的通信。

串行传输是指在数据传输时，数据流以串行方式逐位地在一条信道上传输的方式。在串行传输中，所需要的数据线大大减少，所需要解决的问题是判断传输字节的首字符位置等。串行传输具有成本低、实现容易、控制简单、在长距离通信中可靠性高等优点，所以在工业通信系统中，一般都采用串行传输。

除可以节约大量电缆外，串行传输的另外一个优点是没有信号传输干扰问题。从理论上来看，并行传输要比串行传输快，但在实际应用中，并行传输还要考虑许多其他因素，如电缆间的电子干扰问题、线芯间的同步问题等。为减少干扰，并行传输的工作频率就不能太高。所以，在传输速度较高时，使用串行传输也不见得比并行传输慢，这也是今天串行传输被广泛使用的原因之一。工业通信网络中一般使用串行传输方式。

（2）异步传输和同步传输。在计算机系统中，做任何工作都要在时钟的协调下有条不紊地进行。对数据通信来说也不例外，它的各种处理工作都是在一定的时序脉冲控制下进行的。为保证信息传输端工作的协调一致和数据接收的正确性，数据通信系统中的传输同步问题就显得异常重要了。

并行通信中一般用"选通"信号来协调收发双方的工作。而在串行通信中，二进制代码是以数据位为单位，按时间顺序逐位发送和接收的，所以通常讲的同步传输是相对于串行传输而言的。异步传输和同步传输是串行通信中所使用的两种同步方式。

①异步传输。该方法以字符为单位发送数据，一次传送一个字符，每个

字符的数据位一般为 8 位。在每个字符前要加上一个起始位，用来指明字符的开始；每个字符的后面还要加上一个终止码，用来指明字符的结束。异步传输使用的是字符同步方式。异步传输方式下每一个字符的发送都是独立和随机的，它以不均匀的传输速率发送，字符间距是任意的，所以这种方式被称作异步传输。因为在每个字符的开头和末尾要加上起始位和停止位，增加了传输代码的额外开销，所以异步传输方式实现简单，但传输效率较低。异步传输示意图如图 4-65 所示。

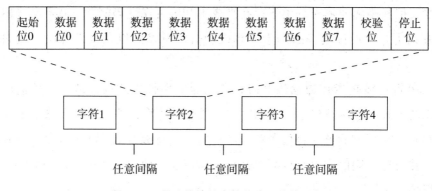

图 4-65 异步传输的字符格式及传输过程

②同步传输。该方法是以数据块（帧）为单位进行传输的，数据块的组成可以是字符块，也可以是位块。很明显，同步传输的效率要比异步传输高。在同步传输中，发送端和接收端的时钟必须同步。实现同步的方法有外同步法和自同步法两种。外同步法是在发送数据前，发送端先向接收端发一串同步时钟，接收端按照这一时钟频率调制接收时序，把接收时钟频率锁定在该同步频率上，然后按照该频率接收数据的方法；自同步法是从数据信号本身提取同步信号的方法，如数字信号采用曼彻斯特编码时，就可以使用每个位（码元）中间的跳变信号作为同步信号。显然，自同步法要比外同步法优越，所以现在一般采取自同步法，即从所接收的数据中提取时钟特征信号。

一般使用曼彻斯特编码的数据通信时，采用同步传输的较多，因为它可以很容易地提取到自同步信号。

4. 差错控制

数据在通信线路上传输时，由于各种各样的干扰和噪声的影响，接收端往往不能收到正确的数据，这就会产生差错，即误码。误码的产生是不可避免的，但要尽量减小误码带来的影响。为了提高通信质量，就必须检测差错并纠正差错，把差错控制在尽可能小的＼允许的范围内，这就是通信过程中的差错控制。

要想提高通信质量，可以采取两种方法：一种方法是提高通信线缆的质量，但使用高质量的电缆也只是降低了内部噪声，而对外部的干扰无能为力，并且明显增加了硬件成本；另一种最可行的方法是进行差错控制。差错控制方法是指在一定限度内容忍差错的存在，并能够发现错误，设法加以纠正。差错控制是目前通信系统中普遍采用的提高通信质量的方法。

进行差错控制的具体方法有两种：一是纠错码方案，这种方案是让传输的报文带上足够的冗余信息，使接收端不仅能检测错误，而且能自动纠正错误；二是检错码方案，这种方案是让报文分组时包含足以使接收端发现错误的冗余信息，但不能确定哪一位是错误的，而且自己也不能纠正传输错误。纠错码方法虽然有优越之处，但实现复杂，造价高，另外它使用的冗余位多，所以编码效率低，一般情况下不会采用。检错码方法虽然需要利用重传机制达到纠错，但原理简单，代价小，容易实现，并且编码与解码的速度快，所以得到了广泛的使用。

下面简要介绍两种常用的检错码。

（1）奇偶检错码。奇偶检验是最为简单的一种检错码，它的编码规则是，将要传递的信息分组，在各组信息后面附加一位校验位，校验位的取值使得整个码字（包含校验位）中"1"的个数为奇数或偶数。如果所形成的码字中"1"的个数为奇数，则称作奇校验；如果所形成的码字中"1"的个数为偶数，则称作偶校验。奇偶检验有可能会漏掉大量的错误，但用起来简单。另外，奇偶检验码在每一个信息字符后都要加一位校验位，所以在传输大量数据时，会增加大量的额外开销。这种方法一般用于简单的、对通信错误的要求不十分严格的场合。

（2）循环冗余校验。循环冗余校验是一种检错率高，并且占用通信资源少的检测方法。循环冗余校验的思想是，在发送端对传输序列进行一次除法操作，将进行除法操作的余数附加在传输信息的后边；在接收端，也进行同样的除法操作。如果接收端的除法结果不是零，则表明数据传输出现了错误。这种方法能检测出大约 99.95% 的错误。

5. 传送介质

目前普遍使用的传送介质有双绞线、同轴电缆、光缆，其他介质如无线电、红外线、微波等在 PLC 网络中应用很少。其中，双绞线（带屏蔽）成本低，安装简单；光缆质量轻，传输距离远，但成本高，安装维修需专用仪器。传送介质具体性能如表 4-19 所示。

表 4-19　传送介质性能比较

项目	双绞线	同轴电缆	光缆
传送速率	一般为 9.6 Kbit/s ～ 2 Mbit/s 以太网双绞线为 10 ～ 1000 Mbit/s	一般为 1 ～ 450 Mbit/s	一般为 10 ～ 500 Mbit/s
连接方法	点到点、多点	点到点、多点	点到点
传送信号	数字、调制信号、纯模拟信号（基带）	调制信号，数字（基带），数字、声音、图像（宽带）	数字、调制信号（基带）
支持网络	星形、环形、小型交换机	总线型、环形	总线型、环形
抗干扰	好（需外屏蔽）	很好	极好
抗恶劣环境	好	好，但须将电缆与腐蚀物隔开	极好，可抵御恶劣环境
使用情况	最多。在一般情况下，特别是控制层都使用	连接不便，使用很少	在管理层（以太网）使用较多，在电磁环境恶劣的场合使用也较多

6. 主要拓扑结构

网络中的拓扑形式就是指网络中的通信线路和节点间的几何排列方式，

即节点的互联形式，它可用来表示网络的整体结构和外貌，同时也反映了各个节点间的结构关系。常见的网络拓扑形式有总线型、环形、星形和树形等，如图 4-66 所示。

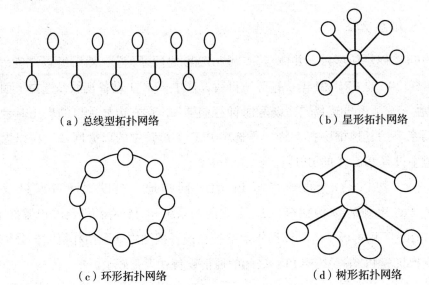

（a）总线型拓扑网络　　　　　　　　（b）星形拓扑网络

（c）环形拓扑网络　　　　　　　　（d）树形拓扑网络

图 4-66　网络拓扑形式示意图

总线型拓扑连接如图 4-66（a）所示。它以一条总线电缆作为传输介质，各节点通过接口接入总线，是工业现场总线通信网络中最常用的一种拓扑形式。其特点是，通信可以是点对点方式，也可以是广播方式，而这两种方式也是工业控制网络中常用的通信方式。其接入容易，扩展方便，节省电缆，若网络中某个节点发生故障，对整个系统的影响较小，所以可靠性较高。现在工业以太网及实时以太网技术已开始普遍使用总线型拓扑网络，基于交换机的星形和树形网络也成为主流的拓扑形式。

当信号在总线上传输时，随着距离的增加，信号会逐渐减弱。另外，当把一个节点连接到总线上时，由此产生的分支电路还会引起信号的反射，从而对信号产生较大影响。所以，在一定长度的总线上，对所连接的从站设备的数量、分支电路的多少和长度都要进行限制。

4.5.2　基于以太网的 S7-1200 间的通信

S7-1200 PLC 自带 PROFINET 口，所以 S7-1200 PLC 以太网通信硬件

成本相对比较低，而且比较容易实现。S7-1200 PLC 之间的以太网通信可以通过 TCP 或 ISO-on-TCP 来实现。下面通过一个简单的例子演示 S7-1200 PLC 之间的以太网通信组态。

1. 组态步骤

（1）创建新项目，并命名为"S7-1200 之间通信"，然后组态设备，选择 S7-1200 的 CPU1214C。打开项目后，选中 PLC_1 设备视图，选择下面的"属性"选项，再选择"系统和时钟存储器"，在右边显示出的启用时钟存储器字节的复选框中打上钩。再选中 PLC_1 设备中的以太网口，在以太网地址中设置 PLC_1 的 IP 地址为 192.168.0.1。

（2）把 PLC_1 复制粘贴成 PLC_2，同样地，在以太网口那里设置 PLC_2 的 IP 地址为 192.168.0.2。若之前的系统和时钟存储器已经设置好了，PLC_2 就不用再设了。具体操作如下：在设备视图中转到拓扑视图，分别添加交换机和 PC 端。这样 PLC 之间的通信设备就设置好了。

2. 程序编程以及指令介绍

（1）TSEND_C 指令。TSEND_C 指令可以用 TCP 协议或者 ISO-on-TCP 协议，使本机和远程机进行通信，并由本机向远程机发送数据。该指令能被 CPU 自动监控和维护。TSEND_C 指令的主要参数如表 4-20 所示。

表4-20　TSEND_C 指令的主要参数

指令	参数	说明	数据类型
TSEND C EN　ENO ENQ　DONE CONT　BUSY LEN　ERROR CONNECT　STARUS DATA COM_RST	EN	使能	BOOL
	REQ	上升沿时，启动向远程机发送数据	BOOL
	CONT	0 表示连接； 1 表示断开连接	BOOL

续 表

指令	参数	说明	数据类型
TSEND C EN ENO ENQ DONE CONT BUSY LEN ERROR CONNECT STARUS DATA COM_RST	LEN	发送的数据最大长度，字节数表示	BOOL
	CONNECT	连接数据 DB	ANY
	DATA	发送数据	ANY
	DONE	0 表示任务没有开始或正在运行； 1 表示任务没有错误地执行	BOOL
	BUSY	0 表示任务完成； 1 表示任务没有完成或者新任务没有触发	BOOL
	ERROR	状态信息	BOOL

（2）TRCV_C 指令。TRCV_C 指令可以用 TCP 协议或者 ISO-on-TCP 协议，使本机和远程机进行通信，并由本机接收远程机发送过来的数据。该指令能被 CPU 自动监控和维护。TRCV_C 指令的主要参数如表 4-21 所示。

表 4-21　TRCV_C 指令的主要参数

指令	参数	说明	数据类型
TRCV C EN ENO EN_R DONE CONT BUSY LEN ERROR CONNECT STARUS DATA RCVD_LEN COM_RST	EN	使能	BOOL
	EN_R	启用接收	BOOL
	CONT	0 表示连接； 1 表示断开连接	BOOL
	LEN	接收的数据最大长度，字节数表示	BOOL
	CON-NECT	连接数据 DB	ANY
	DATA	接收数据	ANY
	DONE	0 表示任务没有开始或正在运行； 1 表示任务没有错误地执行	BOOL

指令	参数	说明	数据类型
TRCV C EN　　　ENO EN_R　　DONE CONT　　BUSY LEN　　ERROR CONNECT　STARUS DATA　RCVD_LEN COM_RST	BUSY	0 表示任务完成； 1 表示任务没有完成 或者新任务没有触发	BOOL
	RCVD_ LEN	实际接收到的数据	UDINT

3. 组态编程步骤

（1）在 PLC_1 项目中选择程序块打开 Main（OB1），在右边的通信项选择"开放式用户通信"。选择"TSEND_ C"指令并拖放到 Main（OB1）中，并生成背景数据块 DB1，名称为 TSEND_ C_ DB。选中指令，弹出组态画面，在连接类型选择 TCP，连接数据行中，在下拉菜单中选择"新建"。

（2）在 PLC_1 项目中选择程序块打开 Main（OB1），在右边的通信项选择"开放式用户通信"。选择"TRCV_C"指令并拖放到 Main（OB1）中，并生成背景数据块 DB2，名称为 TRCV_ C_ DB。

（3）选中指令，弹出组态画面。连接类型选择 TCP，连接数据在下拉菜单中选择"新建"。

（4）添加全局数据块，命名为"send"。

（5）将打开的全局数据块名称列命名为"send"，在数据类型中选择数组并设置为 array【0. .99】of string，选中 send【DB5】，右击选择属性，取消勾选。

（6）再添加全局数据块，并命名为"receive"，然后在"打开"里面将名称列命名为"receive"，数据类型选择数组并设置为 array【0..99】of string，同样地，在 receive【DB6】中右击选择属性，取消相关勾选。

4.5.3 SMART PLC 的通信接口

紧凑型 SMART PLC（C 型）为经济型产品，在通信能力方面和标准型

SMART PLC 有较大区别。它们没有以太网接口，不支持信号板和通信模块的扩展功能，所以以下对 SMART PLC 的通信技术的讲解均以标准型（ST/SR 型）SMART PLC 为例。

　　每个 S7-200 SMART CPU 都提供一个以太网端口和一个 RS-485 端口（端口 0），标准型 CPU 额外支持 SB CM01 信号板（端口 1）。信号板可通过 STEP 7-Micro/WIN SMART 软件组态为 RS-232 通信端口或 RS-485 通信端口。另外，标准型 CPU 还可以扩展 PROFIBUS DP 模块 EM DP01，可以使 SMART PLC 作为 PROFIBUS 从站接入 PROFIBUS 网络中。

　　1. 以太网接口

　　（1）编程通信支持一个编程设备的连接，以实现 CPU 与 STEP 7-Micro/WIN SMART 软件之间的数据交换。

　　（2）HMI 通信。实现基于以太网的 HMI 与 CPU 之间的数据交换。最多支持 8 个专用的 HMI/OPC 服务器连接。

　　（3）对等的数据交换。基于 S7 协议，使用 GET/PUT 指令实现与其他 S7- 200 SMART PLC 之间的对等通信。最多支持 8 个主动（客户端）连接和 8 个被动（服务器）连接。该功能相当于原来 S7-200 PLC 中使用 RS 485 串口的基于 PPI 通信的网络读写功能。

　　（4）开放式用户通信（OUC）。基于 UDP、TCP 或 ISO-on-TCP 的开放式协议，实现与其他具有以太网接口的设备或 SMART CPU 之间的开放式通信（OUC）。最多支持 8 个主动（客户端）连接和 8 个被动（服务器）连接。

　　2.RS-485 接口（端口 0）

　　（1）编程通信支持一个编程设备的连接，使用 USB-PPI 电缆实现 CPU 与 STEP 7-Micro/WIN SMART 软件之间的数据交换。

　　（2）HMI 通信基于 PPI 协议实现 TD400C 和触摸屏等 HMI 与 CPU 之间的数据交换，最多支持 4 个 HMI 设备的连接。

　　点到点 PPI（point to point interface）通信协议是 S7-200 SMART PLC 的专用通信协议。PPI 是一个主站 / 从站协议，支持的波特率为 9.6 Kbits/s、19.2 Kbits/s 和 187.5 Kbits/s。

通信网络中的各种设备一般有两种角色：主站和从站。主站可以主动发起数据通信，读写其他站点的数据；从站则不能主动发起通信数据交换，而只能响应主站的访问，提供或接收数据，且不能访问其他从站。

只有一个主站，其他通信设备都处于从站通信模式的网络，就是单主站网络。如果一个通信网络中有多个通信主站，就称为多主站网络。在多主站网络中，主站要轮流控制网络上的通信，这就要求它们有交换令牌的能力，但不是所有的设备都有这个能力。

作为从站，SMART PLC 支持单主站和多主站之间、HMI/TD 和 CPU 之间的 PPI 网络通信。

（3）自由口通信。基于自由端口模式使用 XMT/RCV 通信指令、ModbusRTU 通信库指令，USS 通信库指令等实现与其他设备之间的串行通信。SMART PLC 总共支持 126 个可寻址设备（每个网段 32 个设备）的自由口通信配置。

3.RS-485/RS432 信号板（端口 1）

这是 S7-200 SMART PLC 的一个特色功能，在标准型 CPU 的面板上，根据需要可以插接一个信号板 CM01，它可以作为一个 RS-485 口或者 RS-232 接口使用。

（1）HMI 通信。使用 RS-485 或者 RS-232 方式，基于 PPI 协议实现 TD400C 和触摸屏等 HMI 与 CPU 之间的数据交换，最多支持 4 个 HMI 设备的连接。

（2）自由口通信。基于自由端口模式，使用 XMT/RCV 通信指令、ModbusRTU 通信库指令、USS 通信库指令（仅 RS-485 口支持）等实现与其他设备之间的串行通信。

SMART PLC 连接具有 RS-232 串口的设备时，如果使用 CM01 的 RS-432 方式，则可以直接连接；如果使用 CPU 上面的 RS-485 口，则要购置 RS-232/PPI 电缆才能实现连接。RS-232 网络为两台设备之间的点对点连接，最大通信距离为 15 m，最大通信速率为 115.2 Kbit/s。常用的串口设备有条码扫描器、电子秤、打印机、调制解调器等。RS-232 通信网络抗干扰能力差，传输距离较短，通信速率低，现在使用不多。

4.PROFIBUS 通信端口

（1）PROFIBUS DP 通信。标准型 SMART PLC 可以扩展 EM DP01 模块，使 SMART CPU 作为从站连接到 PROFIBUS DP 网络中。DP01 上面的 PROFIBUS DP 通信口实际上也是一个 RS–485 接口，但该模块支持通信协议 PROFIBUS DP。

（2）SMART PLC 只能作为从站。每个 S7–200 SMART PLC 最多可以扩展 2 个 DP01 模块，用于 PROFIBUS DP 与 HMI 的通信连接。

4.5.4 SMART PLC 的网络连接

要想实现可靠的通信，必须使用合适的网络部件，并且使用正确的方法进行网络连接。常用的网络部件有网络连接器、电缆、中继器和连接工具等。

1.基于串口的网络连接

在 S7–200 SMART PLC 中，CPU 上的通信口和 PROFIBUS DP 扩展模块 DP01 上的通信端口都符合 RS–485 电气标准，但前者是非隔离型的，最高通信速率为 187.5Kbits/s，而后者是隔离的，最高通信速率为 12Mbits/s，并且速率自适应。PPI、MPI 和 PROFIBUS DP 等通信协议都可以在 RS–485 的硬件基础上实现通信。

连接器具有以下特点：

（1）连接器中集成有终端电阻，可以方便地接入或去除；

（2）可以快速方便地连接数据线和屏蔽线；

（3）提供了独立的输入和输出电缆接口；

（4）当接入终端电阻时，输出电缆端自动隔离；

（5）带编程口的连接器提供了方便的诊断和编程工具连接接口。

S7–200 SMART PLC 系统中用到的电缆、插头等都有特定的要求。强烈建议使用正规的西门子电缆，并使用标准的剥线器，按规范与 RS–485 电缆接头。

网络是由各个网段组成的，每个网段之间都由中继器隔开，也许有的网络只包含一个网段。每个网段的长度最主要的决定因素是通信的波特率和通信口是否隔离。S7-200 SMART PLC 面板上的通信口（端口 0）是非隔离的，所以通信距离较短；DP01 的通信口（端口 1）是带隔离的，所以通信距离较长。不论是 PPI、MPI 还是 PROFIB US，这些基于 RS-485 通信的网络其网段的长度均如表 4-22 所示。

表 4-22　网段通信最大长度

波特率 /bps	非隔离的 PLC 通信接口（串口 0）	中继器或 DP01 模块（端口 1）
9.6 K ～ 187.5 K	50 m	1000 m
500 K	不支持	400 m
1 M ～ 1.5 M	不支持	200 m
3 M ～ 12 M	不支持	100 m

如果想增加 RS-485 网络距离或者增加网络中的设备数量，最常用的方法就是使用中继器。中继器的作用如下。

一是增加网络长度。使用中继器可以使网络的长度最少扩展 50 m。如果在两个中继器之间没有其他网络设备（节点），则网段的长度能达到波特率允许的最大距离。在一个串联的总线型网络中，最多可以使用 9 个中继器，但网络长度不能超过 9600 m。其实在某些文献的介绍中，中继器的最大使用数量一般在 4 ～ 5 个。

二是增加设备数量。一个网段的最大设备数量为 32 个，如果使用中继器，则可以再增加 32 个设备。中继器不占用地址资源，但它也算作 32 个设备中的一个。

三是电气隔离。如果不同网段的电位不同，可能会烧毁通信接口。使用中继器，可以隔离不同的电位，提高通信质量。

四是电缆。符合 IEC 61158-3 和 EN50170 标准的 PROFIBUS DP A 型电缆的数据如表 4-23 所示。该电缆也可作为标准的 RS-485 通信的标准电缆使用。标准电缆可以保证通信的质量和可靠性。

表 4-23　标准的 PROFIBUS DP A 型电缆的数据

参数	>0.34 mm
阻抗	在频率为 3 ~ 20 MHz 时为 135 ~ 165 Ω
电容	<30 pF/m
电阻	≤ 110 Ω /km
线径	>0.64 mm
导体面积	>0.34 mm²

五是保持通信端口（驱动电路）之间的共模电压差在一定范围内。对于非隔离的通信口（如 CPU 主机上的通信口 0），保证它们之间的等电位非常重要。在 S7-200 SMART PLC 联网时，可以将所有 CPU 模块的传感器电源输出的 L+/M 中的 M 端子用导线串接起来。在 S7-200 SMART PLC 与变频器通信时，要将所有变频器通信端口的 M（在西门子 MM 4×0 系列是 2 号端子）连接起来，并与 CPU 上的传感器电源 M 连接。

六是屏蔽（PE）端的连接。所有 CPU 模块或者 PROFIBUS DP 通信模块 EM DP01 上的 PE（保护接地）端子必须连接到大地或者柜壳上，否则电缆的屏蔽层等于没有用。

2. 基于以太网口的网络连接

工业以太网连接主要需要以下几种设备：交换机、连接器和网线。

如果不是实时以太网控制系统（如 PROFINET），则一般的交换机即可在 SMART PLC 中使用，但必须满足工业现场的要求。

现在使用的工业以太网电缆型号有多种，可以是 4 芯线缆（100 Mbps 以太网），也可以是 8 芯线缆（1000 Mbps 以太网）。和其对应的有 4 针和 8 针的快速工业以太网连接器。

最常用的工业以太网电缆为 IE FC TP 标准电缆、GP 2×2 型 4 芯电缆和 4×2 型 8 芯电缆，和其对应的工业以太网接口连接器 FC RJ45 Plug 2×2 用于直接连接长达 100 m 的 IE FC 2×2 电缆，FC RJ45 Plug 4×2 用于直接连接长达 85 m 的 IEFC 4×2 电缆，或用于控制室内的 IE FC 4×2 柔性电缆。

使用快速连接器可以不使用接插工艺，它的 4 个集成的夹紧—穿刺接线柱使得以太网电缆的连接简单而可靠。连接时，打开插头外壳，触点盖板上的彩色标记可方便用户将电缆中的导线连接到 IDC 插针。

第 5 章　S7-1200 系列 PLC 研究

5.1　S7-1200 PLC 的硬件结构

西门子可编程控制器家族是一个完整的产品组合，包括 S7-200、S7-1200、S7-300、S7-400 等。S7-1200 PLC 充分满足了中小型自动化的系统需求，具有集成 PROFINET 接口、强大的集成工艺功能和灵活的可扩展性等特点，为各种工艺任务提供了简单的通信，尤其是满足了多种应用中完全不同的自动化需求。

所有的 SIMATIC S7-1200 硬件都具有内置安装夹，能够方便地安装在一个标准的 35mm DIN 导轨上。这些内置的安装夹可以咬合到某个伸出位置，以便在需要进行背板悬挂安装时提供安装孔。SIMATIC S7-1200 硬件都可进行竖直安装或水平安装，且配备了可拆卸的端子板，不用重新接线就能迅速地更换硬件。这些特性为用户安装 PLC 提供了很好的灵活性，同时也使得 SIMATIC S7-1200 成为众多应用场合的理想选择。

5.1.1　CPU 模块

1.CPU 模块的种类及特征

常见的 SIMATIC S7-1200 系统的 CPU 有五种不同型号：CPU 1211C、CPU 1212C、CPU 1214C、CPU 1215C 和 CPU 1217C。各类 S7-1200 CPU 的技术规范如表 5-1 所示。

表 5-1 S7-1200 CPU 技术规范

特性	CPU 1211C	CPU 1212C	CPU1214C	CPU1215C	CPU1217C
本机数字量 I/O 点数	6 入 /4 出	8 入 /6 出	14 入 /10 出	14 入 /10 出	14 入 /10 出
本机模拟量 I/O 点数	2 入	2 入	2 入	2 入 /2 出	2 入 /2 出
工作存储器 / 装载存储器	50kB/1MB	75kB/2MB	100kB/4MB	125kB/4MB	150kB/4MB
信号模块扩展个数	—	2	8	8	8
最大本地数字量I/O点数	14	82	284	284	284
最大本地模拟量I/O点数	13	19	67	69	69
高速计数器	最多可组态 6 个使用任意内置或信号板输入的高速计数器				
脉冲输出（最多 4 点）	100kHz	100kHz/ 30kHz	100kHz/30 kHz	1MHz/100kHz	—
上升沿 / 下降沿中断点数	6/6	8/8		12/12	—
脉冲捕获输入点数	6	8		14	—

2. 扩展 CPU 的能力

S7-1200 系列提供了多种信号模块和信号板，用于开关量的输入、输出和模拟量的扩展，还可以安装附加的通信模块，以支持其他通信协议。

不同型号的 CPU 面板是类似的。

CPU 通常有以下三类指示灯，用于提供 CPU 模块的运行状态信息。

其一，STOP/RUN 指示灯。该指示灯的颜色为黄色时，指示 STOP 模式；为绿色时，指示 RUN 模式；为绿色和黄色交替闪烁时，指示 CPU 正在启动。

其二，ERROR 指示灯。该指示灯为红色闪烁状态时，指示有错误，如 CPU 内部错误、存储卡错误或组态错误（模块不匹配）等；为纯红色时，指示硬件出现故障。

其三，MAINT 指示灯。该指示灯在每次插入存储卡时会闪烁。

CPU 模块上的 I/O 状态指示灯可用来指示各种数字量输入或输出的信号状态。

CPU 模块上提供了一个以太网通信接口，用于实现以太网通信，还提供了两个可以指示以太网状态的指示灯，其中"Link"（绿色）点亮，指示连接成功，"Rx/Tx"（黄色）点亮，指示传输活动进行。

拆下 CPU 上的挡板可以安装一个信号板（signal board）。通过信号板，可以在不增加空间的前提下给 CPU 增加 I/O。S7-1200 PLC 任何一种 CPU 都支持扩展最多一个信号板，以扩展数字量或模拟量 VO，而不必改变控制器的体积。目前信号板有 8 种，包括数字量输入、数字量输出、数字量输入 / 输出及模拟量输出等类型。S7-1200 PLC 的信号板如表 5-2 所示。

表 5-2 S7-1200 PLC 的信号板

SB 1221 DC 200 kHz	SB 1222 DC 200 kHz	SB 1223 DC/DC 200 kHz	SB 123 DC/DC
DI 4×24 V DC	DQ 4×24V DC 0.1 A	DI 2×24 V DC/ DQ 2×24 V DC 0.1 A	DI 2×24 V DC/ DQ 2×24 V DC 0.5 A
DI 4×5 V DC	DQ 4×5V DC 0.1 A	DI 2×5 V DC/ DQ 2×5 V DC 0.1 A	AQ 1×12 Bit：10 V DC/0 ～ 20 mA

5.1.2 信号模块

信号模块包括数字量输入模块、数字量输出模块、数字量输入 / 输出模块以及模拟量输入模块、模拟量输出模块、模拟量输入 / 输出模块等。DI、DQ、AI、AQ 模块统称为信号模块 SM。信号模块应安装在 CPU 模块的右边，最多可以扩展 8 个信号模块。输入模块用来接收和采集输入信号，输出模块用来控制输出设备和执行器。信号模块除了能传递信号外，还有电平转换与隔离的作用。S7-1200 PLC 提供了各种信号 I/O 模块，用于扩展 CPU 的能力，CPU 1211C 不支持信号模块的扩展，CPU 1212 C 支持 2 个，CPU 1214 C 最多支持 8 个，如表 5-3 所示。

表 5-3　S7-1200 PLC 信号模块

信号模块	SM 1221 DC	SM 1221 DC	—	—
数字量输入	DI 8×24 V DC	DI 16×24 V DC	—	—
信号模块	SM 1222 DC	SM 1222 DC	SM 1222 RLY	SM 1222 RLY
数字量 输出	DO 8×24 V DC 0.5 A	DO 16×24 V DC 0.5 A	DO 8×RLY 30 V DC/ 250 V AC 2 A	DO 16×RLY 30 V DC/ 250 V AC 2 A SM 1223 DC/RLY
信号模块	DI 8×24 V DC/DO 8×24 V DC 0.5 A	DI 16×24 V DC/DO 16×24 V DC 0.5 A	DI 8×24V DC/ DO 8×RLY 30V DC/250 V AC 2 A	DI 16×24 V DC/DO 16×RLY 30 V DC/250 V AC 2 A
数字量输入 / 输出	SM 1231 AI	SM 1231 AI	—	—
信号模块	AI 4×13 Bit±I100 V DC/0 ～ 20 mA	AI 8×13 Bit±10 V DC/0 ～ 20 mA	—	—
信号模块	SM 1232 AQ	SM 1234 AQ	—	—
模拟量 输出	AQ 2×14 Bit±10 V DC/0 ～ 20 mA	VAQ 4×14 Bit±10 V DC/0 ～ 20 mA	—	—
信号模块	SM1234 AI/AQ	—	—	—
模拟量输入 / 输出	AI4 × 13 Bit±10 V DC/0 ～ 20 mA AQ 2× 14 Bit±10 V DC/0 ～ 20 mA	—	—	—

各数字量信号模块还提供了指示模块状态的诊断指示灯。其中，绿色指示模块处于运行状态，红色指示模块有故障或处于非运行状态。

各模拟量信号模块为各路模拟量的输入和输出提供了 I/O 状态指示灯。其中，绿色指示通道已组态且处于激活状态，红色指示个别模拟量的输入或输出处于错误状态。此外，各模拟量信号模块还提供了有指示模块状态的诊断指示灯。其中，绿色指示模块处于运行状态，而红色指示模块有故障或处于非运行状态。

5.1.3　通信模块

SIMATIC S7–1200 配备了不同的通信机制，通过通信模块实现点对点连接和集成的 PROFINET 接口。所有的 SIMATIC S7–1200 CPU 都可以配备最多 3 个通信模块，通信模块连接在 CPU 的左侧（或连接到另一 CM 的左侧）。

1.RS232 和 RS485 通信模块

S7–1200 系列提供了给系统增加附加功能的通信模块 RS232 和 RS485，可为点到点的串行通信提供连接。该通信的组态和编程采用扩展指令或库功能、USS 驱动协议、Modbus RTU 主站和从站协议，均包含在 STEP 7 Basic 工程组态系统中。通信模块的特征如表 5–4 所示。

表 5-4　通信模块特征

通讯模块	CM 1241 RS232	CM 1241 RS485
串行通信	1×9-pin D-sub 公连接头	1×9-pin D-sub 母连接头
供电方式	由 CPU 供电	由 CPU 供电
状态指示	通过 LED 方式 动态显示发送和接收	通过 LED 方式 动态显示发送和接收

通信模块允许通过点对点连接的通信，使任何具备串行接口的设备都能够被连接，如驱动器、打印机、条形码阅读器、调制解调器等。

2. 集成 PROFINET 接口

新型的 SIMATIC S7-1200 配备了集成 PROFINET 接口，提供与下列组件的无缝通信：SIMATIC STEP 7 Basie 工程组态系统（用于编程）、SIMATIC HMI 精简系列面板（用于可视化）、其他控制器（用于 PLC 间的通信）、第三方设备（用于可选的高级集成）。通过开放式工业以太网标准以及现有的 TCP/IP 标准，SIMATIC S7-1200 提供的集成 PROFINET 接口可用于编程，实现与 HMI 的通信或与其他 PLC 的通信，还可通过成熟的 S7 通信协议连接到多个 S7 控制器和 HMI 设备。通过开放式以太网协议 TCP/IP 和 ISO-on-TCP，可与多个第三方设备进行连接和通信。PROFINET 电缆是带有 RJ45 接口的标准 CAT5 以太网电缆，可用于连接 CPU 与计算机或编程设备。通信时将 PROFINET 电缆的一端插入 CPU，将电缆的另一端插入计算机或编程设备的以太网端口即可。

5.1.4. 电源计算

S7-1200 PLC 有一个内部电源，可为 CPU、信号模块、信号扩展模块提供电源，也可以为用户提供 24 V 电源。

CPU 将为信号模块、信号扩展板、通信模块提供 5 V 直流电源，不同的 CPU 能够提供的功率是不同的。在硬件选型时，需要计算所有扩展模块的功率总和，检查该数值是否在 CPU 提供功率的范围之内，如果超出范围则必须更换容量更大的 CPU 或减少扩展模块的数量。

S7-1200 PLC 也可以为信号模块的 24 V 输入点、继电器输出模块或其他设备提供电源（称作传感器电源），如果实际负载超过了此电源的能力，则需要增加一个外部 24 V 电源。此电源不可与 CPU 提供的 24 V 电源并联。建议将所有 24 V 电源的负端连接到一起。

传感器 24 V 电源与外部 24 V 电源应当供给不同的设备，二组电源的负端应互连。例如，当设计 CPU 为 24 V 电源供给、信号模块继电器为 24 V 电源供给、非隔离模拟量输入为 24 V 电源供给的"非隔离"电路时，所有非隔离的 M 端子都必须连接到同一个外部参考点上。

下面通过一个例子说明电源的计算方法。

经统计，某工程项目需要 20 个直流 24 V 的数字量输入；需要 10 个数字量输出，其中 8 个为继电器输出，另外 2 个必须为直流输出；模拟量方面则需要 1 路输入和 1 路输出。

由于 I/O 点数较多且输出种类必须包含两种不同类型，故选用 CPU 1214C AC/DC/RLY，订货号为 6ES7214-1BE30-0XB0；选用输入扩展信号模块 SM 1223，订货号为 6ES722-1BF30-0XB0，包含 8 × DC 24 V 输入和 8 × DC 24 V 输出，一路模拟量输入由 CPU 自带，一路模拟量输出可以选用信号板 SB 1232，订货号为 6ES7232-4HA30-0XB0。

电源功率的计算如表 5-5 所示。本例中，CPU 为 SM 提供了足够的 DC 5 V 电压，通过传感器电源可以为所有输入和扩展的继电器线圈提供足够的 DC 24 V 电压，故不再需要额外的 DC 24 V 电源。

表 5-5　电源功率的计算

CPU 功率预算	5 V DC	24 V DC
CPU 1214C AC/DC/继电器	1600 mA	400 mA
减		
系统要求	5 V DC	24 V DC
CPU 1214C，14 点输入	—	14×4 mA = 56 mA
1 个 SM 1223，5V 电源	145 mA	—
1 个 SM 1223，8 点输入	—	8×4 mA = 32 mA
1 个 SMI 1223，8 点继电器输出	—	8×11 mA = 88 mA
总要求	145 mA	176 mA
等于		
电流差额	5 V DC	24 V DC
总电流差额	1455 mA	224 mA

5.1.5 S7-1200 PLC 的硬件接线规范

1. 安装现场的接线

在安装和移动 S7-1200 模块及其相关设备时，一定要切断所有的电源。S7-1200 设计安装和现场接线的注意事项如下。

（1）使用正确的导线，采用 0.50 ～ 1.50 mm² 的导线。

（2）尽量使用短导线（最长为 500 m 屏蔽线或 300 m 非屏蔽线），导线要尽量成对使用，用一根中性或公共导线与一根热线或信号线相配对。

（3）将交流线和高能量快速开关的直流线与低能量的信号线隔开。

（4）针对闪电式浪涌，安装合适的浪涌抑制设备。

（5）S7-1200 PLC 的供电电源可以是 AC 110 V 或 AC 220 V，也可以是 DC 24 V，但外部电源不要与 DC 输出点并联用作输出负载，这可能导致反向电流冲击输出，除非在安装时使用二极管或其他隔离栅。

2. 隔离电路时的接地

使用隔离电路时的接地应遵循以下几点。

（1）为每一个安装电路选一个合适的参考点（0 V）。

（2）隔离元件用于防止安装中产生不期望的电流。应考虑哪些地方有隔离元件，哪些地方没有，同时要考虑相关电源之间的隔离以及其他设备的隔离等。

（3）选择一个接地参考点。

（4）在现场接地时，一定要注意接地的安全性，并且要正确操作隔离保护设备。

3. 电源连接方式

S7-1200 PLC 的供电电源可以是 AC 110 V 或 220 V 电源，也可以是 DC 24 V 电源，接线时要注意如下事项。

（1）交流供电接线。图 5-1 为交流供电的 PLC 电源接线示意图，其注意事项如下。

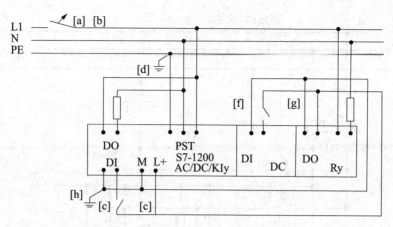

图 5-1　交流供电的 PLC 电源接线示意图

①用一个单刀切断开关将电源与 CPU、所有的输入电路和输出（负载）电路隔离开。

②用一台过流保护设备保护 CPU 的电源、输出点以及输入点，也可以为每个输出点加上熔丝进行范围更广的保护。

③当使用 PLC DC 24 V 传感器电源时，可以取消输入点的外部过流保护，因为该传感器电源具有短路保护功能。

④将 S7-1200 PLC 的所有地线端子同最近接地点相连接，以获得最好的抗干扰能力。建议所有的接地端子都使用 14 AWG 或 1.5 mm² 的电线连接到独立导电点上（也称一点接地）。

⑤本机单元的直流传感器电源可用来作为本机单元的输入。

⑥扩展 DC 输入以及扩展继电器线圈【g】供电，这一传感器电源具有短路保护功能。

⑦在大部分的安装中，如果把传感器的供电 M 端子接到地上，就可以获得最佳的噪声抑制。

（2）直流供电接线。图 5-2 为直流供电的 PLC 电源接线示意图，其注意事项如下。

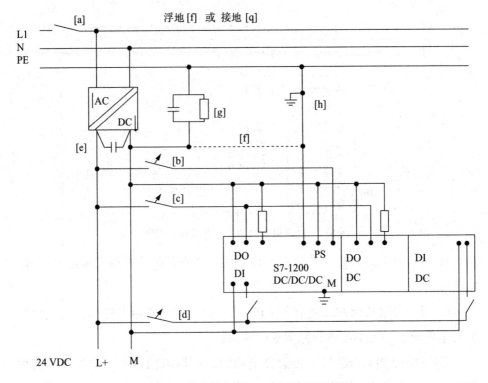

图 5-2　直流供电的 PLC 电源接线示意图

①用一个单刀开关 [a] 将电源与 CPU、所有的输入电路和输出（负载）电路隔离开。

②用过流保护设备保护 CPU 电源、输出点 [c] 以及输入点 [d]，也可以在每个输出点加上熔丝进行过流保护。当使用 DC 24 V 传感器电源时，可以取消输入点的外部过流保护，因为传感器电源内部具有限流功能。

③确保 DC 电源有足够的抗冲击能力，以保证在负载突变时，可以维持一个稳定的电压，这就需要一个外部电容。

④在大部分的应用中，把所有的 DC 电源接地就可以得到最佳的噪声抑制。在未接地 DC 电源的公共端与保护地之间并联电阻与电容 [g]。电阻提供静电释放通路，电容提供高频噪声通路，它们的典型值是 1 MΩ 和 4700 pF。

⑤将 S7-1200 PLC 所有的接地端子都同最近的接地点 [h] 连接，以获得最好的抗干扰能力。建议所有的接地端子都使用 14 AWG 或 1.5 mm² 的电线连接到独立导电点上（也称一点接地）。DC 24 V 电源回路与设备之间，以及 AC 120/230 V 电源与危险环境之间，必须提供安全电气隔离。

4. 数字量输入接线

数字量输入类型有源型和漏型两种。S7-1200 PLC 集成的输入点和信号模块的所有输入点都既支持漏型输入又支持源型输入，而信号板的输入点只支持源型输入或者漏型输入的其中一种。

DI 输入为无源触点（行程开关、接点温度计、压力计）时，其接线示意图如图 5-3 所示。

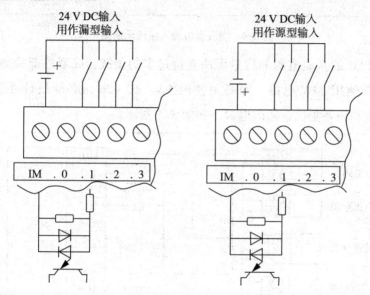

图 5-3　无源触点接线示意图

对于直流有源输入信号，一般都是 5 V、12 V 或 24 V，而 PLC 输入模块输入点的最大电压范围是 30 V。当无源开关量信号以及有源直流电压信号混合接入 PLC 输入点时，一定注意电压的 0 V 点要相互连接，其连接线示意图如图 5-4 所示。

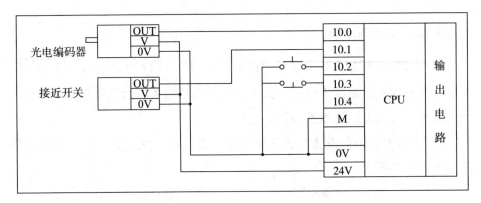

图 5-4　有源直流输入接线示意图

当 PLC 的直流电源的容量无法支持过多的负载，或者外部检测设备的电源不能使用 24 V 电源，而必须使用 5 V、12 V 时，必须设计外部电源，从而为这些设备提供合适的电源，如图 5-5 所示。

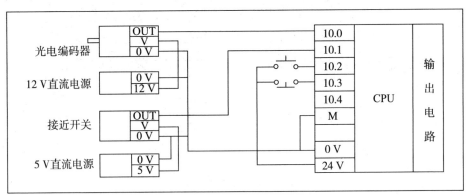

图 5-5　外部不同电源供电示意图

5. 数字量输出接线

晶体管输出形式的 DO 负载能力较弱（小型的指示灯、小型的继电器线圈等），响应相对较快，其接线示意图如图 5-6 所示。

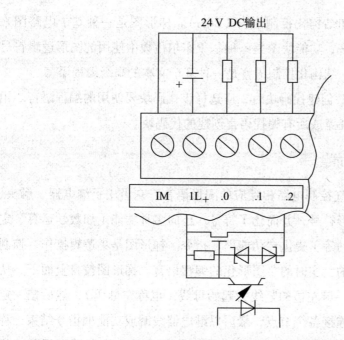

图 5-6　晶体管输出形式的 DO 接线示意图

　　S7-1200 PLC 数字量的输出信号类型中，只有 200 kHz 的信号板输出既支持漏型输出又支持源型输出，其他信号板、信号模块和 CPU 集成的晶体管输出都只支持源型输出。

6. 模拟量输入 / 输出接线

　　模拟量输入 / 输出有以下三种接线方式。

　　①二线制：两根线既传输电源又传输信号，也就是传感器输出的负载和电源是串联在一起的，电源是从外部引入的，和负载串联在一起驱动负载。

　　②三线制：电源正端和信号输出的正端分离，但它们共用一个 COM 端。

　　③四线制：两根电源线，两根信号线，电源和信号是分开工作的。

5.2　S7-1200 PLC 编程基础知识

5.2.1　编程语言

　　西门子公司为 S7-1200 PLC 提供了三种标准编程语言：梯形图（LAD）、

功能块图（FBD）和结构化控制语言（SCL）。梯形图是一种基于电路图来表示的图形编程语言，功能块图是一种基于布尔代数中使用的图形逻辑符号来表示的编程语言，结构化控制语言是一种基于文本的高级编程语言。

为 S7-1200 PLC 创建代码块时，应选择该代码块要使用的编程语言。用户程序可以使用由任意或所有编程语言创建的代码块。

1. 梯形图编程语言

梯形图是与电气控制电路相呼应的图形语言。它沿用了继电器、触头、串并联等类似的图形符号，并简化了符号，还向多种功能（如数学运算、定时器、计数器和移动等）提供"功能框"指令。梯形图是集逻辑操作、控制于一体，面向对象的、实时的、图形化的编程语言。梯形图按自上而下、从左到右的顺序排列，最左边的竖线为起始母线（也称左母线），然后按一定的控制要求和规则连接各个节点，最后以继电器线圈或功能框指令结束，称为一个逻辑行或一个"梯级"。通常一个 LAD 程序段中有若干逻辑行（梯级），形似梯子，梯形图由此而得名。梯形图信号流向清楚、简单、直观、易懂，很适合电气工程人员使用。梯形图在 PLC 中应用得非常普遍，通常各厂家、各型号 PLC 都把它作为第一用户语言。

创建 LAD 程序段时，应注意以下规则：

其一，不能创建可能导致反向能流的分支；

其二，不能创建可能导致短路的分支。

2. 功能块图编程语言

功能块图类似于普通逻辑功能图，它沿用了半导体逻辑电路的逻辑框图的表达方式，使用布尔代数的图形逻辑符号来表示控制逻辑，使用指令框来表示复杂的功能，有基本功能模块和特殊功能模块两类。基本功能模块如 AND、OR、XOR 等，特殊功能模块如脉冲输出、计数器等。一般用一种功能方框表示一种特定的功能，框图内的符号表达了该功能块的功能。

3. 结构化控制语言

结构化控制语言是用于 SIMATIC S7 CPU 的基于 PASCAL 的高级编程语言。SCL 指令使用标准编程运算符，如赋值（: =）、算术功能（+ 表示相加，-表示相减，* 表示相乘，/ 表示相除）。SCL 也使用标准的 PASCAL 程序控制操作，如 IF-THEN-ELSE、CASE、REPEAT-UNTIL、GOTO 和 RETURN。

LAD、FBD 和 SCL 之间可以有条件地相互转换，建议初学者先掌握梯形图语言编程，待熟练并积累一定的经验后再尝试应用其他编程语言。

4.LAD、FBD 和 SCL 的 EN 和 ENO

EN（使能输入）是布尔输入。执行功能框指令时，能流（EN=1）必须出现在其输入端。如果 LAD 功能框的 EN 输入直接连接到左母线，则将始终执行该指令。

ENO（使能输出）是布尔输出。如果功能框在 EN 输入端有能流且正确执行了其功能，则 ENO 输出会将能流（ENO=1）传递到下一个元素。如果执行功能框指令时检测到了错误，则应在产生该错误的功能框指令处终止该能流（ENO=0）。

LAD、FBD 的 EN 和 ENO 的操作数类型如表 5-6 所示。

表 5-6　EN 和 ENO 的操作数类型

程序编辑器	输入 / 输出	操作数	数据类型
LAD	EN，ENO	能流	BOOL
FBD	EN	I、L_：P、Q、M、DB、Temp、能流	BOOL
	ENO	能流	BOOL
SCL	EN1	TRUE、FALSE	BOOL
	ENO2	TRUE、FALSE	BOOL

5.2.2 数据类型

数据类型是用来描述数据的长度（即二进制的位数）和属性的，即用于指定数据元素的大小以及如何解释数据。很多指令和代码块的参数都支持多种数据类型，不同的任务使用不同长度的数据对象，如位指令使用位数据，传送指令使用字节、字和双字。数据类型是唯一声明了允许的数据范围和允许使用的指令的，每个指令的参数都至少支持一种数据类型，有些参数可以支持多种数据类型。

1. 基本数据类型

表 5-7 列出了 S7-1200 PLC 支持的基本数据类型，同时还包括常量输入实例。所有数据类型都可以在 PLC 变量编辑器和块接口编辑器中使用。

表 5-7　S7-1200 PLC 支持的基本数据类型

变量类型	符号	位数	取值范围	常数举例
位	BOOL	1	1、0	TRUE、FALSE 或 1、0
字节	BYTE	8	16#00 ～ 16#FF	16#12，16#AB
字	WORD	16	16#0000 ～ 16#FFFF	16#ABCD，16#0001
双字	DWORD	32	16000000000 ～ 16#FFFFFFFF	16#02468 ACE
字符	CHAR	8	16#00 ～ 16#FF	'A'，'t'，'@'
有符号字节	SINT	8	−128 ～ 127	123，−123
整数	INT	16	−32768 ～ 32768	123，−123
双整数	DINT	32	−2147483648 ～ 2147483647	123，−123
无符号字节	USINT	8	0 ～ 255	123
无符号整数	UINT	16	0 ～ 65535	123
无符号双整数	UDINT	32	0 ～ 4294967295	123
浮点数（实数）	REAL	32	$\pm 1-155495 \times 10-38$ $\pm 3.402823 \times 108$	12.45，−3.4，−1.2E+12
双精度浮点数	LREAL	64	$\pm 2.2250738585072020 \times 10-308$ $\pm 1.7976931348623157 \times 10018$	12345.12345，−1.2E+40

变量类型	符号	位数	取值范围	常数举例
时间	TIME	32	T#-24d2h3 Im23s648ms ～ T#+24d2h31 m23s647ms	T#ld_2h_15m_30s_45ms

表 5-7 中，数据类型的符号有以下特点：

（1）字节、字和双字均为十六进制数，字符又称为 ASCII 码；

（2）包含 INT 但无 U 的数据类型为有符号整数，包含 INT 又有 U 的数据类型为无符号整数。

（3）包含 SINT 的数据类型为 8 位整数，包含 INT 且无 D 和 S 的数据类型为 16 位整数，包含 DINT 的数据类型为 32 位双整数。

S7-1200 PLC 的 USINT、LREAL 具有以下优点：

（1）使用短整数数据类型，可以节约内存资源；

（2）无符号数据类型可以扩大正数的数值范围；

（3）64 位双精度浮点数可用于高精度的数学函数运算。

2. 复杂数据类型

复杂数据类型是由基本数据类型组成的，不能将任何常量用作复杂数据类型的实参，也不能将任何绝对地址作为实参传送给复杂数据类型。

（1）DTL 数据类型。DTL 数据类型是一种 12 个字节的结构，在预定义的结构中保存了日期和时间信息，包括年、月、日、星期、小时、分、秒和纳秒，其长度为 12 B，可以在全局数据块或块的接口区中定义 DTL 变量。数据结构 DTL（日期时间）如表 5-8 所示。

表 5-8　数据结构 DTL

数据	字节数	取值范围	数据	字节数	取值范围
年	2	1970 ～ 2554	小时	1	0 ～ 23
月	1	1 ～ 12	分钟	1	0 ～ 59
日	1	1 ～ 31	秒	1	0 ～ 59
星期	1	1 ～ 7（日～六）	纳秒	4	0 ～ 999999999

基于 PLC 的电气控制技术与创新应用研究

（2）String 数据类型。字符串（string）数据类型的变量将多个字符保存在一个字符串中，字符串（ASCII 字符）最多有 254 个字符（char），最大长度为 256 个字节，其中前两个字节是用来存储字符串的长度信息的，称为标头。定义字符串的最大长度可以减少它占用的存储空间，例如，定义了字符串"Mystring【12】"之后，字符串 Mystring 的最大长度就只有 12 个字符了。如果字符串的数据类型为 String（没有方括号），则每个字符串变量将占用 256B。

执行字符串指令之前，首先应定义字符串，但不能在变量中定义字符串，只能在代码块的接口区或全局数据块中定义字符串。将 String 输入和输出数据初始化为存储器中的有效字符串，有效字符串的最大长度必须大于 0 且小于 255。String 只能在块接口编辑器中使用，不能用于 I 或 Q 存储区。

3. Array 数据类型

数组（Array）是由相同数据类型的固定个数的多个元素组成的。S7-1200 PLC 只能生成一维数组，数组元素的数据类型可以是所有的基本数据类型。在用户程序中，可以创建包含多个基本类型元素的数组。数组可以在组织块（OB）、功能（FC）、功能块（FB）和数据块（DB）的块接口编辑器中创建，但不能在 PLC 变量编辑器中创建。

S7-1200 PLC 支持的数组格式是"ARRAY【lo...hi】"，下标【lo...hi】是在程序中引用的数组元素。其中，lo 是数组的起始（最低）下标，hi 是数组的结束（最高）下标，元素可以是基本数据类型之一，下标可以为负数。例如，【1...10】表示有 10 个元素，第 1 个元素的地址是【1】，最后一个元素的地址是【10】。除采用【1...10】外，也可以用【0...9】，它只影响元素的访问。在块接口编辑器中创建数组时，要先选择数据类型"ARRAY【lo...hi】类型"，然后编辑"lo""hi"和"类型"。可以在块接口编辑器的"名称"（Name）列中为数组命名，如 #My_Bits【3】，引用数组"My_Bits"的第 3 位；ARRAY【1...10】，BOOL，数组 ARRAY【1...10】of BOOL 包含 10 个布尔值。

-202-

4.Struct 数据类型

Struct 数据类型是由固定个数的元素组成的结构，其元素可以具有不同的数据类型。不同的结构元素可具有不同的数据类型，不能在 Struct 变量中嵌套结构。Struct 变量始终以具有地址的一个字节开始，并占用直到下一个字限制的内存，可应用所有数据类型的值。

对于一个具体的结构体而言，其元素的数量是固定的，这一点与数组相同，但该结构体中各元素的数据类型可以不同，这是结构体与数组的重要区别。PLC 变量表只能定义基本数据类型的变量，不能定义复杂数据类型的变量，但可以在代码块的接口区或全局数据块中定义复杂数据类型的变量。

5. 参数类型

在向 FB 和 FC 的形式参数提供数据时，数据可以是基本数据类型、复杂数据类型、系统数据类型和硬件数据类型，除此之外，还可以使用参数类型。有两个参数类型可供使用，即 Variant 和 Void。Variant 数据类型的参数是指向可变的变量或参数类型的指针，Variant 可以识别结构并指向它们，还可以指向结构变量的单个元件。在存储区中，Variant 参数类型的变量不占用任何空间。Variant 参数类型的属性如表 5-9 所示。Void 参数类型不保存任何值，如果某个功能不需要任何返回值，则可使用此数据类型。

表 5-9　Variant 参数类型的属性

表示法	格式	输入值实例
符号	操作数	MyTag
	数据块、操作数名称、元素	MyDB.StrueltTag.FirsitComponent
绝对	操作数	% MW10
	数据块编号、操作数类型长度	P#DBI0. DBX10.0INTI2

6. 系统数据类型

系统数据类型（SDT）由固定个数的元素组成，它们具有不能更改的不同的数据结构。系统数据类型只能用于某些特定的指令，表 5-10 给出了可以使用的系统数据类型。

表 5-10　系统数据类型

系统数据类型	字节数	描述
IEC_Timer	16	用于定时器指令的定时结构
IEC_SCounter	3	用于数据类型为 SINT 的计数器指令的计数器结构
IEC_USounter	3	用于数据类型为 USINT 的计数器指令的计数器结构
IEC_UCounter	6	用于数据类型为 UINT 的计数器指令的计数器结构
IEC_Counter	6	用于数据类型为 INT 的计数器指令的计数器结构
IEC_DCounter	12	用于数据类型为 DINT 的计数器指令的计数器结构
IEC_UD-Counter	12	用于数据类型为 UDINT 的计数器指令的计数器结构
ErrorStruct	28	编程 V0 访问错误的错误信息结构，用于 GET_ERROR
CONDITIONS	52	定义启动和结束数据接收条件，用于 RCV_GFG 指令
TCON_Param：	64	用于指定存放 PROFINET 开放通信连接描述的数据块的结构
Void	—	该数据类型没有数值，用于输出不需要返回值的场所，如可以用于没有错误信息时的 STATUS 输出

7. 硬件数据类型

硬件数据类型由 CPU 提供，可用的硬件数据类型取决于 CPU 类型，根据硬件配置中设置的模块，存储特定硬件数据类型的常量。在用户程序中插入控制或激活模块的指令时，将使用以硬件数据类型参数作为指令的参数。表 5-11 给出了可以使用的硬件数据类型。

表 5-11　硬件数据类型

硬件数据类型	基本数据类型	描述
HW_ANY	WORD	用于识别任意的硬件部件，如模块等
HW_IO	HW_ANY	用于识别 I/O 部件
HW_SUB-MODULE	HW_10	用于识别重要的硬件部件

硬件数据类型	基本数据类型	描述
HW_INTER-FACE	HW_SUBMODULE	用于识别接口部件
HW_HSC	HW_SUBMODULE	用于识别高速计速器， 如用于 CTRL_HSC 指令
HW_PWM	HW_SUBMODULE	用于识别脉冲宽度调制， 如用于 CTRL PWM 指令
HW_PTO	HW_SUBMODULE	用于在运动控制中识别脉冲传感器
AOM_IDENT	DWORD	用于识别 AS 运动系统中的对象
EVENT_ANY	AOM_IDENT	用于识别任意的事件
EVENT_ATT	EVENT_ANY	用于识别可以动态地指定给一个 OB 的事件， 如用于 ATTACH 和 DETACH 指令
EVENT_HWINT	EVENT_ATT	用于识别硬件中断事件
OB_ANY	INT	用于识别任意的 OB
OB_DELAY	OB_ANY	出现时间延迟中断时，用于识别 OB 调用，如 用于 SRT_DINT 和 CAN_DINT 指令
OB_CYCLIC	OB_ANY	出现循环中断时，用于识别 OB 调用
OB_ATT	OB_ANY	用于识别可以动态地指定给事件的 OB，如用 于 SRT_DINT 和 CAN_DINT 指令
OB_PCYCLE	OB_ANY	用于识别可以指定给循环事件级别的事件 OB
OB_HWINT	OB_ANY	出现硬件中断时，用于识别调用的 OB
OB_DIAC	OB_ANY	出现诊断错误中断时，用于识别调用的 OB
OB_TIMEER-ROR	OB_ANY	出现时间错误时，用于识别调用的 OB
OB_STARTUP	OB_ANY	出现启动事件时，用于识别调用的 OB
PORT	UINT	用于标识通信接口，用于点对点通信
CONN_ANY	WORD	用于识别任意的连接
CONN_OUC	CONN_ANY	用于识别 PROFINET 开放通信的连接

8. 数据类型转换

如果在一个指令（分配或块参数）中链接多个操作数，那这些操作数的数据类型必须是兼容的。如果操作数不是同一数据类型，则必须执行转换，可选择隐式转换或显式转换方式。

（1）隐式转换。执行指令时自动进行转换，如果操作数的数据类型是兼容的，则自动执行隐式转换。但从 REAL 到 TIME 或从 TIME 到 REAL 的转换例外，它们不能进行隐式转换。

（2）显式转换。如果因操作数不兼容而不能进行隐式转换，则可以使用显式转换指令进行，优点是可通过输出 ENO 检测到所有超出范围的情况。图 5-7 为一个执行显式数据类型转换的示例。

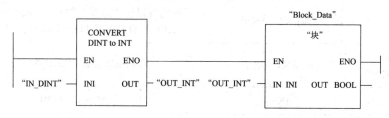

图 5-7　执行显式数据类型转换示例

5.2.3 存储器与地址

1. 存储器

CPU 提供了以下用于存储用户程序、数据和组态的存储器。

（1）装载存储器。装载存储器用于非易失性地存储用户程序、数据和组态。将项目下载到 CPU 后，CPU 会先将程序存储到装载存储区中，该存储区位于存储卡（如存在存储卡）或 CPU 中。CPU 能够在断电后继续保持该非易失性存储区。存储卡支持的存储空间比 CPU 内置的存储空间更大。

（2）工作存储器。工作存储器是易失性存储器，是集成在 CPU 中的高速存取 RAM。它类似于计算机的内存，用于执行用户程序时存储用户项目的某些内容。CPU 会将一些项目内容从装载存储器复制到工作存储器中。该易失性存储区将在断电后丢失，而在恢复供电时由 CPU 恢复。

（3）保持性存储器。保持性存储器用于非易失性地存储限量的工作存储器值。断电过程中，CPU 将使用保持性存储器存储所选用户存储单元的值。如果发生断电或掉电，CPU 将在上电时恢复这些保持性值。

（4）存储卡。可选的存储卡用来存储用户程序，或用于传送程序。

2. 地址

PLC 的存储器分为程序区、系统区和数据区。

系统区用于存放有关 PLC 配置结构的参数，如 PLC 主机及扩展模块的 I/O 配置和编址、配置 PLC 站地址、设置保护口令、停电记忆保持区、软件滤波功能等，存储器为 EEPROM。

数据区是 S7-1200 CPU 所提供的存储器的特定区域。它包括过程映像输入（I）、物理输入（I_：P）、过程映像输出（Q）、物理输出（Q_：P）、位存储器（M）、临时存储器（L）、函数块（FB）的变量和数据块（DB）等。数据区空间是用户程序执行过程中的内部工作区域。数据区使 CPU 的运行更快、更有效。存储器为 EEPROM 和 RAM。

用户对程序区、系统区和部分数据区进行编辑，编辑后写入 PLC 的 EEPROM。RAM 为 EEPROM 存储器提供了备份存储区，在 PLC 运行时动态使用。RAM 由大容量电容作停电保持。

数据区存储器的地址表示格式如下。

每个存储单元都有唯一的地址，用户程序可利用这些地址访问存储单元中的信息。绝对地址由以下元素组成：

①存储区标识符（如 I、Q 或 M）；

②要访问的数据大小（"B"表示 Byte，"W"表示 Word，"D"表示 DWord）；

③数据的起始地址（如字节 3 或字 3）。

访问布尔值地址中的位时，不需输入数据大小的助记符号，仅需输入数据的存储区、字节位置和位位置（如 I0.0、Q0.1 或 M3.4）。如图 5-8 所示，本示例中，存储区和字节地址（M 代表位存储区，3 代表 Byte3）通过后面的句点（"."）与位地址（位 4）分隔。

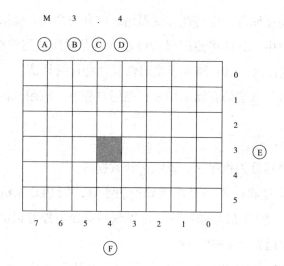

A—存储区标识符；B—字节地址（如"3"）；C—分割符（如"字节 . 位"）；D—位在字节中的位置（如"4"，共 8 位）；E—存储区的字节；F—选定字节的位。

图 5-8　位地址格式

访问字节、字、双字地址数据区存储器区域的格式为 ATx。必须指定区域标识符 A、数据长度 T 以及该字节、字或双字的起始字节地址 x。用 VB100、MW100、VD100 分别表示字节、字、双字的地址。MW100 由 VB100、VB101 两个字节组成，VD100 由 VB100 ～ VB103 四个字节组成。

3. 数据区存储器区域

（1）过程映像输入 / 输出（VQ）。

①过程映像输入（I），也称为输入映像寄存器（I）。PLC 的输入端子是从外部接收输入信号的窗口。每一个输入端子都与输入映像寄存器的相应位相对应。输入点的状态，在每次扫描周期开始时进行采样，并将采样值存放在输入映像寄存器中，作为程序处理时输入点状态的依据。输入映像寄存器的状态只能由外部输入信号驱动，而不能在内部由程序指令来改变。输入映像寄存器的地址格式如下。

位地址：I【字节地址】.【位地址】，如 I0.1。

字节、字、双字地址：I【数据长度】【起始字节地址】，如 IB4、IW6、ID10。

②物理输入（I：P），也称为物理输入点（输入端子），其功能是通过在读指令的位地址 I 偏移量后追加"：P"，来执行立即读取物理输入点的状态（如"%I3.4：P"）。对于立即读取，是直接从物理输入读取位数据值，而非从过程映像中读取。立即读取不会更新对应的过程映像。

③过程映像输出（Q），也称为输出映像寄存器（Q）。每一个输出模块的端子都与输出映像寄存器的相应位相对应。CPU 将输出判断结果存放在输出映像寄存器中，在下一个扫描周期开始时，CPU 以批处理方式将输出映像寄存器的数值复制到相应的输出端子上。通过输出模块将输出信号传送给外部负载。可见，PLC 的输出端子是 PLC 向外部负载发出控制命令的窗口。输出映像寄存器地址格式如下。

位地址：Q【字节地址】.【位地址】，如 Q1.1。

字节、字、双字地址：Q【数据长度】【起始字节地址】，如 QB5、QW8、QD11。

④物理输出（Q：P），也称为物理输出点（输出端子），其功能是通过在写指令的位地址 Q 偏移量后追加"：P"，来执行立即输出结果到物理输出点（如"%Q3.4：P"）。对于立即输出，是将位数据值写入输出过程映像输出并直接写入物理输出点。

（2）位存储器（M）。内部全局标志位存储器，是模拟继电器控制系统中的中间继电器，针对控制继电器及数据的位存储器（M 存储器），用于存储操作的中间状态或其他控制信息。可以按位、字节、字或双字访问位存储器。M 存储器允许读访问和写访问。位存储器（M）的地址格式如下。

位地址：M【字节地址】.【位地址】，如 M26.7。

字节、字、双字地址：M【数据长度】【起始字节地址】，如 MB11、MW23、MD26。

（3）临时存储器（L）。CPU 根据需要分配临时存储器。启动代码块（对于 OB）或调用代码块（对于 FC 或 FB）时，CPU 将为代码块分配临时存储器，并将存储单元初始化为 0。

临时存储器与位存储器类似，但它们有一个主要的区别：位存储器在全局范围内有效，而临时存储器在局部范围内有效。

①位存储器：任何 OB、FC 或 FB 都可以访问位存储器中的数据，也就

是说，这些数据可以全局性地用于用户程序中的所有元素。

②临时存储器（L）：CPU 限定只有创建或声明了临时存储单元的 OB、FC 或 FB 才可以访问临时存储器中的数据。临时存储单元是局部有效的，并且其他代码块不会共享临时存储器，即使在代码块调用其他代码块时也是如此。例如，当 OB 调用 FC 时，FC 无法访问对其进行调用的 OB 的临时存储器。

可以按位、字节、字、双字访问临时存储器，临时存储器的地址格式如下。

位地址：L【字节地址】.【位地址】，如 L0.0。

字节、字、双字地址：L【数据长度】【起始字节地址】，如 LB33、LW44、LD55。

（4）数据块（DB）。DB 存储器用于存储各种类型的数据，其中包括操作的中间状态或 FB 的其他控制信息参数，以及许多指令（如定时器和计数器）所需的数据结构。可以按位、字节、字或双字访问数据块存储器。读/写数据块允许读访问和写访问，只读数据块只允许读访问。数据块（DB）的地址格式如下。

位地址：DB【数据块编号】.DBX【字节地址】.【位地址】，如 DB1.DBX2.3。

字节、字、双字地址：DB【数据块编号】.DB【大小】【起始字节地址】，如 DB1.DBB4、DB10.DBW2、DB20.DBD8。

综上所述，S7-1200 PLC 的常用存储区（存储器）基本功能以及相关约定如表 5-12 所示。

表 5-12 常用存储区基本功能以及相关约定

存储区（符号）	功能说明	强制	保持
过程映像输入（I）	在扫描循环开始时，从物理输入复制的输入值	无	无
物理输入（I：P）	通过该区域立即读取物理输入	支持	无
过程映像输出（Q）	在扫描循环开始时，将输出值写入物理输出	无	无

续 表

存储区（符号）	功能说明	强制	保持
物理输出（Q：P）	通过该区域立即写物理输出	支持	无
位存储器（M）	用于存储用户程序的中间运算结果或标志位	无	支持
临时存储器（L）	块的临时局部数据，只能供块内部使用，只可以通过符合方式来访问	无	无
数据块（DB）	数据存储器与 FB 的参数存储器	无	支持

5.2.4　构建用户程序

SIMATIC S7–1200 PLC 采用模块式编程结构。如图 5-9 所示，为一个用户程序代码块。

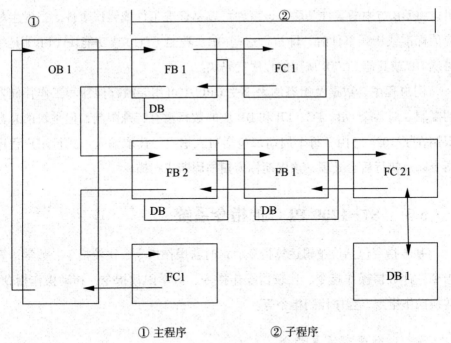

① 主程序　　　　　② 子程序

图 5-9　用户程序代码块

编程以代码块为单位，CPU 支持以下类型的代码块，使用它们可以创建有效的用户程序结构。

（1）组织块（OB）：操作系统与用户程序的接口，用于构架用户程序。

由操作系统调用，OB 间不可互相调用。OB 可调用子函数，如 FB/FC。组织块包括程序循环组织块（扫描循环执行）、启动组织块（启动时执行一次，默认编号 100）、中断组织块。

（2）功能块（FB）：附加背景数据块的子程序，内部含有静态变量，使用背景数据块 DB 来保存该 FB 调用实例的数据值，多数情况下需要多个扫描周期才能执行完毕。

（3）功能（FC）：不附加背景数据块的子程序，内部不含有静态变量，无须附加背景数据块，一个扫描周期内执行完毕。

（4）背景数据块（DB）：保存 FB 的输入、输出变量，含有静态变量。

（5）全局数据块（DB）：存储用户数据，所有代码块共享。

用户程序的执行顺序是，从一个或多个在进入 RUN 模式时运行一次的可选组织块（OB）开始，然后执行一个或多个循环执行的程序循环 OB。还可以将 OB 与中断事件关联，该事件可以是标准事件或错误事件。当发生相应的标准或错误事件时，即执行这些 OB。功能（FC）或功能块（FB）是指可从 OB 或其他 FC/FB 调用的程序代码块。

用户程序、数据及组态的大小受 CPU 中可用装载存储器和工作存储器的限制。对各个 OB、FC、FB 和 DB 块的数目没有特殊限制，但是块的总数限制在了 1024 之内。每个周期都包括写入输出、读取输入、执行用户程序指令以及执行后台处理，该周期称为扫描周期或扫描。

5.3　S7-1200 PLC 的指令系统

基本指令包括位逻辑运算指令、定时器操作指令、比较指令、数学运算指令、计数器操作指令、比较器操作指令、数学函数指令、移动操作指令、转换操作指令、程序控制指令等。

5.3.1　位逻辑运算指令

位逻辑指令，顾名思义，是对位进行操作的指令，适合的数据类型为 BOOL 型，使用时操作数的寻址方式为按位的方式进行寻址。S7-1200 PLC 常用的位逻辑运算指令如表 5-13 所示。

表 5-13 S7-1200 PLC 常用的位逻辑运算指令

指令图形符号	功能描述	指令图形符号	功能描述
—| |—	常开触点	—(s)—	置位线圈
—|/|—	常闭触点	—(R)—	复位线圈
—( )—	输出线圈	—(SEI_BF)—	置位域
—(/)—	取反线圈	—(RSET_BF)—	——
—| NOT |—	取反 RLO	—| P |—	——
RS —R Q— —SI		—| N |—	——
SR —R Q— —SI	RS 置位优先触发器	—(P)—	——
——		—(N)—	——
——	SR 复位优先触发器	P_TRIG —CLK Q—	
		N_TRIG —CLK Q—	

1. 常开触点指令与常闭触点指令

触点指令分为常开触点指令和常闭触点指令。常开触点在指定的位为 1 状态时闭合，为 0 状态时断开；常闭触点在指定的位为 1 状态时断开，为 0

状态时闭合。触点指令中变量的数据类型为位（BOOL）型，在编程时触点可以并联和串联使用，当 I0.0=0，I0.1=0 时，I0.0 的常开触点断开，I0.1 的常闭触点闭合。

2.NOT 取反指令

NOT 指令是用来转换"能流"输入的逻辑状态的。如果没有"能流"流入 NOT 触点，则有"能流"流出；如果有"能流"流入 NOT 触点，则没有"能流"流出。

3. 线圈指令

线圈指令为输出指令，当线圈前面的触点电路接通时，线圈流过"能流"，从而使指定位对应的映像寄存器为 1，反之则为 0。如果是 Q 区地址，CPU 会将输出的值传送给对应的过程映像输出，可以在 Q 地址后加"：P"，这时在将位数据写入过程映像区的同时会直接写到对应的物理输出点。输出线圈指令可以放在梯形图的任意位置，变量类型为 BOOL 型；取反线圈指令中间有"/"符号。

4. 置位复位类指令

S7-1200 PLC 中的置位复位类指令主要包括三种：对单个的位进行置位和复位的指令、对多个连续的位进行置位和复位的指令、置位优先和复位优先指令。

置位（SET）指令将指定的位操作数复位为 1（变为 1 状态并保持），复位（RESET）指令将指定的位操作数复位为 0（变为 0 状态并保持）。

"置位位域"指令 SET_BF 将指定的地址开始的连续的若干个位地址置位（变为 1 状态并保持），"复位位域"指令 RESET_BF 将指定的地址开始的连续的若干个位地址复位（变为 0 状态并保持）。在图 5-10 中，当 I0.0=1 时，Q0.0 ～ Q0.7 连续的 8 个位被置位为 1；当 I0.1=1 时，Q0.0 ～ Q0.7 连续的 8 个位被复位为 0。

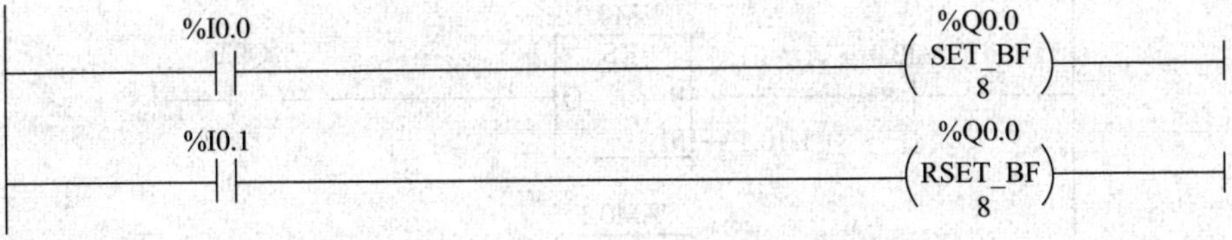

```
        %I0.0                                        %Q0.0
        ┤├                                          ( SET_BF )
                                                         8

        %I0.1                                        %Q0.0
        ┤├                                          ( RSET_BF )
                                                         8
```

图 5-10　置位域和复位域指令示例

置位优先指令（RS）或复位优先指令（SR）在指令上既有置位信号输入端（S），又有复位信号输入端（R），可根据输入 S 和 R 的信号状态来置位和复位指定操作数的位。如果输入 S 的信号状态为"1"且输入 R 的信号状态为"0"，则将指定的操作数复位为"1"；如果输入 S 的信号状态为"0"且输入 R 的信号状态为"1"，则指定的操作数将复位为"0"；如果输入端 S 和输入端 R 的信号都为"1"，则置位优先的指令操作数指定为"1"，复位优先 D 指令操作数指定为"0"。其输入 / 输出关系如表 5-14 所示。

表 5-14　RS 指令和 SR 指令的功能

置位优先指令（RS）			复位优先指令（SR）		
S1	R	指令输出	S	R1	指令输出
0	0	保持前一状态	0	0	保持前一状态
0	1	0	0	1	0
1	0	1	1	0	1
1	1	1	1	1	0

指令示例如图 5-11 所示，当 I0.0=1，I0.1=0 时，Q0.0 复位为 0，Q0.1 置位为 1；当 I0.0=0，I0.1=1 时，Q0.0 置位为 1，Q0.1 复位为 0；当 I0.0=1，I0.1=1 时，Q0.0 优先置位为 1，Q0.1 优先复位为 0。指令上的 M0.0、M0.1 称为标志位，R、S 输入端先对标志位进行置位和复位，然后再将标志位的状态送到输出端。

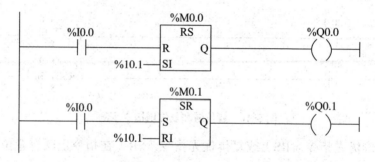

图 5-11　置位优先和复位优先指令示例

5. 沿脉种类指令

（1）边沿检测触点指令。边沿检测触点指令包括 P 触点和 N 触点指令。当触点的值从 "0" 变为 "1"（上升沿）或从 "1" 变为 "0"（下降沿）时，该触点地址保持一个扫描周期的高电平，即对应常开触点接通一个扫描周期。触点边沿指令可以放置在程序段中除分支结尾外的任何位置。在图 5-12 中，当 I0.0=1，且 I0.1 处于从 "0" 到 "1" 的上升沿时，Q0.0 接通一个扫描周期，I0.1 的状态存储在 M0.0 中；当 I0.2 处于从 "1" 到 "0" 的下降沿时，Q0.1 接通一个扫描周期，I0.2 的状态存储在 M0.1 中。

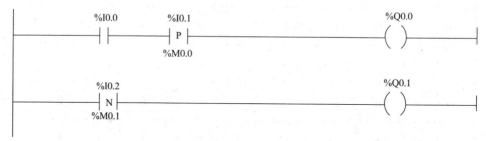

图 5-12　边沿检测触点指令示例

（2）线圈边沿指令。线圈边沿指令包括 P 线圈和 N 线圈，当进入线圈的 "能流" 中出现上升沿或下降沿的变化时，线圈对应的位地址接通一个扫描周期。线圈边沿指令可以放置在程序段中的任何位置。

（3）信号边沿检测指令 TRIC。信号边沿检测指令包括 P_TRIC 和 N_TRIG 指令，当在 "CLK" 输入端检测到上升沿或下降沿时，输出端接通一个扫描周期。

5.3.2　定时器计数器操作指令

定时器和计数器是由集成电路构成的，是 PLC 中的重要硬件编程器件。两者电路结构基本相同，对内部固定脉冲信号计数即为定时器，对外部脉冲信号计数即为计数器。

1. 定时器指令

用户程序中可以使用的定时器数仅受 CPU 存储器容量的限制。每个定时器均使用 16 字节的 IEC_Timer 数据类型的 DB 结构来存储功能框或线圈指令顶部指定的定时器数据。STEP7 会在插入指令时自动创建该 DB。

定时器指令包括脉冲型定时器 TP、接通延时定时器 TON、关断延时定时器 TOF 和保持性接通延时定时器 TONR。

（1）TP（脉冲型定时器）指令。脉冲型定时器可生成具有预设宽度时间的脉冲，指令标识符为 TP。首次扫描，定时器输出 Q 为 0，当前值 ET 为 0。

IN 表示指令使能输入，0 为禁用定时器，1 为启用定时器；PT 表示预设时间的输入；Q 表示定时器的输出状态；ET 表示定时器的当前值，即定时器从启用时刻开始经过的时间。PT 和 ET 以前缀 "T#" + "TIME" 数据类型表示，取值范围为 0 ～ 2147483647 ms。

TP 指令执行时的时序图如图 5-13 所示。由时序图可以得出，在使用 TP 指令时，可以将输出 Q 置位为预设的一段时间，当定时器的使能端 IN 的状态从 OFF 变为 ON 时，可启动该定时器指令，使定时器开始计时。同时输出 Q 置位，并持续预设 PT 时间后复位。在使能端 IN 的状态从 OFF 变为 ON 后，无论后续使能端的状态如何变化，都将输出 Q 置位为 PT 指定的一段时间。若定时器正在计时，则即使检测到使能端的信号再次从 OFF 变为 ON 的状态，输出 Q 的信号状态也不会受到影响。定时器复位的条件为当前值 ET 等于 PT 且 IN 为 OFF，定时器复位的结果是输出 Q 为 0 且当前值 PT 清零。

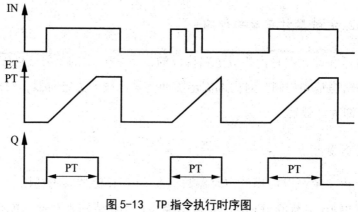

图 5-13　TP 指令执行时序图

（2）TON（接通延时定时器）指令。接通延时定时器会在预设的单一时段延时过后将输出 Q 设置为 ON，定时器的指令标识符为 TON。指令中的引脚定义与 TP 定时器指令的引脚定义一致。

TON 指令执行时的时序图如图 5-14 所示。由时序图可以得出，在使用 TON 指令时，当定时器的使能端 IN 为 1 时，该指令启动。定时器指令启动后开始计时，在定时器的当前值 ET 与设定值 PT 相等时，输出端 Q 输出为 ON。只要使能端的状态仍为 ON，输出端 Q 就保持输出为 ON。若使能端的信号状态变为 OFF，则将输出端 Q 复位为 OFF。在使能端再次变为 ON 时，该定时器功能将再次启动。

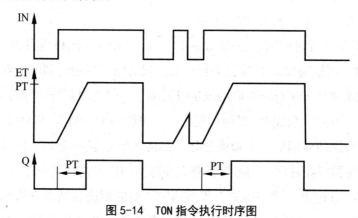

图 5-14　TON 指令执行时序图

（3）TOF（关断延时定时器）指令。关断延时定时器会在预设的单一时段延时过后将输出 Q 重置为 OFF，定时器的指令标识符为 TOF。指令中的引脚定义与 TP/TON 定时器指令的引脚定义一致。

　　TOF 指令执行时的时序图如图 5-15 所示。由时序图可以得出，在使用 TOF 指令时，当定时器的使能端 IN 为 ON 时，将输出端 Q 置位为 ON。当使能端的状态变回 OFF 时，定时器开始计时，当前值 ET 达到预设值 PT 时，将输出端 Q 复位。如果输出使能端的信号状态在 ET 的值小于 PT 值时变为 ON，则复位定时器，输出 Q 的信号状态仍将为 ON。

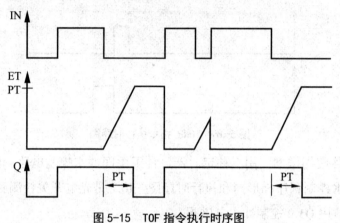

图 5-15　TOF 指令执行时序图

　　（4）TONR（保持性接通延时定时器）指令。保持性接通延时定时器会在预设的多时段累积延时过后将输出 Q 设置为 ON，标识符为 TONR。指令中引脚定义中的 R 表示重置（复位）定时器，其余与 TP/TON 定时器指令的引脚定义一致。

　　保持性接通延时定时器的功能与接通延时定时器的功能基本一致，区别在于，保持性接通延时定时器在定时器的输入端状态变为 OFF 时，定时器的当前值不清零，在使用 R 输入重置（复位）经过的时间之前，会跨越多个定时时段一致累加经过的时间，而接通延时定时器，在定时器的输入端状态变为 OFF 时，定时器的当前值会自动清零。

　　TONR 指令执行时的时序图如图 5-16 所示。由时序图可以得出，在使用 TONR 指令时，当定时器的使能端 IN 为 ON 时，定时器启动。只要定时器的使能端保持为 ON，则记录运行时间。如果使能端变为 OFF，则指令暂停计时。如果使能端变回为 ON，则继续累加记录运行时间。如果定时器的当前值 ET 等于设定值 PT，并且指令的使能端为 ON，则定时器的输出端状态为 1。当定时器的复位端 R 为 ON 时，定时器的当前值清零，输出端的状态变为 OFF。

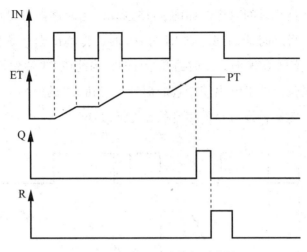

图 5-16　TONR 指令执行时序图

定时器应用举例：用三种定时器设计卫生间冲水控制电路。图 5-17 是卫生间冲水控制程序梯形图和执行时序图。I0.7 是光电开关检测到的有使用者的信号，用 Q1.0 控制冲水电磁阀。

从 I0.7 的上升沿（有人使用）开始，用接通延时定时器 T1 延时 3 s，3 s 后 T1 的常开触点接通，使脉冲定时器 T2 的线圈通电，T2 的常开触点输出一个 4 s 的脉冲。从 I0.7 的上升沿开始，断开延时定时器 T3 的常开触点接通。使用者离开时（在 I0.7 的下降沿），断开延时定时器，开始定时，5 s 后 T3 的常开触点断开。

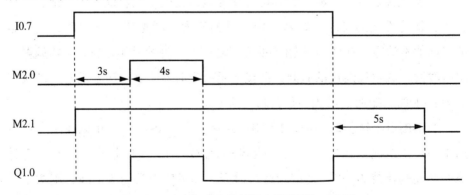

图 5-17　卫生间冲水控制程序梯形图和时序图

2. 计数器指令

计数器是用来累计输入脉冲的次数的，可使用计数器指令对内部程序事件和外部过程事件进行计数。计数器与定时器的结构和使用基本相似，每个计数器都使用数据块中存储的结构来保存计数器数据。用户在编辑器中放置计数器指令时分配相应的数据块，STEP7 会在插入指令时自动创建 DB。编程时需要输入预设值 PV（计数的次数），数据类型可以是 SINT、INT、DINT、USINT、UINT、UDINT。计数器累计它的脉冲输入端电位上升沿个数，当计数值达到预设值 PV 时，会发出中断请求信号，以便 PLC 做出相应的处理。

计数器指令包含加计数器（CTU）指令、减计数器（CTD）指令和加减计数器（CTUD）指令。

（1）CTU 指令。首次扫描，计数器输出 Q 为 0，当前值 CV 为 0。加计数器对计数输入端 CU 脉冲输入的每个上升沿计数 1 次，当前值增加 1 个单位。PV 表示预设计数值，R 用来将计数值重置为零，CV 表示当前计数值，Q 表示计数器的输出参数。

CTU 指令执行时的时序图如图 5-18 所示。当输入信号 CU 的值由 0 变为 1 时，CTU 计数器会使当前计数值 CV 加 1。图中显示了计数值为无符号整数时的运行，预设值 PV 为 3。如果当前 CV 的值大于或等于 PV 的值，则计数器输出参数 Q=1；如果复位参数 R 的值由 0 变为 1，则当前计数值 CV 重置为 0。

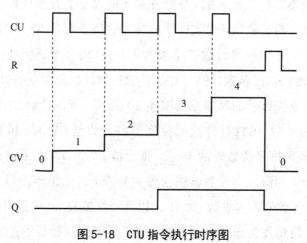

图 5-18　CTU 指令执行时序图

（2）CTD 指令。首次扫描，计数器输出 Q 为 0，当前值 CV 为预设值 PV。减计数器对计数输入端 CD 脉冲输入的每个上升沿计数 1 次，当前值减少 1 个单位。LD 可用来重新装载预设值，PV、CV、Q 与加计数器指令的引脚定义一致。

CTD 指令执行时的时序图如图 5-19 所示。当输入信号 CD 的值由 0 变为 1 时，CTD 计数器会使当前计数值 CV 减 1。图中显示了计数值为无符号整数时的运行，预设值 PV 为 3。如果当前 CV 的值等于或小于 0，则计数器输出参数 Q=1；如果复位参数 LD 的值由 0 变为 1，则预设值 PV 将作为新的当前计数值 CV 装载到计数器中。

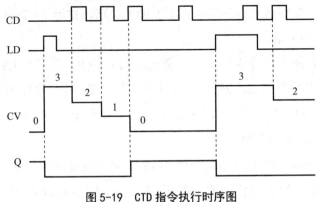

图 5-19　CTD 指令执行时序图

（3）CTUD 指令。首次扫描，计数器输出的 QU 和 QD 均为 0，当前值 CV 为 0。

加减计数器对计数输入端 CU 脉冲输入的每个上升沿计数 1 次，当前值增加 1 个单位；对计数输入端 CD 脉冲输入的每个上升沿计数 1 次，当前值减少 1 个单位。R 用来将计数值重置为零，LD 用来重新装载预设值，QU、QD 表示计数器的输出参数，PV、CV 与 CTU 加计数器指令的引脚定义一致。

CTUD 指令执行时的时序图如图 5-20 所示。当加计数 CU 或减计数 CD 的值由 0 变为 1 时，CTUD 计数器会使当前计数值 CV 加 1 或减 1。图中显示了计数值为无符号整数时的运行，预设值 PV 为 4。如果当前值 CV 的值大于或等于 PV 的值，则计数器输出参数 QU=1；如果当前值 CV 的值等于或小于 0，则计数器输出参数 QD=1；如果复位参数 LD 的值由 0 变为 1，则预设值 PV 的值将作为新的当前计数值 CV 装载到计数器中；如果复位参数 R 的值由 0 变为 1，则当前计数值 CV 重置为 0。

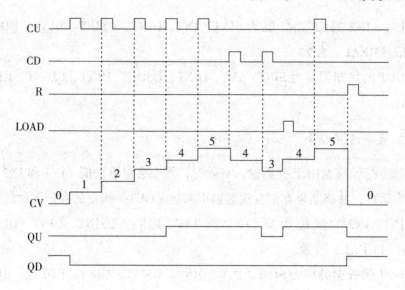

图 5-20　CTUD 指令执行时序图

　　计数器应用举例：设计一个包装用传输带，按下启动按钮启动传送带，每传送 100 件物品，传送带自动停止，然后再按下启动按钮，进行下一轮传送。

5.3.3　数学运算指令

1. 加法运算指令

　　指令标识符 ADD。使能输入有效时，指令会对输入值（IN1 和 IN2）执行相加运算，并将结果存储在通过输出参数（OUT）指定的存储器地址中。

　　IN1、IN2 的数据类型为 SINT、INT、DINT、USINT、UINT、UDINT、REAL、LREAL、常数。

　　OUT 的数据类型为 SINT、INT、DINT、USINT、UINT、UDINT、REAL、LREAL。

2. 减法运算指令

　　指令标识符 SUB。使能输入有效时，指令会对输入值（IN1 和 IN2）执行相减运算，并将结果存储在通过输出参数（OUT）指定的存储器地址中。

IN1、IN2 的数据类型为 SINT、INT、DINT、USINT、UINT、UDINT、REAL、LREAL、常数。

OUT 的数据类型为 SINT、INT、DINT、USINT、UINT、UDINT、REAL、LREAL。

3. 乘法运算指令

指令标识符 MUL。使能输入有效时，指令会对输入值（IN1 和 IN2）执行相乘运算，并将结果存储在通过输出参数（OUT）指定的存储器地址中。

IN1、IN2 的数据类型为 SINT、INT、DINT、USINT、UINT、UDINT、REAL、LREAL、常数。

OUT 的数据类型为 SINT、INT、DINT、USINT、UINT、UDINT、REAL、LREAL。

4. 出发运算指令

指令标识符 DIV。使能输入有效时，指令会对输入值（IN1 和 IN2）执行相除运算，并将结果存储在通过输出参数（OUT）指定的存储器地址中。整数除法运算会截去商的小数部分，以生成整数输出。

IN1、IN2 的数据类型为 SINT、INT、DINT、USINT、UINT、UDINT、REAL、LREAL、常数。

OUT 的数据类型为 SINT、INT、DINT、USINT, UINT、UDINT、REAL、LREAL。

5. 递增和递减指令

递增（INC）、递减（DEC）指令，又称自增和自减指令，是对无符号或有符号整数进行自动增加或减少一个单位的操作。

使能输入有效时，将 IN/OUT 值自增或自减，即 IN_OUT+1=IN_OUT。IN/OUT 的数据类型为 SINT、INT、DINT、USINT、UINT、UDINT。

6. 数学函数指令

使用浮点指令可编写使用 REAL 或 LREAL 数据类型的数学运算程序。

数学函数指令的具体说明参见表 5–16。

表 5–16 数学函数指令说明

指令标识符	指令功能说明
SQR	平方（IN^2=OUT）
SQRT	平方根（$\sqrt{IN}$ =OUT）
LN	自然对数 [LN（IN）= OUT]
EXP	自然指数（e^{IN}=OUT），其中底数 e=2.718 281 828 459 045 235 36
SIN	正弦 [sin（IN 弧度）=OUT]
COS	余弦 [cos（IN 弧度）= OUT]
TAN	正切 [tan（IN 弧度）= OUT]
ASIN	反正弦 [arcsin（IN）=OUT 弧度]，其中 sin（OUT 弧度）= IN
ACOS	反余弦 [arccos（IN）=OUT 弧度]，其中 cos（OUT 弧度）= IN
ATAN	反正切 [arctan（IN）=OUT 弧度]，其中 tan（OUT 弧度）=IN
FRAC	提取小数（浮点数 IN 的小数部分 =OUT）

5.3.4 比较器操作指令

S7-1200 PLC 的比较器操作指令只能对两个具有相同数据类型的操作数进行比较，如表 5–17 所示。其指令分为以下三类。

表 5-17　S7-1200PLC 的比较器操作指令

指令	关系类型	满足以下条件时比较结果为真	支持类型
┤ = = ├ ???	=（等于）	IN1 等于 IN2	SINT，INT，DINT，USINT，UINT，UDINT，REAL，LREAL，STRING，CHAR，TIME.DTL，CONSTANT
┤ < > ├ ???	<>（不等于）	IN1 不等于 IN2	
┤ > = ├ ???	>=（大于等于）	IN1 大于等于 IN2	
┤ < = ├ ???	<=（小于等于）	IN1 小于等于 IN2	
┤ > ├ ???	>（大于）	IN1 大于 IN2	
┤ < ├ ???	<（小于）	IN1 小于 IN2	
IN_RANGE ??? <???>—MIN <???>—VAL <???>—MAX	IN_RANGE（值在范围内）	MIN≤VAL≤MAX	SINT，INT，DINT，USINT，UINT，UDINT，REAL，CONSTANT
OUT_RANGE ??? <???>—MIN <???>—VAL <???>—MAX	OUT_RANGE（值在范围外）	VAL<MIN 或 VAL>MAX	

指令	关系类型	满足以下条件时比较结果为真	支持类型
<???> ─┤ OK ├─	OK （检查有效性）	输入值为有效 REAL 数	REAL， LRCEAL
<???> ─┤NOT_OK├─	NOT_OK （检查无效性）	输入值不是有效 REAL 数	

1. 触点比较指令

触电比较指令是用来比较数据类型相同的两个操作数的大小的。满足比较关系式给出的条件时，等效触点接通。操作数可以是 I、Q、M、L、D 存储区中的变量或常数。比较指令需要设置数据类型，可以设置比较条件。

2. 范围判断指令

"值在范围内"指令 IN_RANGE 与"值超出范围"指令 OUT_RANGE 可以视为一个等效的触点，可以测试输入值是在指定的值范围之内还是之外，输入参数 MIN、MAX 和 VAL 的数据类型必须相同。如果比较结果为 TRUE，则其输出为真，有"能流"流出。

3. OK 和 NOT_OK 触点指令

OK 和 NOT_OK 触点指令是用来检查输入的浮点数数据是否有效的。

5.3.5　数学函数指令

S7-1200 PLC 的数学函数指令如表 5-18 所示，可以分为以下三类。

表 5-18　S7-1200 PLC 的数学函数指令

指令	功能描述	指令	功能描述
CALCU-LATE	计算	SQR	计算平方
ADD	加	SQRT	计算平方根

指令	功能描述	指令	功能描述
SUB	减	LN	计算自然对数
MUL	乘	EXP	计算指数值
DIV	除法	SIN	计算正弦值
MOD	返回除法的余数	COS	计算余弦值
NEG	求二进制补码	TAN	计算正切值
INC	递增	ASIN	计算反正弦值
DEC	递减	ACOS	计算反余弦值
ABS	计算绝对值	ATAN	计算反正切值
MIN	获取最小值	FRAC	返回小数
MAX	获取最大值	EXPT	取幂
LIMIT	设置限值	—	—

1. 四则运算指令

ADD、SUB、MUL 和 DIV 指令可选多种数据类型，如整型、无符号整数、实型、长实型等。IN1 和 IN2 可以是常数，也可以是变量，IN1、IN2 和 OUT 的数据类型应相同。ADD 和 MUL 指令可增加输入个数。

2. CALCULATE 指令

可以用"计算"指令定义和执行数学表达式，并根据所选的数据类型计算复杂的数学运算或逻辑运算。双击指令框中间的数学表达式方框，打开对话框，输入待计算的表达式，表达式只能使用方框内的输入参数 INn 和运算符。可增加输入参数的个数。运行时使用方框外输入的值执行指定的表达式的运算。

3. 浮点数函数运算指令

浮点数数学运算指令的操作数 IN 和 OUT 的数据类型均为 Real；SQRT 和 LN 指令的输入值如果小于 0，则输出 OUT 为无效的浮点数；三角函数指令和反三角函数指令中的角度均是以弧度为单位的浮点数，以度为单位的角度值乘以 1/180，就转换为弧度值。

5.3.8　移动操作指令

移动操作指令如表 5-19 所示，其作用是将数据在不同的区域移动或复制。

表 5-19　移动操作指令

MOVE	移动值	UMOVE_BLK	不可中断存储区移动
FieldRead	读取域	FILL_BLK	填充存储区
FieldWrite	写入域	UFILL_BLK	不可中断存储区填充
MOVE_BLK	存储区移动	SWAP	交换

1. 移动指令

移动指令 MOVE 用于将 IN 输入的源数据传送给 OUTI 输出的目的地址，并且转换为 OUTI 允许的数据类型（与是否进行 IEC 检查有关），而源数据保持不变。MOVE 指令的 IN 和 OUTI 可以是除 BOOL 之外所有的基本数据类型和复杂数据类型，如 DTL、STRUCT、ARRAY 等，IN 还可以是常数。此外，函数还允许增减输出参数的个数。

如果 IN 数据类型的位长度超出 OUTI 数据类型的位长度，则源值的高位丢失；如果 IN 数据类型的位长度小于输出 OUTI 数据类型的位长度，则目标值的高位被改写为 0。

2. 交换指令

交换指令 SWAP 用于交换字或双字中的字节。IN 和 OUT 为数据类型 WORD 时，用交换指令 SWAP 交换输入 IN 的高、低字节后，将结果保存到 OUT 指定的地址；IN 和 OUT 为数据类型 DWORD 时，交换 4 个字节中数据的顺序，交换后将结果保存到 OUT 指定的地址。

3. 填充存储区指令

新建数据块 Data_Block_1（DB1），在 DB1 中创建两个含有 10 个 INT 元素的数组 datal 和 data2。I0.0 的常开触点接通时，"填充存储区"指令 FILL_BLK 将常数 16#1234 填充到数据块 Data_Block_1（DB1）中的数组 datal 中的 10 个整数元素中。"不可中断的存储区填充"指令 UFILL_BLK 将常数 16#5678 填充到数据块 Data_block_1（DB1）中的数组 data2 中的 10 个整数元素中。

"不可中断的存储区填充"指令 UFILL_ BLK 与 FILL_ BLK 指令的功能相同，其填充操作不会被操作系统的其他任务打断。

5.3.9 转换操作指令

S7-1200 PLC 的转换指令如表 5-20 所示，具体包括转换值指令、取整和截尾取整指令、上取整和下取整指令以及标定和标准化指令。

表 5-20 S7-1200PLC 转换指令

指令	功能描述	指令	功能描述
CONV ??? to ??? EN ENO IN OUT <???>	转换值	UMOVE_BLK	不可中断存储区移动
ROUND Real to ??? EN ENO IN OUT <???>	取整	FILL_ BLK	填充存储区
CEIL Real to ??? EN ENO IN OUT <???>	浮点数向上取整	UFILL_ BLK	不可中断存储区填充

续表

指令	功能描述	指令	功能描述
FLOOR Real to ??? EN —— ENO <???>— IN —— OUT	浮点数向下 取整	SWAP	交换

1. 转换值指令

转换值指令 CONV 的参数 IN、OUT 可以设置成多达十余种数据类型，如可以选择位字符串、整数、浮点数、CHAR、WCHAR 和 BCD 码等。EN 输入端有"能流"流入时，用 CONV 指令读取参数 IN 的内容，并根据指令框中选择的数据类型对其进行转换，将转换值存储在输出 OUT 所指定的地址中。

2. 取整和截尾取整指令

取整指令 ROUND 将浮点数转换成四舍五入的双整数；截尾取整指令 TRUNC 仅保留浮点数的整数部分，去掉其小数部分。

3. 上取整和下取整指令

浮点数向上取整指令 CEIL 将浮点数转换为大于或等于它的最小双整数，浮点数向下取整指令 FLOOR 将浮点数转换为小于或等于它的最大双整数。

4. 标定和标准化指令

标准化指令 NORM_X 的整数输入值 VALUE（$MIN \leqslant VALUE \leqslant MAX$）被线性转换（标准化）为 $0.0 \sim 1.0$ 的浮点数，需设置变量的数据类型。

$OUT = (VALUE - MIN) / (MAX - MIN)$

缩放指令 SCALE_X 的浮点数输入值 VALUE（$0.0 \leqslant VALUE \leqslant 1.0$）被线性转换（映射）为 MIN 和 MAX 定义的数值范围之间的整数。其线性关系如图 5-22 所示。

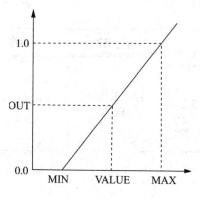

（a）NORM_X 指令的线性关系

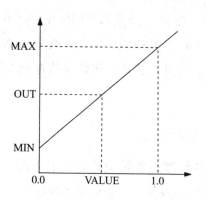

（b）SCALE_X 指令的线性关系

图 5-22　NORM_X 指令和 SCALE_X 指令的线性关系

5.3.10　程序控制指令

跳转指令中止程序的顺序执行，可跳转到指令中的跳转标签所在的目的地址。可以向前或向后跳转，但只能在同一个代码块内跳转。在一个块内，跳转标签的名称只能使用一次，即在一个程序段中不能有重名的跳转标签。标签在程序段的开始处，标签的第一个字符必须是字母。

"RLO 为 1 时，跳转"指令使 JMP 的线圈通电时，跳转到指定的跳转标签；"RLO 为 0 时，跳转"指令使 JMPN 的线圈断电时，跳转到指定的跳转标签；当以上跳转条件不满足时，继续执行跳转指令之后的程序。

5.4　PLC 程序设计方法

5.4.1　编程方法指导

PLC 是专为工业控制而开发的装置，其主要使用者是工厂的广大电气技术人员。为了符合他们的传统习惯和掌握能力，通常 PLC 不采用微机的编程语言，而采用面向控制过程、面向问题的"自然语言"编程。国际电工委员会（IEC）于 1994 年 5 月公布的 IEC 1131-3（可编程控制器语言标准）详细地说明了句法、语义和下述 5 种编程语言：功能表图、梯形图、功能块图、指令表（instruction list）和结构文本。梯形图和功能块图为图形语言，指令表和结构文本为文字语言，功能表图是一种结构块控制流程图。

梯形图是使用最多的图形编程语言，被称为 PLC 的第一编程语言。梯形图与电器控制系统的电路图很相似，具有直观易懂的优点，很容易被工厂电气人员掌握，特别适用于开关量逻辑控制。梯形图常被称为电路或程序，梯形图的设计被称为编程。

1.梯形图的特点

梯形图编程中，常用到以下四个基本概念。

（1）软继电器。PLC 梯形图中的某些编程元件沿用了继电器这一名称，如输入继电器、输出继电器、内部辅助继电器等，但是它们不是真实的物理继电器，而是一些存储单元（软继电器），每一软继电器都与 PLC 存储器中映像寄存器的一个存储单元相对应。该存储单元如果为"1"状态，则表示梯形图中对应软继电器的线圈"通电"，其常开触点接通，常闭触点断开，这种状态被称为该软继电器的"1"或"ON"状态；如果该存储单元为"0"状态，则对应软继电器的线圈和触点的状态与上述相反，称该软继电器为"0"或"OFF"状态。

使用中也常将这些"软继电器"称为编程元件。

（2）能流。如图 5-23 所示，触点 1、2 接通时，有一个假想的"概念电流"或"能流"从左向右流动，这一方向与执行用户程序时逻辑运算的顺序是一致的。能流只能从左向右流动。利用能流这一概念，可以更好地理解和分析梯形图。图 5-23（a）中可能有两个方向的能流流过触点 5（经过触点 1、5、4 或经过触点 3、5、2），这不符合能流只能从左向右流动的原则，因此应改为如图 5-23（b）所示的梯形图。

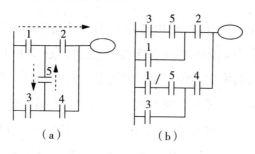

图 5-23　能流示意图

（3）母线。梯形图两侧的垂直公共线称为母线，在分析梯形图的逻辑关系时，为了借用继电器电路图的分析方法，可以想象左右两侧母线（左母线和右母线）之间有一个左正右负的直流电源电压，而母线之间有"能流"从左向右流动。右母线可以不画出。

（4）梯形图的逻辑解算。根据梯形图中各触点的状态和逻辑关系，求出与图中各线圈对应的编程元件的状态，称为梯形图的逻辑解算。梯形图的逻辑解算是按从左至右、从上到下的顺序进行的。解算的结果马上可以被后面的逻辑解算利用。逻辑解算是根据输入映像寄存器中的值，而不是根据解算瞬时外部输入触点的状态来进行的。梯形图按自上而下、从左到右的顺序排列。每个继电器线圈为一个逻辑行，即一层阶梯。每一逻辑行起于左母线，然后是触点的连接，最后终止于继电器线圈或右母线（有些 PLC 右母线可省略）。

2. 梯形图编程的基本原则

PLC 编程应该遵循以下基本原则。

第一，外部输入继电器、输出继电器、内部继电器、定时器、计数器等器件的接点可多次重复使用，无须用复杂的程序结构来减少接点的使用次数。

第二，梯形图的每一行都是从左母线开始的，线圈接在最右边，接点不能放在线圈的右边，如图 5-24 所示。

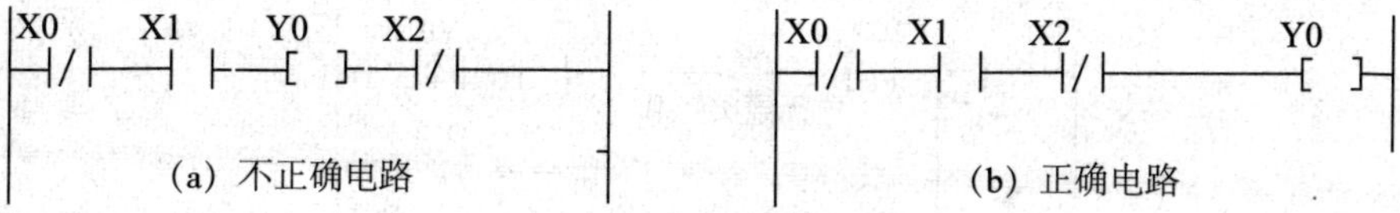

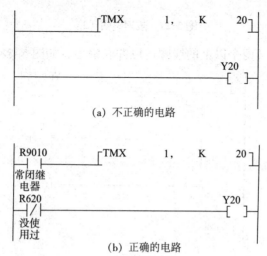

图 5-24　规则说明（1）

　　线圈不能直接与左母线相连，如果需要，可以通过一个没有使用的内部继电器的常闭接点或者特殊内部继电器 R9010（常 ON）的常开接点来连接，如图 5-25 所示。

图 5-25　规则说明（2）

　　同一编号的线圈在一个程序中使用两次称为双线圈输出。双线圈输出容易引起误操作，应尽量避免线圈重复使用。长梯形图程序必须符合顺序执行的原则，即从左到右、从上到下地执行。不符合顺序执行的电路不能直接编程，如图 5-26 所示的桥式电路就不能直接编程。

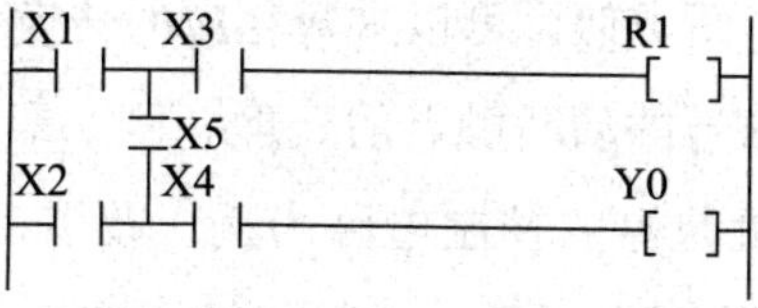

图 5-26　桥式电路

　　在梯形图中，串联接点、并联接点的使用次数没有限制，可无限次使用，如图 5-27 所示。

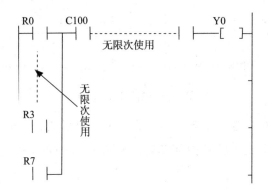

图 5-27 规则说明（3）

第三，两个或两个以上的线圈可以并联输出，如图 5-28 所示。

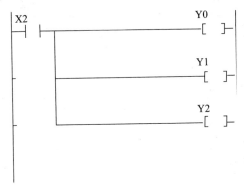

图 5-28 规则说明（4）

3. 动断触点输入的处理

PLC 是继电器控制柜（盘）的理想替代物，在实际应用中，常遇到对老设备的改造，即用 PLC 取代继电器控制柜。这时已有了继电器控制电路图，此电路图与 PLC 的梯形图类似，可以进行相应的转换，但在转换过程中必须注意对作为 PLC 输入信号的动断触点的处理。

以三相异步电动机起停的控制电路为例，改造后的 PLC 输入输出接线如图 5-29（a）所示，从图中可见，这里仍沿用着继电器控制的习惯，启动按钮 SB1 选用动合形式，停止按钮 SB2 选用动断形式。此时如果直接将如图 5-29（b）所示的原继电器控制电路图转换为如图 5-29（c）所示的 PLC 梯形图，运行程序时会发现输出继电器 Y31 无法接通，电动机不能启动。这是由于图 5-29（a）中停止按钮 SB2 的输入为动断形式，在没有按下 SB2 时，此触点始终保持闭合状态，即输入继电器 X02 始终得电，图 5-29（c）梯形图中的 X02 动断触点一直处于断开状态，所以输出继电器 Y31 无法得电，必须将图 5-29（c）梯形图中的 X02 触点形式改变为动合形式，如图 5-29（d）所示，才能满足控制要求。此类梯形图形式与我们的通常习惯并不符合。

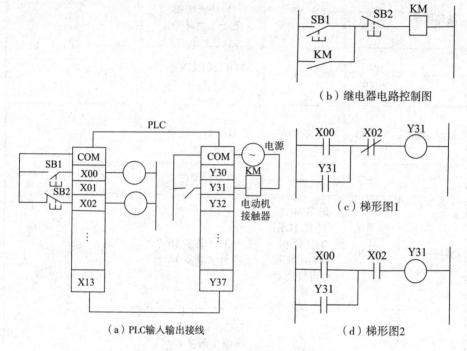

（b）继电器电路控制图

（a）PLC 输入输出接线

（c）梯形图 1

（d）梯形图 2

图 5-29　三相异步电动机起停控制电路

组织块 OB 是操作系统与用户程序的接口，由操作系统调用。组织块除可以用来实现 PLC 的循环扫描控制外，还可以完成 PLC 的启动、中断程序的执行和错误处理等功能。熟悉各类组织块的使用，对于提高编程效率有很大的帮助。

（1）事件和组织块。事件是 S7-1200 PLC 操作系统运行的基础，分为能够启动 OB 的事件和无法启动 OB 的事件两类。能够启动 OB 的事件会调用已分配给该事件的 OB 或按照事件的优先级将其输入队列，如果没有为该事件分配 OB，则会触发默认系统响应。无法启动 OB 的事件则会触发相关事件类别的默认系统响应。

用户程序循环取决于事件和给这些事件分配的 OB，以及包含在 OB 中的程序代码或在 OB 中调用的程序代码。如表 5-21 所示，为能够启动 OB 的事件，其中包括相关的事件类别。

表 5-21　能够启动 OB 的事件

事件类别	OB 号	OB 数目	启动事件	OB 优先级	优先级组
循环程序	1, >=200	>=1	启动或结束 上一个循环 OB	1	1
启动	100, >=200	>=0	STOP 到 RUN 的转换	1	
延时中断	>=200	最多 4 个	延时时间结束	3	
—	—	—	等长时间结束	4	
循环中断	>=200	最多 50 个（通过 1DE-TACH 和 ATTACH 指令可使用更多）	上升沿（最多 16 个）下降沿（最多 16 个）	5	2
硬件中断	—	—	HSC：计数值 = 参考值（最多 6 次）HSC：计数方向变化（最多 6 次）HSC：外部复位（最多 6 次）	6	
错误中断	82	0 或 1	模块检测到错误	9	
时间错误	80	0 或 1	超出最大循环事件	26	3
		0 或 1	仍在执行所调用的 OB 队列溢出因中断负载过高而导致中断丢失		

无法启动 OB 的事件如表 5-22 所示，其响应由操作系统完成。

表 5-22　无法启动 OB 的事件

事件类别	事件	事件优先级	系统响应
插入 / 卸下	插入 / 卸下模块	21	STOP
访问错误	过程映像更新期间的 I/O 访问错误	22	忽略
编程错误	块中的编程错误（如果激活了本地错误处理，则会执行块中的错误程序）	22	STOP
I/O 访问错误	块中的 I/O 访问错误（如果激活了本地错误处理，则会执行块程序中的错误处理程序）	24	STOP
超出最大循环时间两倍	超出最大循环时间两倍	27	STOP

（2）启动组织块。接通 CPU 后，S7-1200 PLC 在开始执行用户程序之前，首先执行启动程序，可以在启动 OB 时为所设计的程序指定需要的初始化变量。允许在用户程序中创建一个或多个启动 OB，当然也可以一个也不创建。启动组织块的编号为 100 或大于等于 200，可以手动设置或由系统自动指定。

S7-1200 PLC 支持三种启动模式：不重新启动模式、暖启动 RUN 模式和暖启动断电前的工作模式。不管选择哪种启动模式，已编写的所有启动 OB 都会执行。

S7-1200 暖启动期间，所有非保持性位存储器内容都将被删除，并且非保持性数据块内容将复位为来自装载存储器的初始值。保持性存储器和数据块内容将保留。

启动程序在从"STOP"模式切换到"RUN"模式期间执行一次。输入过程映像中的当前值对于启动程序不能使用，也不能设置。启动 OB 执行完毕后，将读入输入过程映像并启动循环程序。启动程序的执行没有时间限制。

当启动 OB 被操作系统调用时，用户可以在局部数据堆栈中获得规范化的启动信息。启动 OB 声明表中变量的含义如表 5-23 所示。可以利用声明表中的符号名来访问启动信息，用户还可以补充 OB 的局部变量表。

表 5-23　启动 OB 声明表中变量的含义

变量	类型	描述
LostRetentive	BOOL	=1，如果保持性数据存储区已丢失
LostRTC	BOOL	=1，如果实时时钟已丢失

（3）循环中断组织块。循环中断组织块主要用于按一定时间间隔循环执行中断程序，如周期性地定时执行闭环控制系统的 PID 运算程序等。循环中断 OB 与循环程序执行无关。循环中断 OB 的启动时间是通过循环时间基数和相位偏移量来指定的。循环时间基数定义循环中断 OB 启动的时间间隔，是基本时钟周期 1ms 的整数倍，循环时间的设置范围为 1 ~ 6000 ms。相位偏移量是与基本时钟周期相比启动时间有所偏移的时间。如果使用多个循环中断 OB，当这些循环中断 OB 的时间基数有公倍数时，可以使用该偏移量防止多个程序同时启动。

下面给出了使用相位偏移的实例。假设已在用户程序中插入两个循环中断 OB：循环中断 OB201 和循环中断 OB202。对于循环中断 OB201，已设置时间基数为 20 ms；对于循环中断 OB202，已设置时间基数为 100 ms。时间基数 100 ms 到期后，循环中断 OB201 第五次到达启动时间，而循环中断 OB202 是第一次到达启动时间，此时需要设置其中一个循环中断 OB 的偏移，为其输入相位偏移量。

用户定义时间间隔时，必须确保在两次循环中断之间的时间间隔中有足够的时间处理循环中断程序。各循环中断 OB 的执行时间必须明显小于其时间基数。如果尚未执行完循环中断 OB，但周期时间已到导致执行再次暂停，则将启动时间错误 OB。

（4）硬件中断组织块。硬件中断 OB 用来响应特定事件，最多可使用 50 个硬件中断 OB，它们在用户程序中彼此独立。使用时只能将触发报警的事件分配给一个硬件中断 OB，而一个硬件中断 OB 可以对应多个事件。

高速计数器和输入通道可以触发硬件中断。对于将触发硬件中断的各高速计数器和输入通道，需要组态触发硬件中断的过程事件，如高速计数器的计数方向的改变，并为该过程事件分配对应的硬件中断 OB 的编号。

　　触发硬件中断后，操作系统将识别输入通道或高速计数器，并确定所分配的硬件中断 OB。如果没有其他中断 OB 激活，则调用所确定的硬件中断 OB；如果已经在执行其他中断 OB，则硬件中断将被置于与其同优先等级的队列中。所分配的硬件中断 OB 完成执行后，即可确认该硬件中断。

　　如果在对硬件中断进行标志和确认的这段时间内，在同一模块中发生了触发硬件中断的另一事件，若该事件发生在先前触发硬件中断的通道中，则不会触发另一个硬件中断。只有确认当前硬件中断后，才能触发其他硬件中断，若该事件发生在另一个通道中，则将触发硬件中断。只有在 CPU 处于"RUN"模式时，才会调用硬件中断 OB。

　　（5）延时中断组织块。延时中断组织块是用来编写延时中断程序的。在某个特定事件出现时，如特定的输入出现下降沿或上升沿，可以通过 SRT_DINT 指令启动延时中断程序，延时时间在 SRT_DINT 中指定，时间精度为 1ms，同时还可通过 RET_VAL 检测指令执行是否正常。与 PLC 中常用的定时器延时不同，延时中断组织块的定时精度不受循环周期的影响，因而可以获得较高精度的延时。

　　总之，要使用延时中断 OB，需要调用指令 SRT-DINT 且将延时中断 OB 作为用户程序的一部分下载到 CPU，只有在 CPU 处于"RUN"模式时，才会执行延时中断 OB。暖启动将清除延时中断 OB 的所有启动事件。可以使用中断指令 DIS-AIRT 和 EN-AIRT 来禁用和重新启用延时中断。如果执行 SRT-DINT 之后使用 DIS-AIRT 禁用中断，则该中断只有在 EN-AIRT 启用后才会执行，延迟时间将相应延长。

　　（6）时间错误组织块。在用户程序中只能使用一个时间错误中断组织块。在以下事件发生时，操作系统将自动进行调用。

　　第一，循环程序超出最大循环时间。

　　第二，被调用的 OB（如延时中断 OB 和循环中断 OB）当前正在执行。

　　第三，中断 OB 队列发生溢出。

　　第四，中断负载过大而导致中断丢失。

　　时间错误中断 OB 的启动信息含义如表 5-24 所示。

表 5-24 时间错误中断 OB 启动信息的含义

变量	数据类型	描述
Fault_id	BYTE	0×01：超出最大循环时间 0×02：仍在执行被调用 OB 0×07：队列溢出 0×09：中断负载过大导致中断丢失
Csg_OBnr	OB_ANY	出错时要执行的 OB 编号
Csg_prio	UINT	出错时执行的 OB 的优先级

（7）诊断组织块。可以为具有诊断功能的模块启用诊断错误中断功能，使模块能检测到 I/O 状态的变化，因此，模块会在出现故障（进入事件）或故障不再存在（离开事件）时触发诊断错误中断。如果没有其他中断 OB 激活，则调用诊断错误中断 OB。若已经在执行其他中断 OB，则诊断错误中断将置于同优先级的队列中。

在用户程序中只能使用一个诊断错误中断 OB。诊断错误中断 OB 的启动信息如表 5-25 所示。表 5-26 列出了局部变量 IO_state 所能包含的可能 I/O 状态。

表 5-25 诊断错误中断 OB 启动信息

变量	数据类型	描述
IO_state	WORD	包含具有诊断功能的模板的 I/O 状态
laddr	HW_ANY	HW-ID
Channel	UINT	通信编号
multi_error	BOOL	为 1 表示有多个错误

表 5-26 IO_state 状态

IO_state	含义
位 0	组态是否正确，为 1 表示组态正确
位 4	为 1 表示存在错误，如断路等
位 5	为 1 表示组态不正确

IO_state	含义
位 6	为 1 表示发生了 I/O 访问错误，此时程序包含存在访问错误的 VO 的硬件标识符

5.4.2　PLC 主要编程方法分析

PLC 有三种编程方法：线性化编程、模块化编程和结构化编程。

线性化编程是指将整个用户程序放在主程序 OBI 中，利用 PLC 的循环扫描方式执行主程序中的全部指令。其特点是结构简单，但效率低下。当某些相同或相近的操作需要多次执行时，需要重复编写程序，从而造成不必要的重复工作。另外，这种方式的程序结构不清晰，给管理和调试带来了不便。所以在编写大型程序时，应避免线性化编程。

模块化编程是指将程序根据功能分为不同的逻辑块，对每一逻辑块分别编写子程序，然后在 OBI 中根据不同的条件调用不同的子程序。这种方式的特点是可以将大程序进行合理的分解，利于多人分工合作，并方便调试。由于各逻辑块是有条件地调用的，所以可以提高 CPU 的利用率。

结构化编程是指将过程要求类似或相关的任务进行归类，利用接口参数进行程序的封装，并利用功能 FC 或功能块 FB 进行编程，以形成通用性的解决方案。这种方式通过不同的参数调用同一功能 FC，或通过不同的背景数据块调用同一功能块 FB，以实现不同的控制目的。其特点是接口统一，代码的复用率高，方便用户使用，但要求程序员能对系统功能进行合理分析、分解和综合，对设计人员的要求较高。

1. 模块化编程

模块化编程中 OBI 起着主程序的作用，不同的功能（FC）或功能块（FB）用于实现不同的功能任务，并在主程序中被调用，且这些功能模块，即子程序不需要向调用块返回数据。

2. 线性化编程

线性化编程类似于硬件继电器控制电路，整个用户程序放在循环控制组织块 OB1（主程序）中，如图 5-30 所示。循环扫描时不断地依次执行 OB1 中的全部指令。线性化编程具有不带分支的简单结构，即一个简单的程序块包含系统的所有指令。这种方式的程序结构简单，不涉及功能块（FB）、功能（FC）、数据块（DB）、局域变量和中断等较复杂的概念，容易入门。

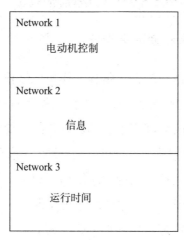

图 5-30　某电机控制及信息显示程序的线性化组成示意图

　　由于所有的指令都在一个块中，即使程序中的某些部分在大多数时候并不需要执行，但循环扫描工作方式中每个扫描周期都要扫描执行所有的指令，CPU 额外增加了不必要的负担，没有充分利用。此外如果要去多次执行相同或类似的操作，线性化编程的方法需要重复编写相同或类似的程序。通常不建议用户采用线性化编程的方式，除非是刚入门或者程序非常简单。

　　3. 结构化编程

　　当任务要求中出现多个类似的功能时，采用模块化编程方法将不可避免地出现大量的重复代码，这时可以利用结构化编程方法对其进行优化，即对功能块的输入 / 输出进行封装。当采用不同的参数进行功能（FC、FB）调用时，程序可实现对不同对象的控制，这就是结构化编程的意义所在。

　　结构化编程有如下优点：

　　①程序只须生成一次，减少了编程时间；

　　②该块只在用户存储器中保存一次，降低了存储容量；

　　③该块可以利用不同的参数多次调用，完成性质相同的功能。

　　结构化编程会涉及 FC 和 FB 的局部存储区，局部变量的名字和大小必须在块的声明部分确定，每一参数占一行。如果需要定义多个参数，可以用回车键来增加新的参数定义行，也可以选中一个定义行后，通过菜单命令"插入"→"声明行"来插入一个新的参数定义行。当块已被调用后，再插入或删除定义行，就属于改变了程序结构，这时必须重新编写调用指令，否则会报块的一致性错误。此时可以通过程序编辑器手动或自动地更新调用，自动方式是选择"选项"→"块调用"→"更新所有块调用"，从而解决这个问题。

形式参数的类型及作用如表 5-27 所示。

表 5-27　形式参数的类型及作用

输入参数	Input	只读，将数据传入程序	在块的左侧
输出参数	Output	只写，将数据传出程序	在块的右侧
输入 / 输出参数	InOut	可读写，数据的输入输出	在块的左侧
返回参数	Return	只写，将数据传出程序	在块的右侧
临时参数	Temp	可读写，程序内使用	不显示

5.4.3　使用数据块 DB

用户在项目开发中，除了进行程序设计外，还需要保存各种数据。数据是以变量的形式进行存储的，通过存储地址和数据类型来确保数据的唯一性。数据的存储地址包括 I/O 映像区、位存储器、局部存储区和数据块等，数据块需要占用用户的存储器空间；数据类型有位、字节、字、双字等形式，访问数据块中的数据是通过符号或绝对地址的形式进行的。

根据数据块的使用范围，可将其分为全局数据块（也叫共享数据块）和背景数据块。用户程序中的所有逻辑块都可以访问全局数据块中的信息，而背景数据块只能分配给特定的 FB，并且仅能在所分配的 FB 中使用。

全局数据块需要用户进行创建和声明各种变量，在数据块中声明所需的变量名及类型，用以存储数据；背景数据块是 FB 的"私有存储器区"，FB 的参数和静态变量安排在它对应的背景数据块中。背景数据块无须用户生成，是由编辑器自动生成的。

5.4.4 功能表图设计法

PLC 在控制系统的应用中，外部硬件接线部分较为简单，对被控对象的控制作用都体现在 PLC 的程序上。因此，PLC 程序设计的好坏，直接影响着控制系统的性能。PLC 在逻辑控制系统中的程序设计方法主要有经验设计法、逻辑设计法和继电器控制电路移植法三种。

经验设计法实际上沿用了传统继电器系统电气原理图的设计方法，即在一些典型单元电路（梯形图）的基础上，根据被控对象对控制系统的具体要求，不断地修改和完善梯形图。有时需要多次反复调试和修改梯形图，增加很多辅助触点和中间编程元件，才能得到一个较为满意的结果。这种设计方法没有规律可遵循，具有很大的试探性和随意性，最后的结果因人而异。设计所用时间、设计质量与设计者的经验有很大关系，所以称之为经验设计法，一般可用于较简单的梯形图程序设计。

继电器控制电路移植法，主要用于继电器控制电路改造时的编程，按原电路图的逻辑关系对照翻译即可。

在逻辑设计法中，最为常用的是功能表图设计法（又称顺序控制设计法）。本节将主要介绍功能表图的绘制方法。

在工业控制领域中，顺序控制的应用很广，尤其在机械行业，几乎无一例外地利用顺序控制来实现加工的自动循环。可编程控制器的设计者们继承了顺序控制的思想，为顺序控制程序的编制提供了大量通用和专用的编程元件，开发了专门供编制顺序控制程序使用的功能表图，使这种先进的设计方法成为当前 PLC 程序设计的主要方法。

这种设计方法很容易被初学者接受，程序的调试、修改和阅读也很容易，并且大大缩短了设计周期，提高了设计效率。

1.功能表图的设计

（1）步的划分。分析被控对象的工作过程及控制要求，将系统的工作过程划分成若干阶段，这些阶段叫作"步"。步是根据 PLC 输出量的状态划分的，只要系统的输出量状态发生变化，系统就会从原来的步进入新的步。如图 5-31（a）所示，某液压动力滑台的整个工作过程可划分为四步，即 0 步

A、B、C 均不输出；1 步 A、B 输出；2 步 B、C 输出；3 步 C 输出。在每一步内，PLC 各输出量状态均保持不变。

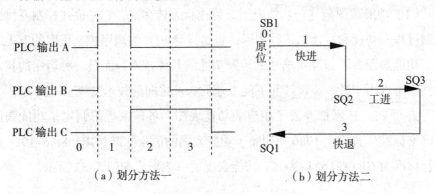

（a）划分方法一　　　　　　　　（b）划分方法二

图 5-31　步的划分

　　步也可根据被控对象工作状态的变化来划分，但被控对象的状态变化应该是由 PLC 输出状态的变化引起的。如图 5-31（b）所示，初始状态是停在原位不动，当得到启动信号后开始快进，快进到加工位置转为工进，到达终点加工结束又转为快退，快退到原位停止，又回到初始状态。因此，液压滑台的整个工作过程可以划分为停止（原位）、快进、工进、快退四步。但这些状态的改变都必须是由 PLC 输出量的变化引起的，否则就不能这样划分。例如，若从快进转为工进的过程与 PLC 输出无关，那么快进、工进只能算一步。

　　总之，步的划分应以 PLC 输出量状态的变化为基准，因为我们是为了设计 PLC 控制的程序，所以 PLC 输出状态没有变化时，就不存在程序的变化。

　　（2）转换条件的确定。确定各相邻步之间的转换条件是顺序控制设计法的重要步骤之一。转换条件是使系统从当前步进入下一步的条件。常见的转换条件有按钮、行程开关、定时器和计数器触点的动作（通/断）等。

　　如图 5-31（b）所示，滑台由停止（原位）转为快进，其转换条件是按下启动按钮 SBI（即 SBI 的动合触点接通）；由快进转为工进的转换条件是行程开关 SQ2 动作；由工进转为快退的转换条件是终点行程开关 SQ3 动作；由快退转为停止（原位）的转换条件是原位行程开关 SQ1 动作。转换条件也可以是若干个信号的逻辑（与、或、非）组合，如 A1、A2、B1+B2。

2. 功能图表的绘制方法

（1）功能表图概述。功能表图又称作状态转移图，它是描述控制系统的控制过程、功能和特性的一种图形，也是设计 PLC 的顺序控制程序的有力工具。功能表图并不涉及所描述的控制功能的具体技术，而是一种通用的技术语言，可以用于进一步设计和不同专业的人员之间的技术交流。

各个 PLC 厂家都开发了相应的功能表图，各国家也都制定了功能表图的国家标准。我国于 1986 年颁布了功能表图的国家标准（GB6988.6-1986），现行标准为 GB1T21654-2008。功能表图的一般形式如图 5-32 所示。

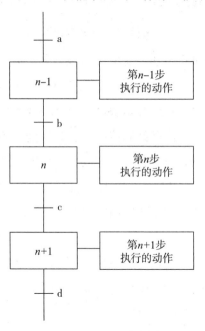

图 5-32　功能表图的一般形式

①步。在功能表图中用矩形框表示，如 8 ，方框内是该步的编号。如图 5-32 所示，各步的编号为 $n-1$、n、$n+1$。编程时一般用 PLC 内部编程元件来代表各步，因此经常直接用代表该步的编程元件的元件号作为步的编号，如 M300 等，这样在根据功能表图设计梯形图时较为方便。

②初始步。即与系统的初始状态相对应的步。初始状态一般是系统等待启动命令的相对静止的状态。初始步在功能表图中用双线方框表示，每一个功能表图至少应该有一个初始步。

③活动步。当系统正处于某一步时，该步处于活动状态，称该步为"活动步"。步处于活动状态时，相应的动作被执行。若为保持型动作，则该步不活动时继续执行该动作；若为非保持型动作，则该步不活动时动作也停止执行。一般在功能表图中保持型的动作应该用文字或助记符标注，而非保持型动作不要标注。

④动作。一个控制系统可以划分为被控系统和施控系统，如在数控车床系统中，数控装置是施控系统，而车床是被控系统。对于被控系统，在某一步中要完成某些"动作"；对于施控系统，在某一步中要向被控系统发出某些"命令"。"动作"或"命令"被简称为动作，并用矩形框中的文字或符号表示，该矩形框应与相应的步的符号相连。如果某一步有几个动作，则可以用如图 5-32 所示的两种画法来表示。但是图中并不隐含这些动作之间的任何顺序。

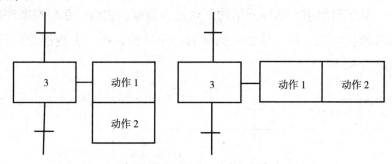

图 5-33　多个动作的画法

（2）有向连线、转换和转换条件。如图 5-32 所示，步与步之间用有向连线连接，并且用转换将步分隔开。步的活动状态进展是按有向连线规定的路线进行的。有向连线上无箭头标注时，其进展方向是从上到下、从左到右。如果不是上述方向，应在有向连线上用箭头注明方向。步的活动状态进展是由转换来完成的。转换用与有向连线垂直的短划线来表示。步与步之间不允许直接相连，必须由转换隔开，而转换与转换之间也同样不能直接相连，必须由步隔开。转换条件是与转换相关的逻辑命题。转换条件可以用文字语言、布尔代数表达式或图形符号标注在表示转换的短划线旁边。

转换条件 X 和 $\overline{X}$ 分别表示的是，当二进制逻辑信号 X 为"1"和"0"状态时条件成立；转换条件 $X\uparrow$ 和 $X\downarrow$ 分别表示的是，当 X 从"0"（断开）

到"1"（接通）和从"1"到"0"状态时条件成立。

步与步之间要实现转换应同时具备两个条件：前级步必须是"活动步"；对应的转换条件成立。

当同时具备以上两个条件时，步的转换才能实现，即所有由有向连线与相应转换符号相连的后续步都变为活动，而所有由有向连线与相应转换符号相连的前级步都变为不活动。例如，图 5-32 中，n 步为活动步的情况下转换条件 c 成立，则转换实现，即 $n+1$ 步变为活动，而 n 步变为不活动。如果转换的前级步或后续步不止一个，则同步实现转换。

3. 功能表图的基本结构

根据步与步之间转换的不同情况，功能表图有以下几种不同的基本结构形式。

（1）单序列结构。单序列结构形式最为简单，它由一系列按顺序排列、相继激活的步组成。每一步的后面只有一个转换，每一个转换后面只有一步，如图 5-34 所示。

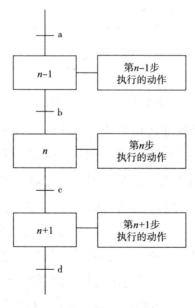

图 5-34　单序列结构

（2）并列序列结构。并列序列也有开始与结束之分。并列序列的开始也称为分支，并列序列的结束也称为合并。如图 5-35（a）所示，为并列序列的分支，它是指当转换实现后将同时使多个后续步激活。为了强调转换的同步实现，水平连线用双线表示。如果步 3 为活动步，且转换条件 e 也成立，则 4、6、8 三步同时变成活动步，而步 3 变为不活动。应当注意的是，当步 4、6、8 被同时激活后，每一序列接下来的转换都将是独立的。如图 5-35（b）所示，为并列序列的合并。只有当直接在双线上的所有前级步 5、7、9 都为活动步，且转换条件 d 成立时，才能使转换实现，即步 10 变为活动步，而步 5、7、9 均变为不活动步。

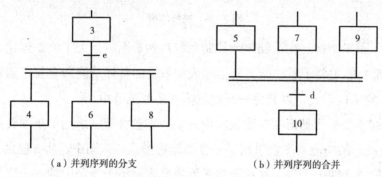

（a）并列序列的分支　　　　　　　（b）并列序列的合并

图 5-35　并列序列

（3）选择序列结构。选择序列有开始和结束之分。选择序列的开始称为分支，选择序列的结束称为合并。选择序列的分支是指一个前级步后面紧接着有若干个后续步可供选择，各分支都有各自的转换条件。分支中表示转换的短划线只能标在水平线之下。

如图 5-36（a）所示，为选择序列的分支。假设步 4 为活动步，如果转换条件 a 成立，则步 4 向步 5 转换；如果转换条件 b 成立，则步 4 向步 7 转换；如果转换条件 c 成立，则步 4 向步 9 转换。分支中一般同时只允许选择其中一个序列。

选择序列的合并是指几个选择分支合并到一个公共序列上。各分支也都有各自的转换条件，转换条件只能标在水平线之上。

如图 5-36（b）所示，为选择序列的合并。如果步 6 为活动步，且转换条件 d 成立，则由步 6 向步 11 转换；如果步 8 为活动步，且转换条件 e 成立，则步 8 向步 11 转换；如果步 10 为活动步，且转换条件 f 成立，则步 10 向步 11 转换。

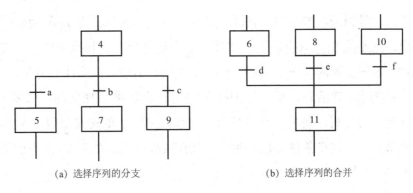

(a) 选择序列的分支   (b) 选择序列的合并

图 5-36 选择序列

（4）子步结构。在绘制复杂控制系统功能表图时，为了使总体设计时容易抓住系统的主要矛盾，能更简洁地表示系统的整体功能和全貌，通常采用"子步"的结构形式，以避免一开始就陷入某些细节中。

所谓子步结构是指在功能表图中，某一步包含着一系列子步和转换。如图 5-36 所示的功能表图就采用了子步的结构形式。该图中，步 5 包含了 5.1、5.2、5.3、5.4 四个子步。这些子步序列通常表示整个系统中的一个完整子功能，类似于计算机编程中的子程序。因此，设计时只需要先画出简单的、描述整个系统的总功能表图，然后再进一步画出更详细的子功能表图即可。子步中可以包含更详细的子步。这种采用子步的结构形式逻辑性强，思路清晰，可以减少设计错误，缩短设计时间。

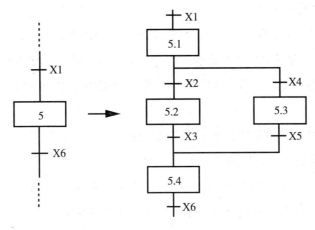

图 5-37 子步结构

（5）跳步、重复和循环序列。除以上单序列、并行序列、选择序列和子步四种基本结构外，在实际系统中还经常使用跳步、重复和循环序列等特殊序列。这些序列实际上都是选择序列的特殊形式。

如图 5-38（a）所示，为跳步序列，当步 3 为活动步时，如果转换条件 e 成立，则跳过步 4 和步 5 直接进入步 6。

如图 5-38（b）所示，为重复序列，当步 6 为活动步时，如果转换条件 d 不成立而条件 e 成立，则重新返回步 5，重复执行步 5 和步 6。直到转换条件 d 成立，重复结束，转入步 7。

如图 5-38（c）所示，为循环序列，在序列结束后，即步 3 为活动步时，如果转换条件 e 成立，则直接返回初始步 0，形成系统的循环。

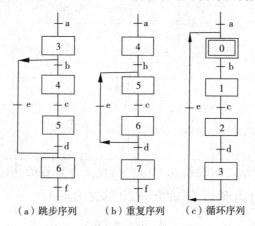

（a）跳步序列　（b）重复序列　（c）循环序列

图 5-38　跳步、重复和循环序列

在实际控制系统中，功能表图中往往不是单一地含有上述某一种序列，而经常是上述各种序列结构的组合。

4. 举例

本节已分析过组合机床液压动力滑台的自动工作过程，可划分为如图 5-39 所示的原位、快进、工进、快退四步，且各步之间的转换条件也已确定。每一步要执行的动作见液压元件动作表（表 5-28），YVI、YV2、YV3 为液压电磁阀。

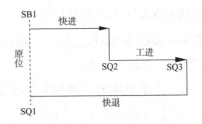

图 5-39　液压动力滑台自动工作循环示意图

表 5-28　液压元件动作表

工步	元件		
	YV1	YV2	YV3
原位	–	–	–
快进	+	–	–
工进	+	–	+
快退	–	+	–

如图 5-40 所示，为液压动力滑台自动工作过程的功能表图。原位为步 0（初始步），快进为步 1，工进为步 2，快退为步 3。

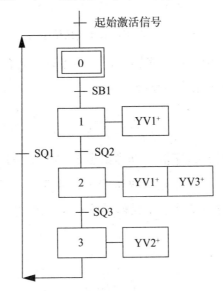

图 5-40　液压动力滑台自动工作过程

图 5-40 只是描述了液压动力滑台自动循环的工作过程，而实际的液压

动力滑台除实现自动循环工作外，还要实现滑台的快进、快退点动等调整工作。假设用转换开关 SA 来选择自动和点动两种工作方式，SB2 为点动前进按钮，SB3 为点动后退按钮，则液压动力滑台系统的功能表图如图 5-41 所示。

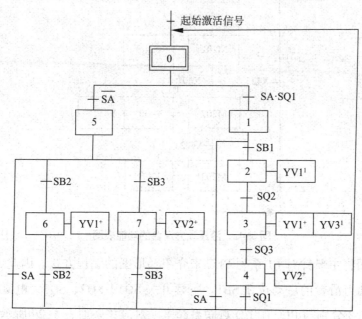

图 5-41　系统功能表图

为了使液压动力滑台只有在原位时才开始自动工作，采用了 SA 与 SQ1 相与作为进入自动工作的转换条件。当处于自动工作的步 1（原位）时，在按 SB1 之前如果又重新选择点动，应能返回到点动工作的步 5，所以在步 1 后加 SA 用以返回点动状态 5。同理，处于点动工作的步 5 也应能返回自动工作方式，所以在步 5 之后又加 SA，用以返回自动状态 1。此种方法出现了只有两步的小闭环形式。点动前进和后退的结束直接采用点动前进和后退按钮控制，当 SA 的状态没有发生变化时，点动结束仍回到点动状态 5。

5.4.5　程序设计案例：根据功能表图编制梯形图

组合机床液压动力滑台自动工作循环时的功能表图如图 5-42 所示。这种功能表图对任何型号的 PLC 都是通用的，它并未涉及具体技术问题，只是对系统自动循环工作过程做了全面的描述。因此，要将它变成具体的梯形图程序，还需要与某种具体型号的 PLC 有机地联系起来。

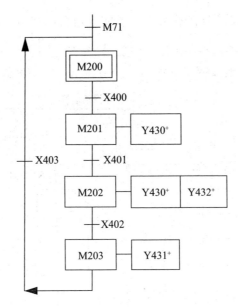

图 5-42　液压动力滑台的功能表图

下面将主要针对 F1 系列 PLC 来介绍梯形图的编程方式。因此，首先应将液压动力滑台的启动按钮 SB1，行程开关 SQ1、SQ2、SQ3，电磁阀 YV1、YV2、YV3 分别与 PLC 的 I/O 点联系起来。对应关系如表 5-29 所示。

表 5-29　液压动力滑台输入 / 输出设备与 PLC 的 I/O 口对应关系

输入设备	SB1	SQ1	SQ2	SQ3	输出设备	YV1	YV2	YV3
PLC INPUT	X400	X403	X401	X402	PLC OUT	Y430	Y431	Y432

1. 使用通用逻辑指令的编程方式

所谓通用逻辑指令是指 PLC 最基本的与触点和线圈有关的指令，如 LD、AND、OR、OUT 等。各种型号的 PLC 都有这一类指令，所以这种编程方式适用于各种型号的 PLC。

编程时先用辅助继电器来代表各步。下面用辅助继电器 M200 ～ M203 来代表液压动力滑台的原位至快退四步。因此，可将图 5-40 的功能表图写成如图 5-42 所示的形式（在实际应用中，经常是直接画出这种形式的功能表图）。图中用特殊继电器 M71 作为初始启动信号。

根据图 5-42 的功能表图，采用通用逻辑指令并用典型的启动、保持、停止电路，分别画出控制 M200 ～ M203 激活（得电）的电路，然后再用 M200 ～ M203 来控制输出的动作。

图 5-42 中，为了保证前级步为活动步且转换条件成立时，才能进行步的转换，总是将代表前级步的辅助继电器的动合触点与转换条件对应的触点串联，作为代表后续步的辅助继电器线圈得电（激活）的条件。当后续步被激活（由不活动步变为活动步），应将前级步变为不活动步，所以用代表后续步的辅助继电器动断触点串在前级步的电路中。如梯形图中将 M203 的动合触点和转换条件 X403 的动合触点串联，作为 M200 的得电条件，同时 M201 动断触点串入 M200 线圈的得电回路，保证 M201 得电时 M200 断电。另外，PLC 刚开始运行时应将初始步 M200 激活，否则系统无法工作，所以将 PLC 的特殊继电器 M71 动合触点与激活 M200 的条件并联。为了保证活动状态能持续到下一步活动，还需要加上 M200 的自锁触点。M201、M202、M203 的电路也是一样，请自行分析。

梯形图的后半部分是输出电路。由于输出 Y430 在 M201 和 M202 两步中都接通，为避免双线圈输出，将 M201 和 M202 的动合触点并联去控制 Y430；而 Y431、Y432 分别只在 M203、M202 活动时才接通，所以将 M203 和 M202 动合触点分别作为 Y431 和 Y432 线圈得电的条件，也可将 Y431、Y432 的线圈分别与 M203、M202 的线圈直接并联。

使用通用逻辑指令的编程方式时应注意以下问题。

第一，不允许出现双线圈输出现象，如果某输出继电器在几步中都被接通，则只能用相应步的辅助继电器动合触点的并联电路来驱动输出继电器的线圈。

第二，如果在功能表图中含有仅由两步组成的小闭环，则相应的辅助继电器将无法接通。如在功能表图写出的 M203 线圈电路中，当 M202 活动且 X402 接通时，M203 本来应该接通，但此时与其串联的 M202 的动断触点是断开的，所以 M203 无法接通。要解决这个问题，必须在小闭环中增设一步。

2. 使用置位、复位指令的编程方式

几乎每种型号的 PLC 都有置位、复位指令或相同功能的编程元件。PLC 的这种功能正符合顺序控制中总是前级步停止（复位）、后续步活动（置位）

的特点。因此，可利用置位、复位指令来编写梯形图程序。

（1）以转换条件为中心的编程方式。有些 PLC（如三菱的 F、F1、F2 系列等）具有置位（S）、复位（R）指令，且对同一个继电器的置位和复位可分开编程，即能以转换条件为中心进行编程。

我们同样用辅助继电器 M200～M203 来代表原位至快退四步，根据液压动力滑台的功能表图，用 S/R 指令可编制梯形图程序。

当前级步为活动步且转换条件成立时，将代表后续步的辅助继电器置位变成活动步，而将代表前级步的辅助继电器复位，变成不活动。所以我们将代表前级步辅助继电器的动合触点和对应的转换条件串联，作为后续步置位（激活）的条件，同时也作为将前级步复位（变为不活动）的条件。

如图 5-42 中用 M200 动合触点与 X400 动合触点串联，作为 M201 置位和 M200 复位的条件。每一个转换都对应这样一个控制置位（S）和复位（R）的电路块，有多少个转换就有多少个这样的电路块。

这种编程方法特别有规律，不容易遗漏和出错，适用于复杂的功能表图的梯形图设计。由于本例的功能表图属于单序列循环结构，它的前级步和后续步都只有一个，所以需要置位和复位的辅助继电器也只有一个。

当功能表图中含有并行序列时，情况就有所不同。如对于并行序列的分支，需要置位的辅助继电器不止一个；而对于并行序列的合并，应该将所有前级步对应的辅助继电器动合触点与对应的转换条件串联，作为后续步置位和前级步复位的条件，而且被复位的辅助继电器（前级步）个数与并列序列的分支数应相同。

（2）以编程元件为中心的编程方式。某些型号的 PLC 具有与 S、R 指令功能相同的编程元件，但是同一编程元件的置位和复位电路不能分开，即要以编程元件为中心进行编程。例如，C 系列 PLC 用锁存指令 KEEP 构成的锁存器就是这样的编程元件。

下面我们介绍使用 C 系列 PLC 的锁存器对液压动力滑台功能表图进行编程的方法。由于 C 系列 PLC 与 F1 系列 PLC 的内部软继电器编号不同，所以要将原功能表图做如下修改：用辅助继电器 1000～1003 来代表原位至快退四步，使输入继电器 000、0001、0002、0003 与 SB1、SQ2、SQ3、SQ1 对应，输出继电器 0500、0501、0502 与 YV1、YV2、YV3 对应。

用 C 系列 PLC 的锁存器编制的梯形图程序，图中每个锁存器都有 R、S 两端，且不能分开，因此，同一锁存器的置位和复位电路都在一起。代表某步的锁存器的 S 端输入电路由代表其前级步的锁存器动合触点与对应的转换条件串联组成，而 R 端输入电路由代表其后逐步的锁存器动合触点组成。

3. 使用移位寄存器的编程方式

单序列功能表图中的各步总是按顺序接通和断开的，并且同时只能有一步是活动步。因此，经常采用移位寄存器来实现这种控制。

如图 5-43 所示，为使用移位寄存器编程的液压动力滑台的梯形图。梯形图中，用移位寄存器的前 4 位 M200 ～ M203 代表原位至快退四步。移位寄存器的移位输入端由若干串联电路并联而成，每条串联电路都由某一步（除最后一步外）的辅助继电器动合触点和对应的转换条件组成。

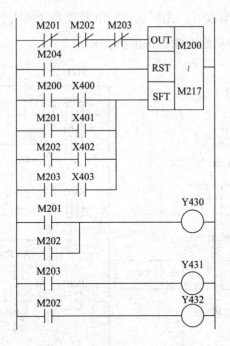

图 5-43　液压动力滑台梯形图

PLC 刚开始运行时，M201 ～ M203 均处于断开状态，移位寄存器数据输入端的三个动断触点均闭合，初始步 M200（得电）被激活。按下启动按钮 SB1（X400），移位输入电路第一行的 M200 和 X400 动合触点均闭合，使

M200 的"1"状态移到 M201，M201 被激活。此时数据输入端的 M201 动断触点断开，M200 断电。M201 的动合触点使输出 Y430 接通，动力滑台快进。同理，各转换条件 SQ2（X401）、SQ3（X402）、SQ1（X403）接通产生的移位脉冲使"1"状态向 M202、M203 移动，并返回 M200。在整个循环的后三步（M201、M202、M203）中，接在移位寄存器数据输入端的动断触点总有一个是断开的。因此，当 M201 ～ M203 的某一步活动时，M200 一直断开，直到 X403 接通产生第 4 个移位脉冲，使"1"状态移入 M204。而当 M203"1"状态移入 M204 时，数据输入端的 M201 ～ M203 动断触点均为接通，使 M200 得电，系统返回初始步。虽然 M204 的"1"状态还会往后移，但系统没有使用 M204 ～ M217，因此对系统工作无任何影响。

4.使用步进指令的编程方式

使用步进指令编程时，先用状态继电器代表功能表各步，然后即可绘制出如图 5-44 所示的功能表图和梯形图。

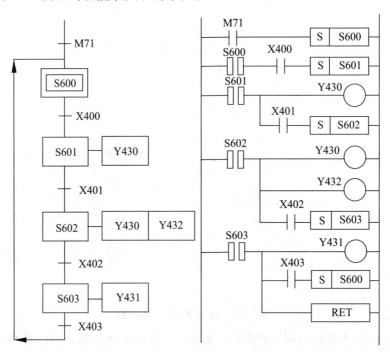

图 5-44　液压动力滑台功能表图与梯形图

　　当系统投入运行时，初始化脉冲信号 M71 激活初始步 S600。此时如按下启动按钮，则转换条件 X400 接通，激活后续步 S601（S600 自动复位），接通 Y430，YV1 得电，动力滑台快进。当行程开关 SQ2 动作时，转换条件 X401 接通，S602 成为活动步（S601 自动复位），接通 Y430、Y432，使 YV1、YV3 同时得电，动力滑台由快进转为工进。当行程开关 SQ3 动作时，转换条件 X402 接通，S603 成为活动步（S602 自动复位），接通 Y431，使 YV2 得电，动力滑台由工进转为快退。当动力滑台回到原位时，SQ1 动作使 X403 接通，系统返回初始步（S603 自动复位）。

第 6 章　PLC 控制系统应用及设计

6.1　PLC 控制系统应用与设计

6.1.1 PLC 控制设计的原则

1. 最大限度地满足被控对象提出的各项性能指标

满足被控对象的控制要求，是设计 PIC 控制系统的首要前提，也是设计中最重要的一条原则。为明确控制系统的功能，设计人员在进行设计前，应深入现场进行调查研究，搜集资料，与机械部分的设计人员和实际操作人员密切配合，共同拟定电气控制方案，以便协同解决在设计过程中出现的各种问题。

2. 确保控制系统的安全可靠

PLC 控制系统的可靠性是其生命线，不能安全可靠工作的电气控制系统，是不能投入生产运行的。尤其是在以提高产品数量和质量，保证生产安全为目标的应用场合，必须将可靠性放在首位。

3. 力求控制系统简单

在满足系统的控制要求和工作可靠性的前提下，应力求控制系统结构简单。只有结构简单的控制系统才具有经济性、实用性的特点，才能做到使用和维护方便。

4.适应发展的需要

由于技术的不断发展，控制系统的要求也将会不断地提高、不断完善，设计时要适当考虑到今后控制系统发展和完善的需要。这就要求 PLC 的选型要有代表性，同时数字量模块、模拟量模块和内存容量要留有适当的余量，以满足今后生产的发展和工艺的改进要求。

6.1.2 PLC 选型

选择能满足要求的适当型号的 PLC 是应用设计中一项重要工作。目前，国内外厂家生产的 PLC 已达数百种，性能特点又各不相同。由于 PLC 品种繁多，其结构形式、性能、容量、指令系统、价格等差异较大，适用的场合也各不相同，所以合理选择 PLC，对于提高 PLC 控制系统的技术经济指标有着重要作用。PLC 机型选择的基本原则是在满足功能要求的前提下，力争最佳的性能价格比，选择时主要从以下几个方面进行考虑。

1.从结构形式考虑

PLC 的结构形式可分为整体式和模块式两种。整体式 PLC 的每一个 VO 点的平均价格比模块式的便宜，且体积相对较小，一般用于系统工艺过程较为固定的小型控制系统中；而模块式 PLC 的功能扩展灵活方便，在 I/O 点数、输入点数与输出点数的比例、I/O 模块的种类等方面选择余地大，且维修方便，一般用于较复杂的控制系统。

2.从安装方式考虑

PLC 系统的安装方式分为集中式、远程 I/O 式以及多台 PLC 联网的分布式。集中式不需要配置远程 I/O 硬件，系统反应快、成本低；远程 I/O 式适用于大型系统，系统的装置分布范围很广，远程 I/O 可以分散安装在现场设备附近，连线短，但需要增设驱动器和远程 I/O 电源；分布式控制系统适用于多台设备分别独立控制，又要相互联系的场合，可以选用小型 PLC，但必须要附加通信模块。

3. 从功能要求考虑

对于只需要开关量的控制系统，可以选用小型低档的 PLC；对于以开关量控制为主，带少量模拟量控制的系统，可选用带有 A/D 和 D/A 转换单元，具有数据传送功能的增强型低挡 PIC；对于控制较复杂，要求实现 PID 运算、闭环控制、通信联网等功能，可视控制规模大小及复杂程度，应选用中挡或高档 PLC。中高档 PLC 价格较贵，一般用于大规模过程控制和集散控制系统等场合。

4. 从响应速度考虑

PLC 是为工业自动化设计的通用控制器，不同档次的 PLC 具有不同的响应速度，当某些应用场合对于外部信号有特殊的速度要求时，则应该慎重考虑 PLC 的响应速度，此时可选用具有高速 I/O 处理功能的 PLC，或选用具有快速响应模块和中断输入模块的 PLC。

5. 从系统可靠性考虑

当控制系统对可靠性要求很高时，应考虑采用具有冗余功能的 PLC 构成热备用控制系统。

6. 从机型的统一性考虑

选择 PLC 时应可能使各控制系统的 PLC 机型统一。主要考虑到以下三方面问题：

（1）其模块可互为备用，便于备品备件的采购和管理；

（2）其功能和使用方法类似，有利于技术力量的培训和技术水平的提高；

（3）其外部设备通用，资源可共享，易于联网通信，方便配置上位计算机并构成多级分布式控制系统。

PLC 选型所面临的问题，首先是选择多大容量的 PLC，其次是选择哪个公司的 PLC 及外设，包括对 PLC 的机型、I/O 模块、电源等的选择。

对第一个问题，通过对控制任务的详细分析，列出所有的 VO 点。其中开关量输入按参数等级分类统计，开关量输出按输出功率要求及其他参数分类统计；模拟量 I/O 按点数进行估算以及这些 I/O 点的性质。此外，再考虑留有 10% ～ 15% 的备用量。用户程序存储器的存储容量与 I/O 点数、内存利用率、编程水平等因素有关，一般粗略的估计方法是 I/O 点数 ×(10~20) = 指令步数；或按存储容量 (字节)= 开关量 I/O 点数 ×10 + 模拟量 I/O 通道数 ×100 进行估算，然后再加 20% ～ 30% 的裕量。

对第二个问题，要考虑以下几个方面。

（1）功能方面。所有 PLC 一般都具有常规的功能，但对某些特殊要求，就要知道所选用的 PLC 是否具有能力完成控制任务。如对 PLC 与 PLC、PLC 与智能仪表及上位机之间有灵活方便的通信要求：或对 PLC 的计算速度、用户程序容量等有特殊要求；或输入 / 输出的负载能力；或需要高速计数器；或需要实现算术、A/D 转换、D/A 转换、PID 控制等，这就要求用户对各品牌的 PLC 有详细的了解。

（2）价格方面。不同厂家 PLC 产品价格相差很大，有些功能相似、质量相当、I/O 点数相当的 PLC 的价格能相差 40% 以上。

（3）个人喜好方面。有些人对某种品牌的 PLC 熟悉，所以一般比较喜欢使用这种产品。接口设备包含 PLC 自身的 I/O 模块、功能模块，以及和这些模块相连的外部设备。对 PLC 自身的模块选择主要注意两点：一是模块和 PLC 能否很好地对接，型号、规格能否配套、兼容；二是这些模块能否和外部设备对接，性能、速度、电平等是否匹配，稳定特性、动态特性如何。

6.1.3 PLC 控制系统设计内容

控制系统设计包括硬件设计和软件设计。所谓硬件设计，是指驱动及通信接口电路、传感检测电路、电压变换电路的设计，而软件设计是指 PLC 应用程序的设计。PLC 控制系统的设计及调试流程如图 5-40 所示。整个系统的设计分以下十个步骤进行。

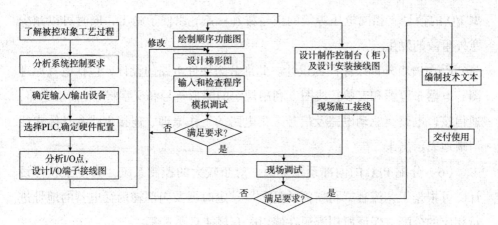

图 6-1　PLC 控制系统的设计及调试流程图

（1）深入了解控制系统的要求。设计人员必须深入现场，与有关技术人员和操作人员一起分析讨论，对被控对象所有功能和要求做全面细致的了解。如对象的各种动作及动作时序、动作条件、必要的互锁与保护。电气系统与机械、液压、气动及各仪表等系统之间的关系；PLC 与其他智能设备间的关系，PLC 之间是否联网通信；突发性电源掉电 (停电) 及紧急事故处理；系统的工作方式及人机界面，需要显示的物理量及显示方式。

在这一阶段应明确哪些信号必须送入 PLC，PLC 的输出需要驱动的负载性质，输入 / 输出有多少模拟量和数字量，模拟量是交流的还是直流的，电压或电流变化范围多大，等等。

（2）确定控制系统的输入输出设备以及控制台或控制柜。在深入了解控制系统的需求之后，及时确定系统的接口设备。常用输入设备包括控制按钮、转换开关、位置开关及计量保护的信号输入开关等；输出设备包括继电器、接触器、蜂鸣器、电磁阀、信号灯等。最后确定是否选用控制柜或控制台，以及柜体的结构和尺寸。

（3）确定 PLC 的型号。根据前述了解地对 PLC 控制系统技术指标的要求，分析 I/O 点的数量及类型，并由此确定 PLC 的类型和配置。对于整体式 PLC，选定基本单元和可能的扩展单元的型号：对模块式 PLC，应确定底板的型号，选择所需模块的型号及数量以及符合要求的电源模块等。

（4）分配 PLC 的 1/0 端口 (或通道)。在进行 I/O 端口分配时应做出 I/O 分配表，表中应包含 IO 编号、设备代号、名称及功能，且应尽量将相同类型 I/O 的信号、相同电压等级的信号排在一起,以便于施工,同时可以减少意外事故的发生。

(5) PLC 外部线路图的设计。此部分为硬件电路的设计,包括电气原理图、电器布置图和安装接线图,利用规定的图形符号和文字将 I/O 接口电路,通信接口电路,驱动电路及信号采集电路的工作原理、连接方式和具体走线清晰地表示出来。

(6) 分配 PLC 的内部系统资源。对于较大的控制系统,为便于软件设计,可根据工艺流程,将所需的计数器、定时器及内部辅助继电器的地址进行相应的分配,保证所用资源在使用时有规律且不重复。

(7) 应用程序的编写 程序设计是 PLC 系统开发中的关键工作,也是整个控制系统设计的核心。常用的程序设计方法主要有经验设计法、顺序控制设计法和继电器控制电路改造法三种。

(8) 编辑调试程序并修改完善。将编制好的程序输入 PLC 并进行调试,观察运行的效果并根据系统要求改正错误或不完善的地方,逐步达到要求的目标。

(9) 编写技术文件。当 PLC 控制系统完成了试运行,被确认可以正常工作之后,应整理出完整的技术资料并提供给用户,以利于系统的使用、维修。技术文件主要包括:

① PLC 的外部接线图和其他电气图纸,包括与 PLC 的连接电路、各种运行方式(自动、半自动、手动、紧急停止)的强电电路、电源系统及接地系统等;

② PLC 的编程元件表,包括程序中使用的输入/输出继电器、辅助继电器、定时器、计数器、状态寄存器等的元件号、名称、功能以及定时器、计数器的设定值等;

③如果梯形图是用顺序控制设计法编写的,应提供功能表图或状态表;

④带注释的梯形图和必要的文字说明。

(10) 交付使用。在实际的系统设计时,程序设计可以与现场施工同步进行,即在硬件设计完成以后,同时进行程序设计和现场施工、以缩短施工周期。

6.1.4 TP 的使用

可视化已经成为自动控制系统的标准配置,西门子的人机界面(HMI)产品包括触摸控制面板 TP (Touch Panel) 和 WinCC 软件两大部分。面板的种类很多,按功能可分为微型面板、移动面板、按键面板、触摸面板和多功能面板等类型。微型面板主要针对小型 PLC 设计,操作简单,品种丰富;移动面板可以在不同地点灵活应用;触摸面板和操作员面板是人机界面的主导产品,坚固可靠,结构紧凑,品种丰富;多功能面板属于高端产品,开放性和扩展性最高。

在简单应用或小型设备中,成本是重要因素,为此西门子公司推出了精简系列面板,具有多种尺寸的屏幕供选择,升级方便且可以与 SIMATIC S7-1200 PLC 无缝兼容。SIMAT–IC STEP7 Basic 是西门子公司开发的高集成度工程组态系统,提供了直观易用的编辑器,可高效地对 SIMATIC S7–1200 和 SIMATIC HMII 精简系列面板进行组态。

每个 SIMATIC HMI 精简系列面板都具有一个集成的 PROFINET 接口。通过它可以与控制器进行通信,并且传输参数设置数据和组态数据。这是与 SIMATIC S7–1200 完美整合的一个关键因素。SIMATICHMI 精简系列面板具备相对完整的功能,如画面组态功能、用户管理功能、报警设置功能.配方管理功能以及趋势功能图等,下面分别进行讲述。

1. TP 组态入门

（1）组态变量

TP 使用两种类型的变量:过程变量和内部变量。过程变量是由控制器提供过程值的变量,也称为外部变量;不连接到控制器的变量称为内部变量,内部变量存储在 HMI 设备的内存中,只有设备本身能够访问内部变量。

外部变量是 PLC 中所定义的存储单元的映像,无论是 HMI 设备还是 PLC,都可对该存储位置进行读写访问。所能采用的数据类型取决于与 HMI 设备相连的 PLC。

在添加 HMI 时,程序会提示将要连接的 PLC 和端口,以及所用的通信驱动程序。

在项目树中双击设备和网络，系统将显示一条名为"HMI 连接 _ 1"表示连接关系的绿色线，表示 HMI 和 PLC 建立了连接。双击项目树 HMI 设备下的"连接"打开连接对话框，可以查看存在的连接。

在项目树中双击设备和网络，系统将显示名为"HMI 连接 _ 1"表示连接关系的绿色线，表示 HMI 和 PLC 建立了连接。双击项目树 HMI 设备下的"连接"打开连接对话框，可以查看存在的连接。

在项目树中双击 HMI 设备下的"HMI 变量"→"显示所有变量"，打开 HMI 变量编辑器，双击"名称"→"添加"以增加新的变量，可以修改变量名称，在"连接"列设置变量为内部变量还是过程变量，过程变量要选择相应的连接，并在"PLC 变量"列指定该 HMI 变量对应的 PLC 变量，在"数据类型"列选择合适的数据类型。这样一个变量就创建完成了。

还可以创建数组变量以组态具有相同数据类型的大量变量，数组元素保存到连续的地址空间中。需要在所连接 PLC 的数据块中创建数组变量，再将数组变量连接到 HMI 变量为了寻址数据的各个数组元素，数组使用从 1 开始的整数索引。

①组态画面。在项目视图左侧的项目树中，双击 HMI 设备的"画面"项下的"添加新画面"，可以添加新的画面，双击项目树中的画面名称可以打开面面编辑器，可以对画面进行编辑。打开面面，拖动右侧"工具箱"下"元素"里的 IO 域图标到画面中适当位置，选中 10 域，在属性对话框的"常规"项下，设置其连接的过程变量为建立的过程变量"HMI 变量 1"，其他保持不变。

在设计画面时，有时需要在多幅画面中显示同一部分内容，如公司的标志等，这些可以利用模板来简化组态过程。在项目树中，双击"画面管理"下的"添加新模板"，可以添加新的模板，双击某一模板名称可以打开相应的模板画面。在模板中，可组态将在基于此模板的所有画面中显示的对象。一个画面只能基于一个模板，一个 HMII 设备可以创建多个模板。一个画面只能基于一个模板，一个 HMI 设备可以创建多个模板。

全局画面用于功能键和报警窗、报警指示器分配给 HMI 设备的所有面面。在项目树中，双击"画面管理"下的"全局面面"，可以打开全局画面编辑器。

注意 : 画面中的组态具有最高优先级 1 , 优先于模板的组态。模板中的组态具有次级优先级 2 , 优先于全局画面中对象的组态。全局画面中对象的组态具有最低优先级 3。即 , 如果模板中的对象与画面中的对象具有相同的位置 , 则模板对象被覆盖。

②运行与模拟。STEP7Basic 的 HMI 组态编辑器提供了 HMI 的仿真功能。通过菜单命令 " 在线 " → " 仿真 " → " 使用变量仿真器 " 可以起动带变量仿真器的 HMI 项目运行系统。点击变量仿真器的 " 变量 " 列中的空白项 , 选中出现的变量 "HMI 变量 1" , 在 " 模拟 " 项中选择 " 随机 " 函数 , 修改其最小值和最大值分别为 0 和 100 , 勾选 " 开始 " 复选框 , 则可以观察到画面中 IO 域的值的变化。

（ 2 ）组态画面对象

画面对象是用于设计项目画面的图形元素 , 包括基本对象、元素、控件、图形和库基本对象有图形对象 (如 " 线 " 或 " 圆 ") 和标准控制元素 (如 " 文水域 " 或 " 图形显示 ") ; 元素包括标准控制元素 , 如 "10 域 " 或 " 按钮 " ; 控件用于提供高级功能 , 它们也动态地代表过程操作 , 如趋势视图和配方视图等 ; 图形以目录树结构的形式分解为各个主题 , 如机器和工厂区域、测量设备、控制元素、标志和建筑物等 , 也可以创建指向自定义的图形文件夹的链接 , 外部图形位于这些文件夹和子文件夹中。它们显示在工具箱中 , 并通过链接集成到项目中 ; " 库 " 包含预组态的对象 , 如管道、泵或预组态的按钮的图形等 , 也可以将库对象的多个实例集成到项目中 , 不必重新组态 , 以提高效率。

下面通过实例介绍典型的画面对象的使用方法。

①组态按钮。要求 : 在画面一中点击按钮 " 进入画面二 " , 进入画面二 ; 在画面二中点击按钮 " 进入画面一 " 返回到原来的画面 , 即画面一。在画面一中 , 添加两个按钮 " 加 1 " 和 " 减 1 " , 分别将一个变量的值加 1 和减 1 ; 在画面二中 , 添加一个点动按钮 , 即当按下时变量的值为 1 , 释放时变量值为 0。

首先我们组态两个画面切换的功能。新建两个画面 , 分别命名为画面一和画面二。打开画面一 , 在项目视图右侧的 " 工具箱 " 中 , 点击 " 元素 " 下的 " 按钮 " 对象 , 移动到画面右下角按下左键拖动至适合大小释放。

选中画面中的按钮，在项目视图下部的"属性"对话框中，选择"常规"项，选择"模式"为"文本"，则按钮上显示文本，在"文本"框中的"释放"和"按下"中都输入文本"进入画面二"，则无论按钮是按下还是释放都显示文本为"进入画面二"。同样，可以设置按钮显示为图形。

在"外观"项中，可以设置按钮的背景颜色、文本颜色和边框；"设计"项可以设置焦点："布局"项可以设置对象的位置和大小等；"文本格式"项可以设置字体样式以及对齐方式等；"其他"项可以设置对象的名称、层等，还可以在此输入工具提示信息："安全"项可以设置对象的操作权限等。

在"事件"→"单击"项中，点击下三角符号，打开系统丽数选择对话框，这里要求切换画面，选择"系统函数"→"画面"下的"激活屏幕"雨数，"画面名称"顶点击三点标号选择画面二，对象号采用默认。

用同样的方法组态画面二，并在项目树的 HMI 设备中，双击"运行系统设置"项打开运行系统设置对话框，选择起始画面为"面面"。这样，画面切换的功能就组态完成了，单击工具栏中的保存项目按钮保存项目。

接着新建两个内部变量：SInt 型变量 tag1 和 Bool 型变量 tag2。

打开画面一，在项目视图右侧的"工具箱"中，点击"元素"下的"IO域"，移动到面面中按下左键拖动至适合大小释放。在其"属性"对话框中，设置 IO 域类型模式为"输出"，连接的过程变量为 lag1。在格式框中，可以设置变量的显示格式，小数位以及格式模式等。

点击"元素"下的"按钮"，移动到面面中，按下左键拖动至适合大小释放，选中按钮，并在其"属性"对话框中，选择"常规"项，选择"按钮模式"为"文本"，在"文本"框中的"释放"和"按下"中都输入文本"加1"，其他保持默认。在"事件"→"单击"项中，打开系统函数选择对话框，由于是要对变量值加1，所以选择"系统函数"→"计算脚本"下的"增加变量"函数，变量选择为 tag1，值为1。

在面面一中选中按钮"加1"，按下 <Ctrl> 键，按住鼠标左键向下拖动释放左键后将复制按钮，修改按钮名称为"减1"，选中按钮"减1"，在"属性"对话框的"事件"→"单击"项中，打开系统函数选择对话框，选择"系统函数"→"计算脚本"下的"减少变量"函数，变量选择为 lag1，值为1。

　　在面面一中选中按钮"加 1"，按下 <Ctrl> 键，按住鼠标左键向下拖动释放左键后将复制按钮，修改按钮名称为"减 1"，选中按钮"减 1"，在"属性"对话框的"事件"→"单击"项中，打开系统函数选择对话框，选择"系统函数"→"计算脚本"下的"减少变量"函数，变量选择为 lag1 值为 1。

　　打开画面二，同样拖动一个 IO 域用来显示变量的值，设置 IO 域类型模式为"输出"，连接的过程变量为"tag2"，格式类型为二进制。字体为"宋体，粗体，24 号"，对齐方式选择为水平居中、垂直居中。

　　点击"元素"下的"按钮"移动到画面中，按下左键拖动至适合大小释放。选中画面中的按钮，在项目视图下部的"属性"对话框中，选择"常规"项，选择"按钮模式"为"文本"，在"文本"框的"释放"中输入文本"停止"，"接下"中输入文本"起动"，其他保持默认。

　　选中画面中的按钮，在"属性"对话框的"事件"→"按下"的项中，打开系统丽数选择对话框，由于要对变量值置 1，所以选择"系统函数"→"计算脚本"下的"设置变量"函数，变量选择为 tag2，值为 1。继续对该按钮的事件进行设置，选中画面中的按钮，在"属性"对话框的"事件"→"释放"项中，打开系统函数选择对话框，由于是要对变量值置 0，所以选择"系统函数"→"计算脚本"下的"设置变量"函数，变量选择为 tag2，值为 0。这样，画面就组态完成了，单击工具栏中的保存项目按钮保存项目。

　　通过菜单命令"在线"→"仿真"→"使用变量仿真器"起动仿真运行系统，此时可以在变量仿真器中观察相应变量的值。

　　②组态开关。要求：按一下开关，变量 tag3 的值为 1，再按一下开关，变量 tag3 的值变为 0。通过 IO 域显示该变量的值。

　　根据要求，新建内部 Bool 型变量 tag3。

　　打开画面一，在项目视图右侧的"工具箱"中，点击"元素"下的"开关"，移动到画面中按下鼠标左键拖动至适合大小释放。选中此"开关"并在其"属性"对话框中，选择常规项，过程连接变量选择为"tag3"，选择类型格式为"通过文本切换"，在下面"文本"框中输入"接通"状态文本为"起动"，"断开"状态文本为"停止"。

　　③组态棒图。"棒图"对象可以让过程值通过更直观的图形方式进行显

示，可以添加标尺来标注棒图的显示形式。

要求：通过棒图显示当前的液位值。

新建 SInt 型内部变量 tag4，在画面中添加"工具箱"中的"元素"→"棒图"，选中画面中此对象，在"属性"对话框中，选择"常规"项，过程连接变量选择为 tag4。要根据变量 tag4 的取值范围设置棒图的最大值和最小值。

在属性对话框的"限制"项中，可以设置上限，下限的报警颜色，当超出设定的限制值后显示颜色的变化。

④组态日期时间域。

要求：在画面中通过 H 期时间域显示当前系统的日期和时间。

打开画面一，在项目视图右侧的"工具箱"中，点击"元素"下的"日期时间域"，移动到画面中按下鼠标左键拖动至合适大小释放。

选中此对象，并在其属性对话框中选择"常规"项，类型模式保持为"输出"，"过程"项选择为"显示系统时间"，通过是否勾选"显示日期"和"显示时间"项，来决定在画面中是仅仅显示日期、时间还是全部显示。此处全部勾选。

⑤组态符号 IO 域。符号 IO 域用变量来切换不同的文本符号。发电机组在运行时，操作人员需要监视发电机的定子线圈和机组轴承等多处温度值，而若 HMI 设备画面较小，则可以使用符导 IO 域和变量的间接寻址，用切换的方法来减少温度显示占用的画面面积，但是同一时刻只能显示一个温度值。

要求：在画面一中通过符号 IO 域选择要显示的温度，在 IO 域中显示选择的温度值。

·新建变量及变量指针化。新建三个表示过程温度的 SInt 型内部变量 t1、t2、t3。新建用于间接寻址的 SInt 型内部变量"温度值"和 USInt 型变量"度指针"，在变量"温度值"的属性对话框中，选择"指针化"项，勾选"指针化"复选框，选择索引变量为"温度指针"，设置索引 0 对应变量 t1、索引 1 对应口 t2、索引 2 对应 t3。

·组态文本列表。在项目树中双击 HMI 设备下的"文本和图形列表"打开文本列表，新建一个名为"温度值"的文本列表，设置选择项为"值或范围"，在"文本列表条日"中设置数值 0 对应条目"温度 1"、数值 1 对应条目"温度 2"、数值 2 对应条日"温度 3"。

·组态画面。打开画面一，拖动"符号 10 域"对象到画面中，模式为"输入 / 输出"，设置文本列表为前面建立的"温度值"，将其与变量"温度指针"连接，如图 9.14 所示。再在画面中插入一个 10 域，模式为"输出"，过程变量为"温度值"。

这种需要的功能就完成了。为便于模拟实验，再添加三个 IO 域分别对应三个温度值画面组态完成，单击保存项目按钮，保存项目。

·模拟运行。启用"使用变量仿真器"的运行系统模拟运行项目。首先在三个 IO 域中输入不同的温度，则可以看到，当符导 IO 域中选择温度 1 时，温度值 IO 域显示的是湿度 1，当符号 10 域选择温度 3 时，显示的是温度 3 的值。

2. 用户管理

生产实践中，通常只有具有相应权限的人才能进行某些关键的操作或访问，如修改湿度和时间的设定值、修改 PID 参数、创建新的配方数据记录等。这种安全上的要求在 HMII 上可以由用户管理功能来实现。

用户管理的组态步骤如下：

（1）添加所需要的组并分配组的相应权限；

（2）添加用户指明其所属的用户组，分配各自的登录名称和口令；

（3）设置画面对象的操作权限；

（4）如果需要的话，组态登录对话框和用户视图。

3. 组态用户管理

下面通过一个简单的例子演示用户管理功能的组态方法。

要求：假设画面中的 10 域只有具有工程师权限的杨经理和宋经理可以输入参数数值，而具有操作员授权的李三和张四无法输入参数，

87 目视图项目树 HMI 设备"变量"项下新建 SInt 型内部变量 lag7，在画面一中添加一个 IO 域，与 tag7 变量 87。

双击项目树 HMI 设备下的"用户管理"项，打开"用户管理"编辑器，

它包含两个页面：用户和用户组。用户组页面上部分为组列表，通过双击"添加"可以添加新的用户组，本例添加了"工程师组"和"操作员组"两个组，下部分为权限列表，通过双击"添加新对象"可以添加新的权限，本例添加了"输入参数"权限。在"组列表"选中某个用户组，在"权限"列表勾选该组对应的权限，则该组用户均具有相应的权限。本例设置工程师组具有"用户管理"和"输入参数"的权限。

用户页面上部分为用户列表，通过双击"添加"，可以添加新的用户，本例添加了"yang""song""li"和"zhuang"4 个用户并设置相应的密码1234567。还可以为每个用户设置登录后是否自动注销以及注销时间等。

4. 组态用户视图

系统支持 HMI 设备运行时在用户视图中管理用户。在用户视图中所做的更改立即生效，但是在运行时所做的更改将不会在工程系统中更新。重新下载 HMI 程序后，运行时在用户视图所做的修改将被覆盖。

下面组态用户视图。将工具箱"控件"中的"用户视图"拖到画面一，调整到合适的位置和大小。在其属性对话框的"常规"项中，选择行数为 6，表示运行时用户视图显示 6 行数据，表格和表头及字体保持默认。

HMI 运行时，可以获得当前登录用户名称并显示。在画面中添加一个IO 域，设置格式类型为字符串与新建的 WString 型变量 tag8 连接，在其属性对话"事件"项的"用户管理"事件中，添加"获取用户名"函数，其变量输出为 tag8，则运行时点击该 IO 域，当前登录用户名称将送至变量 tag2，也就在该 IO 域显示了。

通过菜单命令"在线"→"仿真"→"起动"起动仿真运行系统。在登录对话框中，输入用户名 yang 和密码 1234567，单击"确定"按钮，因为用户 yang 拥有"用户管理"权限，所以用户视图显示全部用户，可以管理用户。拥有管理权限的用户可以不受限制地访问用户视图，管理所有的用户和添加新的用户等。单击显示用户名称的 IO 域则显示当前登录用户为 yang。单击"注销"按钮，则注销该用户。

单击"登录"按钮，打开登录对话框，修改用户为 zhang，由于该用户没有"用户管理"权限，则用户视图仅显示其自身，且只能更改自己的用户名、密码和注销时间。

6.2　被控对象的分析与描述

分析被控对象就是要详细分析被控对象的工艺流程，了解其工作特性。在此阶段，要求设计人员在设计前就一定要深入现场进行调查研究，收集控制现场的资料，收集控制过程中有效的控制经验。同时要注意要和现场的管理人员、技术人员、工程操作人员紧密配合，共同解决设计中的重点问题和疑难问题，确保分析的全面、准确。

在设计控制系统时，往往需要达到一些特定的指标和要求，即满足实际应用或客户需求。在分析被控对象时，必须考虑这些指标和要求。在深入了解控制对象的工艺过程、工作特点、控制要求后，划分控制的各个阶段 . 归纳各个阶段的特点和各阶段之间的转换条件，画出控制流程图或功能流程图，确定控制指标和要求，制定设计任务书。

6.2.1　确定系统规模

根据被控对象的工艺流程、复杂程度和客户的技术要求确定系统的规模，可以分为小、中、大三种规模。

小规模控制系统适用于单机或小规模生产过程，以顺序控制或少量的模拟量控制为主，I/O 点数较少（低于 128 点），精度和响应要求不高，一般选用 S7–200、S7–1200 或 S7–300 紧凑型 PLC 即可达到控制要求。中等规模的控制系统适用于复杂逻辑和闭环控制的生产过程，I/O 点数较多（一般 128~512 点），需要完成某些特殊功能，如 PID 闭环控制等，一般选用 S7–300PLC。

大规模控制系统适用于大规模过程控制、DCS、工厂自动化网络控制等，I/O 点数较多（高于 512 点），被控对象工艺较复杂，对于精度和响应时间要求较高，应选用高性能 S7–300PLC 或 S7–400PLC。

6.2.2　统计被控制系统的开关量、模拟量的 I/O 点数

确定要控制的设备，要检测参数，统计 I/O 的数量和类型：

（1）开关量输入：数量．直流／交流、电压等级。

(2) 开关量输出：数量、带直流／交流负载、输出信号的频率、电压等级。

(3) 模拟量：数量、电压／电流、量程范围、精度。

按照设备和生产区域的不同进行划分，明确各个 I/O 点的位置和功能，再加上 10%～20% 的冗余量列出详细的 I/O 点清单。

6.2.3 画出工艺流程，明确控制任务

在了解整个工艺的基础上，画出工艺流程图，按用户的控制要求转换为专业术语，逐一分解，并从控制的角度将其中的要求转换为多个控制回路。

6.3 方案论证及控制系统总体设计

在控制系统设计之前，需要对系统的方案进行论证，主要是对整个系统方案的可行性做一个预测性估计。在此阶段要全面考虑设计和实施过程中将会遇到的各种问题。如果没有相关项目的经验，应当去现场实地考察，并详细论证此系统设计中每一个步骤的可行性。特别是在硬件实施阶段，稍有不慎，就会造成很大的麻烦，轻则，系统不成功，重则造成严重财产损失。工程实施过程中的阻碍往往是由于总体方案设计没有规划好。

系统的总体方案设计关系到系统的整体架构，每个细节都必须反复斟酌。首先，要能够满足用户提出的基本要求；其次，要确保系统稳定可靠，不能经常出现故障，即使出现故障，也不能造成大的损失；最后，要考虑性价比、可操作性、可维护性、可扩展性。

一般来说，在系统总体方案设计时，需要考虑以下问题：

（1）确定系统是 PLC 单机控制，还是 PLC 网络控制，是采用本地 I/O 还是采用远程 I/O，这些主要是根据系统的规模及控制任务来选择的。对于中小型系统，一般采用一台 PLC 即可满足功能要求；对于中大型系统，或者设备比较分散的系统，一般采用 PLC 网络控制系统，多台 PLC 或单台 PLC 配合远程 I/O 模块实现网络控制。

（2）是否需要与其他设备通信。一般 PLC 控制系统中，PLC 仅负责数据采集、运算控制，另外配有触摸屏或监控计算机作为监控系统，负责数据

处理、参数设置、工艺画面组态。

报表、实时及历史数据库等功能。对于中大型 PLC 控制系统，有时候还需要和其他控制系统智能传感器或仪表进行通信，需要根据具体情况选择合适的通信方式。

是否需要冗余备份系统。根据系统所要求的安全等级，可以选择不同的方法。在数据归档个时，为了不让归档数据丢失，可以使用 OS 服务器冗余；在自动化站，为了使系统不会因故障而导致停机或不可预知的结果，可以采用故障安全型 PLC 或使用控制器冗余备份系统。选择适当的冗余备份，可以使系统的可靠性得到大幅提高。

在系统选型之前，首先要考虑系统的网络架构。确定操作员站、PLC 控制站的数量和位置，相互之间的网络连接形式。一般情况下，现场控制室和主控制室与电气控制柜分别安装在不同的地方，且距离较远，为了保证信号的可靠，会考虑用光缆来连接各自的交换机同时，为了通信线路的冗余，会考虑选择带有冗余管理功能的工业以太网交换机，将操作员站（工程师站）和现场 PLC 控制站组成一个光纤环网。这样，即使有一个方向的通信断开，也可以通过另一个方向继续通信。至于 PLC 控制站和现场信号的连接，传统的连接方式是将现场信号直接通过硬件（电缆）连接到控制站上。如果距离比较远，信号传输会有损耗，尤其是模拟信号，当信号点很多时，布线也比较复杂，浪费材料。在这种场合下，可以采用在现场安装分布式 I/O 从站（如果现场为危险区.需选用本质安全型的分布式 I/O 从站），将现场信号连接到 I/O 从站上，再通过现场总线的方式将信号传送到现场控制站。

6.4　PLC 软硬件设计

PLC 控制系统由信号输入元件、输出执行元件和 PLC 构成。信号输入元件接在 PLC 的输入端，向 PLC 输入指令信号和被控对象的状态信号。输出执行元件接在 PLC 的输出端，控制被控对象的工作。PLC 是通过执行软件程序来完成控制功能的。因此，PLC 控制系统设计包括硬件电路设计和软件程序设计两项主要任务。

6.4.1 硬件电路设计

1. 选择输入元件、输出执行元件

输入元件有按钮、行程开关、接近开关、光电开关旋转编码器、液位开关变送器等。

输出执行元件有接触器、电磁阀。指示灯、数码管等。

对上述外围器件应按控制要求，从实际出发，选择合适的类别、型号和规格。

2. 进行 I/O 点的分配，设计 PLC 控制线路，设计主电路

（1）I/O 点的分配

I/O 点分配是建立 I/O 点与输入元件、输出执行元件的对应关系。I/O 点分配应利于记忆、方便编程、节省配线。

在设计 PLC 控制系统时，为了减少投资，用一些办法可以节省 PLC 的 I/O 点数。例如，用单按钮控制启动和停止；把有相同控制功能的按钮并联使用；有些手动操作按钮不向 PLC 输入信号，不占输入点，将它们设置在 PLC 的输出端直接进行控制；在手动 / 自动工作方式下，通过简单的硬件电路，可以使同一个输入点在两种工作方式下代表不同的输入信号，即一点顶两点用。这些方法可以节省输入点数。在 PLC 输出端，通 / 断状态完全相同的两个负载并联后共用一个输出点；用一个输出点控制指示灯常亮或闪烁，显示两种不同的信息。这些方法可以节省输出点数。系统中某些相对独立且比较简单的部分可以用继电器电路控制。这样，同时减少了所需的 PLC 输入点和输出点。

（2）设计 PLC 控制线路

PLC 的输入端需要直流驱动电源，可以方便地使用自身配置的 DC24V 电源。如果该电源还用于其他目的 (如向传感器供电)，注意不要超过其额定容量。

PLC 的输出端需要注意的问题是：

①在 PLC 的输出回路中 (通常在公共端子 COM 上) 串入保险丝，作为

短路保护用。

②如输出端接感性负载时，要考虑接入相应的保护电路，保护 PLC 的输出点。交流感性负载两端并接 RC 浪涌吸收电路而直流感性负载则在两端并接续流二极管或 RC 浪涌吸收电路，以抑制电路断开时产生的电弧，保护 PLC 输出电路。

③如果 PLC 输出端控制的负载电流超过最大限额或负载较重而动作又频繁时，可先外接继电器，然后由继电器驱动负载。

④装接外部紧急停车电路。在 PLC 的外部设计紧急停车电路，当运行中发生故障时，按紧急停车按钮，切断负载电源。

（3）主电路的设计

按照继电器控制电路的设计规范进行。

6.4.2 软件程序设计

由于 PLC 所有的控制功能都是以程序的形式实现的，因此 PLC 控制系统设计的大量工作集中在程序设计上。对于较简单的系统，梯形图可以用经验法设计。对于较复杂的系统，一般采用逻辑设计方法或顺序控制设计方法，要先绘制控制流程图或时序图，如果有必要，可画出详细的顺序功能图，然后设计梯形图。实际编程时，并不仅限于一种方法，往往各种方法并用。

用户编程要注意以下几点：

1. 熟悉 PLC 指令系统和 PLC 的内部软器件

熟悉 PLC 指令系统和 PLC 内部软器件是正确编程的前提条件。

随着 PLC 的发展，PLC 的指令系统越来越丰富。例如，OMRON 低档机 CPMIA 有 150 多条指令，而高档机 CS1 则达到近 400 种，共计 1000 条。指令多，编程时方便，但学习起来麻烦。用户对一些常用指令可以了如指掌，但不可能掌握所有指令的使用方法。学习时注意对指令进行分类，熟悉各个指令类别的功能，编程时根据控制要求首先确定指令的类别，再从中挑选出最恰当的指令。

要正确地使用指令，对所用指令的功能和使用条件要搞清，不能含糊。

必要时，可有针对性地编一些简单的程序进行测试，达到正确理解指令的目的。

同一厂家生产的不同型号 PLC 的某些相同指令的使用方法会有差异。因此，当选用了新机型时，要注意新机型与自己所熟悉机型指令之间的异同，避免简单移植或套用而发生错误。

PLC 指令的操作数涉及内部软器件。每一种 PLC 都提供了丰富的内部软器件，OMRON 的小型机有 I/O 继电器、内部辅助继电器、特殊继电器、定时器 / 计数器、断电保持继电器，还有数据存储区、扩展数据存储区等。每一种器件都有特定的功能和指定的编号范围，编程前必须搞清。编程时根据要实现的功能选用它们，例如，实现断电保持功能时应选用保持继电器，设计具有断电保持的定时器时可选用计数器等。使用内部软器件时，要预先做好规划。

例如 I/O 分配要有规律，便于记忆与理解，当使用的软器件较多时，应做一个详细分配列表。

2. 程序应结构分明、层次清楚

结构分明、层次清楚是程序设计追求的目标。

在设计复杂的控制程序时，为使程序简洁，恰当地使用跳转、子程序、中断等流程控制指令可优化程序结构，减少程序容量。例如，具有多种工作方式的控制程序设计时选用跳转指令，多次重复使用的某一功能可编为子程序供主程序调用，PLC 需要及时对某些事件做出反应时选用中断功能。

程序简洁有以下好处：

（1）节省用户程序存储区，多数情况下可减少程序的扫描时间，提高 PLC 对输入的响应速度。

（2）提高可读性，便于检查与修改，减少调试时间，也利于以后维护。

（3）便于他人阅读和理解，利于相互交流。

3. 程序应能正确、可靠地实现控制功能

正确、可靠地实现控制功能是对 PLC 程序最根本的要求。

在正常情况下，程序能够保证系统正确运行，单纯做到这一点还不够，在非正常情况下，程序要有应变能力，仍然能够保证系统正确运行，或根据对非正常情况的判断，停止运行，确保系统安全。非正常情况有如下表现：系统运行时突然断电，过一段时间恢复供电，要求系统保持断电前的状态继续运行；操作人员非法操作，例如，同时按下电动机的正传、反转按钮，不按规定的顺序按按钮等；传感器损坏导致输入信号有误。如果要求系统具有断电保持功能，则在程序设计时，使用 PLC 的保持继电器、计数器、数据存储器等具有断电保持功能的器件，可以使系统从"断点"处无"缝隙"地继续运行下去。解决非法操作通常采用连锁的手段，例如，电动机的正反转控制电路中，将正传、反转按钮，的常闭触点串接到对方的启动电路中，实现连锁。不正确的输入信号可导致系统动作失误，发生事故，对重要的输入信号，一方面从硬件上采取措施，例如，对传感器进行冗余配置，用两个或多个传感器；另一方面从软件 上采取防范措施，利用信号之间的关系来判断信号是否正确。在实验室利用输入信号开关板模拟现场信号，对 PLC 控制程序进行模拟调试。复杂程序可分段调试，然后进行总调试，有问题时做必要的修改，直到满足要求为止。

第 7 章　基于 PLC 的电气控制技术创新应用案例

7.1　基于工业机器人的汽车空调蒸发器海绵自动粘贴机控制系统设计

7.1.1　国内外研究现状

伴随着工业 4.0 的春风，中国逐渐由制造大国向制造强国转变。企业要想在竞争中立于不败之地，保有自己的市场份额，重中之重就是要坚定地走新型的工业化道路，从劳动密集型向技术密集型转变。中国的汽车制造业在这一方面显得尤为突出。在汽车制造工业全球一体化的趋势下，中国汽车制造业与世界各国的汽车制造行业的联系更为紧密，既互利共赢，也相互竞争。中国作为全球汽车制造行业的后起之秀，所处竞争环境相对艰难。但是无论从国家经济增长的角度，还是整个产业发展的角度，研究制定中国汽车制造业的国际化成长战略都是非常有必要的。

另外，随着社会的进步和经济的快速发展，客户对产品的需求呈现多样化趋势，产品更新换代的周期越来越短。同时，人们对产品的功能与质量的要求越来越高，产品的复杂程度也随之增高。在这种情况下，为了赢得市场，制造企业必须针对用户的不同需求迅速地开发新产品。传统的单品种、大批量的生产方式受到了挑战，这种挑战不仅对中小企业形成了威胁，同时也困扰着大中型企业。

粘贴机广泛应用于工业制造的各行各业，如汽车行业、包装行业、家电行业等。相比于国内，国外起步较早，而且研究的范围也比较广，具有多项专利。如韩国的 LIM SUNGIL 就开发了一款海绵自动粘贴装置。该装置具有海绵自动供料、自动切断功能，综合运用了工业机器人、气动、伺服电机等技术。

近年来随着国内人工成本的不断上涨，工业机器人技术不断发展，国内不少企业也加大了研发力度，开发出了一些适合自身需要的自动粘贴装置。

广州国机智能科技有限公司的郭如峰等人就设计了一套自动化程度高、通用性强的自动粘贴双面胶机器人系统。该系统选用龙门式直角坐标机器人夹紧双面胶粘贴机来粘贴固定在旋转变位台上的产品。经过实验后，该机器人重复定位精度为 ± 0.9 mm，直线精度为 1.04 mm/100 mm。

珠海城市职业技术学院的崔宁等人通过引入 FANUC 公司的 LRMate-200iC/5H 型号的工业机器人，研发了一套胶垫自动粘贴系统。他们选用 PLC 作为控制器，以触摸屏作为人机界面，并将胶垫自动供料装置、双工位滑动模具定位等相关设备进行了系统集成，实现了胶垫夹取与粘贴的自动化，以及对胶垫粘贴位置的精确控制。该系统成功之后，又将其导入背胶魔术粘贴应用中，同样取得了良好的效果。

工业机器人是一种具有编程功能的机器装置，通过编程来完成多种操作，从而取代人工作业。1961 年，第一台机器人诞生在美国，经过半个多世纪的发展，机器人已经广泛应用于工业的各个领域，提高了产品的加工精度和产品质量，提高了生产自动化水平和生产效率，改善了工作环境，尤其是在高危、有毒等恶劣条件下替代工人完成作业任务等方面的作用日益突出。

国内工业机器人的发展虽然起步较晚，20 世纪 70 年代才开始起步，但是目前中国已经成为全球最大的工业机器人市场。近年来我国机器人产业取得了很大的进步，工业机器人技术日渐成熟，正在向高精度、高稳定性、智能化、网络化等方向发展。近些年涌现出很多机器人制造商，如沈阳新松机器人、广州数控、南京埃斯顿等。

但是，我国与工业机器人发达国家相比还存在较大差距：机器人产业链中的关键环节缺失；零部件中高精度减速器、伺服电机和控制器等依赖进口；核心技术创新能力和高端产品质量可靠性均有待提高。尽管中国工业机器人产销量连年刷新世界纪录，但其中约 70% 是进口的，国产机器人的比例仍然相对较低。

可编程控制器，简称 PLC，具有简单易学、可靠性高、扩展性强等特点，在工业控制领域有着极其广泛的应用。早期的 PLC 主要用于取代继电器、接触器等控制元件进行逻辑控制。近些年来，随着微处理器技术与计算机技术的不断发展，PLC 的控制功能逐渐增强，并且体积逐渐减小，计算速度加快，存储器容量变大，通信功能增强。因此，现在的 PLC 已经相当于小型化的电脑主机，不仅限于逻辑控制，还可以通过扩展各种功能模块进行复杂的逻辑控制。当前国际上知名品牌的中大型 PLC 有日本三菱的 Q 系列、欧姆龙的 CJ 系列，美国罗克韦尔的 RSLogix 5000 系列以及德国西门子的 S7-400 系列等。

随着网络技术的发展，PLC 网络通信成为当前控制系统和 PLC 技术发展的潮流。PLC 之间、PLC 与上位 PC 或其他控制设备之间的网络通信已得到广泛应用。PLC 的各个制造商都在发展自己专用的通信模块及网络协议，以加强 PLC 的联网能力，尤其是 CPU 模块上的 Ethernet 接口，几乎成了标配。各 PLC 制造商之间也在协商制定通用的通信标准，以构成更大的网络系统。当前主流的有 Profinet 网络、EthernetCAT 网络和 Ethernet I/P 网络。

另外，PLC 模块也在向智能化、多样化发展，如温控模块、伺服定位模块和数模转换模块等。这些模块的开发和应用不仅扩展了 PLC 的功能，还扩大了应用范围，提高了系统的可靠性，具有积木式灵活组态的特点。用户可以根据自身的功能需求选择相应的功能模块。

PLC 多种编程语言的并存、互补和发展是一种趋势。当前，主要的 PLC 编程语言有顺序功能图、梯形图、功能模块图、语句表和结构文本等。其中，由于梯形图与继电器控制图类似，仍然广泛应用于工业控制领域。结构文本是一种类似于高级语言的编程语言，与梯形图相比，具有进行复杂的数学运算、图形显示、数据处理等功能。

7.1.2　系统分析及总体方案设计

在开发控制系统之前，首先要与客户进行详细的沟通，了解蒸发器海绵粘贴机的设计要求，总结出海绵的粘贴模式，明确客户提出的试样要求，评估其可行性，在掌握机械结构的基础上，设计控制系统的总体方案。

1. 蒸发器海绵粘贴机设计要求

汽车蒸发器海绵自动粘贴机的设计目标不仅是限于单一品种的海绵粘贴，而是能够适应一定尺寸范围内的蒸发器的海绵自动粘贴。蒸发器海绵粘贴机的设计要求如下。

（1）通过读取蒸发器的 QR 码来识别产品种类，可以对宽度范围在 92.1 ~ 319.9 mm、高度范围在 111 ~ 291 mm 的蒸发器进行海绵自动粘贴。

（2）根据蒸发器的种类，机器人自动调整蒸发器的夹紧位置以及粘贴位置，海绵粘贴位置精度为 ±1 mm。

（3）能够供给 5 种宽度的海绵自动剥离，并根据需求切出海绵长度，切料精度为 ±0.5 mm。

（4）设备的节拍时间在 8.5 s 以下，可动率在 90% 以上，不良率在 0.3% 以下。

（5）能够判断出品种及海绵粘贴的不良品，并且自动排出。在海绵卷材缺料时，能够提前报警，通知作业员准备更换海绵卷材。更换海绵卷材时，设备不能停机。

（6）新旧海绵圈材通过黄色胶布连接，能够自动识别出新旧卷材的连接部位，并能将该连接部分的海绵作为废料自动排出。

2. 海绵的粘贴模式简介

（1）蒸发器的尺寸规格。蒸发器芯体（简称芯体）外形尺寸对应的蒸发器芯体尺寸如下。

①芯体高度 H 范围为 111 ~ 291 mm，扁管的间距为 10 mm，共有 19 种高度的产品。

②芯体宽度 W 范围为 92.1 ~ 319.9 mm，间隔为 13.4 mm，共有 18 种宽度的产品。

③芯体厚度 D 范围为 38 mm，只有 1 种厚度的产品。

④芯体接头种类主要有块型、Z 型、O 型、配管型。

（2）海绵的种类。海绵共有 5 种宽度规格，分别为 34 mm、10 mm、15 mm、75 mm、38 mm，厚度均为 6 mm。以下将这些宽度的海绵简称为 W34、W10、W15、W75、W38。其中 W34 和 W75 的海绵比较特殊。W34 的海绵是在中间将海绵切开，但并没有完全切断，还是连接在一起。先使其粘贴在蒸发器的底部，再使其粘贴在蒸发器的侧边，由此 W34 的海绵即可粘贴出"L"形。W75 的海绵是将海绵切分后分成 3 份，也是连接在一起。

蒸发器直接从其正上方压下去，一次完成两边和底部的粘贴，W75 的海绵即可粘贴出"U"形。

蒸发器海绵的粘贴可归纳为 4 种模式，依次命名为 Q-1、Q-2、P-1、P-2，共同点为都是机器人夹紧蒸发器接头的相反方向。

3. 机械结构设计及控制系统方案设计

（1）机械结构设计。

蒸发器海绵自动粘贴机主要包括产品上料部、蒸发器 QR 码识别部、QR 码识别不良品排出部、7 个海绵供料部、海绵粘贴不良品排料部、不良海绵粘贴治具排料部、完成品排料部。

根据设计要求中对设备节拍时间的要求，必须采用 2 台机器人协同作业，完成海绵的粘贴。每台机器人最多可以粘贴 3 条海绵，因此一个产品上最多粘贴 6 条海绵。

首先由机器人 1（简称 RB1）夹紧蒸发器的接头位置的相反侧，根据 QR 码识别到的产品种类，选择需要粘贴的海绵宽度和长度，粘贴 W34、W10L 或 W10R、W15-1。如果粘贴完成时机器人 1 与机器人 2（简称 RB2）进行产品交接，RB2 夹紧粘贴 W34、W10 海绵，一侧的蒸发器粘贴 W75、W15-2、W38 的海绵。如果机器人 1、2 出现粘贴不良，则需要将产品通过各自的排出口自动排出，然后返回原位置。

通过蒸发器海绵自动粘贴机的机械结构图，可以直观地了解设备的整体布局，掌握所有被控对象，明确相互之间的联系，为控制系统的设计做铺垫。

海绵供料的机械结构由海绵送料、剥离、切断、搬送四部分组成。海绵有上下两个面，有胶的一面粘有油纸，另一面为光滑面。海绵供料时将光滑面向下放入输送滑道，带有油纸的一面向上。海绵的油纸夹在伺服电机的驱动轴和从动轴之间，构建辊式进给机构。伺服电机通过拉动油纸将海绵剥离。假定海绵和油纸之间没有气泡，完全贴合，在理论上剥离的油纸的长度等于海绵送料的长度。到达了设定长度后，切刀移动气缸带动切刀，切断海绵。由于海绵具有较强的黏性，为了防止胶附着在刀口影响切断效果，还安装了切刀润滑装置。最后由海绵供料台上的吸附装置将切断的海绵定位后，搬送到预定位置，等待机器人夹着产品进行粘贴。

蒸发器海绵自动粘贴机的工艺流程图如图 7-1 所示。

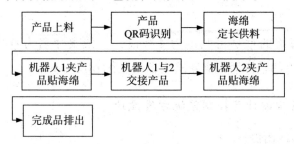

图 7-1　蒸发器海绵自动粘贴机工艺流程图

（2）控制系统方案设计。

出于设计要求及控制精度等方面的综合考虑，本项目控制系统采用 PLC 作为主控制器，采用运动控制器独立控制七个海绵供料伺服电机，分担主控制器 PLC 的处理任务，使得海绵供料伺服电机的精度不会受到主控制器 PLC 扫描周期的影响。主控制器 PLC 的 CPU 与运动控制器的 CPU 组成多 CPU 控制系统。通过输入、输出模块控制开关、按钮、指示灯等开关量 I/O；通过 Ethernet 接口与触摸屏通信，对设备进行操控及生产参数的设定；通过 Ethernet 接口与 QR 码读取器通信，识别产品的种类后，调用预先登录的该品种的海绵供料长度及粘贴模式，实现多种蒸发器海绵粘贴的自动切换；选用 CC-Link 现场总线，实现主控制器 PLC 与远程 I/O 模块、电磁阀等的通信，节省布线时间，降低布线成本；选用 DeviceNet 现场总线，实现主控制器 PLC 单独与机器人控制器的 I/O 通信，节省布线时间，降低布线成本，便于以后的升级改造。控制系统结构框如图 7-2 所示。

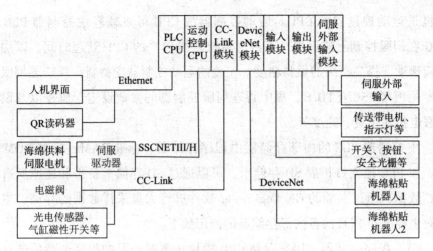

图 7-2   控制系统结构框图

7.1.3 控制系统的硬件设计

1. 控制系统关键部件的选型

本控制系统的 PLC 需要与传感器、电磁阀等开关量的 I/O 信号以及两台机器人进行现场总线通信，需要控制七台海绵供料伺服电机，且需要与 QR 码读取器、触摸屏等外围设备进行 Ethernet 通信。考虑到控制系统日后的扩展性，须选用中大型模块化的 PLC。

考虑到整台设备的 I/O 数量、通信接口、伺服控制及程序步数、可靠性、可扩展性等方面的因素，再加上笔者对三菱 PLC 的运用较为熟练，因此本项目选用三菱的 Q 系列 PLC 作为控制系统的逻辑控制器，其 CPU 型号为 Q06UDVCPU。该 PLC 程序上可使用的最大输入输出点数为 8192 点，处理基本指令的时间（LD X0）为 1.9 ns，程序存储器大小为 60 k 步。CPU 自带 Ethernet 接口，支持多种网络通信协议，可以与多种外围设备通信。选用三菱 Q 系列运动控制器独立控制七台海绵供料伺服电机，其 CPU 型号为 Q172DSCPU，最大控制 16 轴，伺服程序容量 16 k 步。

主控制器 PLC 的 CPU 和运动控制器的 CPU 构成多 CPU 系统。各 CPU 通过多 CPU 间的高速通信区域，以 0.88 ms 为周期，对各 CPU 的内部最大 14 k 字大小的数据进行自动刷新，其中，1 号机是主控制器 PLC 的 CPU，2

号机是运动控制器的 CPU。运动控制器的 CPU 可以减轻主控制器 PLC 的 CPU 在伺服控制上的负担，不占用主控制器 PLC 的 CPU 处理时间，以加快响应速度，提高海绵的供料精度。三菱的运动控制器支持新一代三菱伺服控制专用网络 SSCNETII/H，集中管理伺服控制器的参数设定、监控以及设定伺服电机的位置、速度等。

主控制器 PLC 的内部存储器由程序存储器、标准 RAM、标准 ROM 构成。该 PLC 还支持扩展 SD 存储卡，可以通过 SD 存储卡备份和还原所有的 PLC 数据，通过三菱的 GX LogViewer 软件进行大量采样数据的存储。本项目对主控制器 PLC 的各内部存储器的使用如下。

（1）程序存储器。用来存储 CPU 模块运算时必要的程序及参数的存储器。Q06UDVCPU 的程序存储器大小为 60 k 步（240 KB）。整个工程的程序的步数，会受到程序段数的影响。程序分的段数越多，占用的步数越多。大致估算整个控制的程序容量在 30 k 步左右。在满足该设备现有需求的基础上，程序存储器最好还留有 20% 以上的裕量，以满足日后的扩展需要。

（2）标准 RAM。用于存储文件寄存器数据、局部软元件数据、采样跟踪数据、模块出错履历数据，需要电池来备份数据，该存储器大小为 768 KB。其中，文件寄存器主要用来存储机器的各个产品的配方数据。采样跟踪数据也存储在该区域。由于存储空间的限制，采集数据量不能太大。当程序中使用局部变量时，也需要指定该存储器，被命名为"驱动器 3"。

（3）标准 ROM。用于保存软元件注释及可编程控制器用户数据等。由于程序存储器的容量大小是有限的，容纳不了大量的注释文件，因此将程序的软元件注释存储到标准 ROM 区，方便日后对设备的维护。该存储器大小为 1024 KB，被命名为"驱动器 4"。

2.触摸屏的选型

触摸屏是人机交互的重要工具。在本控制系统中，作业者需要通过触摸屏，实现操控设备、设定参数、监视运行等功能。在触摸屏选型时，通常要考虑的重要因素有屏幕尺寸、显示分辨率、通信协议、存储器容量。

由于主控制器和运动控制器都是三菱的，如果触摸屏也选用三菱的，可以提高整个控制系统的兼容性。例如，可以在没有电脑的情况下直接通过三菱的 GOT2000 系列触摸屏,监控两个控制器内的程序及软元件的数值;可以将主控制器 PLC 的所有程序备份到触摸屏;利用 FA 透明传送功能将电脑连接到三菱触摸屏,可以通过触摸屏直接读取、监视、写入三菱 PLC 的程序。综合以上几点,本项目选用三菱的 GOT2000 系列触摸屏,其型号为 GT2505-VTBD。该触摸屏是 5.7 英寸,TFT 彩色液晶,65536 色,分辨率为水平 640 点 × 垂直 480 点,模拟电阻触摸面板,工作电压为直流 24V。

该触摸屏带有 Ethernet、RS-232、RS-422/485 接口,支持多种通信协议。本项目选用 Ethernet 接口与主控制器 PLC 通信。

该触摸屏带有 SD 卡插槽,可以记录大量设备信息,如错误履历、运行参数等,当设备出现故障时,可以读取 SD 卡中的履历来调查原因。

3. 伺服电机的选型

海绵供料是通过将伺服电机作为驱动辊,带动从动辊构成辊式进给机构,通过拉动海绵的油纸进行海绵的供料的。假定海绵与油纸间密闭贴合,没有气泡,那么拉出油纸的长度等于海绵的供料长度。伺服系统是将被控对象的位置、方位、状态等作为被控量,根据输入目标(或指令值)进行跟随的自动控制系统。伺服电机依靠偏差脉冲进行定位。通常在选择伺服电机时,需要对负载与电机转动惯量、负载转矩等进行估算。海绵供料伺服电机结构如图 7-3 所示。

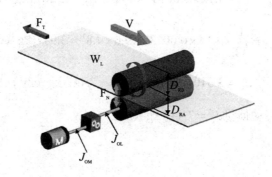

图 7-3　海绵供料伺服电机结构图

转动惯量是刚体绕轴转动时惯性的量度,取决于刚体的形状、质量和转轴的位置。根据海绵供料伺服电机结构图,电机负载转动惯量由两个圆柱体的驱动辊、从动辊以及其他电机连接轴的转动惯量组成，如式（7-1）所示。

$$J_L = J_{RA} + J_{RB} + J_{OL} + J_{OM} \qquad (7-1)$$

式中：J_L 为负载转动惯量（kg·cm²）；J_{RA} 为驱动辊转动惯量（kg·cm²）；J_{RB} 为从动辊转动惯量（kg·cm²）；J_{OL} 为其他设备侧转动惯量（kg·cm²）；J_{OM} 为其他电机侧转动惯量（kg·cm²）。

驱动辊和从动辊为圆柱体，转动惯量的计算如式（7-2）所示。

$$J_{RA/RB} = \frac{1}{32}\pi\rho L\left(D_1^4\right) \qquad (7-2)$$

式中：ρ 为圆柱体的密度（kg/cm³），L 为圆柱体的长度（cm），D_1 为圆柱体的外直径（cm）。

根据计算出的负载转动惯量，在伺服电机样本手册中查找电机的转动惯量和推荐的负载转动惯量比，如满足式（7-3），则该电机符合要求。

$$J_L \leqslant J_M \times n \qquad (7-3)$$

式中：J_L 为负载转动惯量（kg·cm²）；J_M 为电机转动惯量（kg·cm²）；n 为推荐负载转动惯量比。

本项目设计的驱动辊直径 $D_{RA} = 4.2$ cm，长度 $L = 14.6$ cm；从动辊直径 $D_{RB} = 4.8$ cm，长度 $L = 9.6$ cm，材料是铁，密度 $\rho = 0.00787$ kg / cm³。

$$J_{RA} = \frac{1}{32} \times 3.14 \times 0.00787 \times 14.6 \times 4.2^4 = 3.510(\text{kg}\cdot\text{cm}^2)$$

$$J_{RB} = \frac{1}{32} \times 3.14 \times 0.00787 \times 9.6 \times 4.8^4 = 3.937(\text{kg}\cdot\text{cm}^2)$$

$$J_L = 3.510 + 3.937 + 0 + 0 = 7.447(\text{kg}\cdot\text{cm}^2)$$

得出负载转动惯量 $J_L = 7.447$ kg·cm²。

7.2　地埋式液压垃圾压块机控制系统设计及研究

7.2.1　国内外地埋式垃圾压块机的研究现状

1. 国外研究现状

国外发达国家的工业起步较早，不但具备相对成熟的机械控制技术，而且对环境的治理比较重视，很早就研发出了能使垃圾压缩的设备，并且具有完整的垃圾处理方案。国外针对垃圾处理等一系列问题，研究设计并制造出了智能化的机械设备。现如今处于应用状态的自动化设备有垃圾分类机、粉碎机、垃圾压块机等大型机械设备，其中，垃圾压块机技术比较成熟，设计并配套有成熟稳定的控制系统及监控系统。一些城市建立了大型垃圾转运站，这些转运站的自动化程度高，只需要少量的劳动人员进行维护就可持续正常运行，站内有完善的空气循环净化系统，极大地降低了对周边环境的污染。但它投资大，维护成本高，在国内暂时只适用于大型城市的人口密集地区。

美国在工业控制领域的起步较早，在 20 世纪 60 年代就开始研究垃圾压缩机的控制系统，并初步实现了控制。之后 20 年间，美国做到了对箱体内垃圾的压实度的判断。随着第三次工业革命的兴起，计算机控制应用到了越来越多的领域，垃圾压缩机也不例外，更新后的垃圾压块机能够实时监测压缩设备的运行状态，能及时检测到垃圾的压实度及液压油压力状态。许多发达国家将这一技术应用于实践。例如，美国 Marathon 公司生产的预压式垃圾压缩设备，自动化的操作使得机器平稳运行，压缩设备的关键部件采用经特殊工艺处理的材料，具备耐腐蚀、耐磨等优点，且使用寿命长，能够承载较大的压力，垃圾压缩倍数高。其工作过程依靠 PLC 控制系统运行，垃圾倒入压缩箱后的每一步处理操作均可依靠智能化系统控制，且工作人员可以从操作界面监控垃圾压块机的运行。

荷兰一家环保集团设计了一款新型垃圾压缩机，此设备采用竖直压缩垃圾的工艺手段。当垃圾投入压缩箱后，可以利用推压头的推力及自身的重力压缩垃圾。与水平垃圾压块方式相比，此种压块方式充分利用了推压头自重的优势，在达到同一压缩比的前提下，竖直式垃圾压缩机可以降低能量的损耗。在垃圾压缩完成后，压缩垃圾所产生的废水、污水沉积在压缩箱底部，方便了污水的处理，污水可直接从压缩箱底部的排污口排出，避免了水平压缩设备中出现的排污不彻底的现象，延长了设备的使用寿命。迄今为止，该公司的压缩设备已广泛应用于澳大利亚、新西兰等多个国家。

此外，德国法恩公司研制出了 520E 型螺旋压缩设备。该新型设备的工作要求以压缩大型工业垃圾为主，因此，此设备具有压缩压力大、压缩箱容积大等特点，能够有效地处理高密度、高硬度的工业垃圾。该新型螺旋压缩设备的压缩箱采用旋转滚筒的方式。与水平垃圾压块机相较而言，其废水的排放处理及设备的密封性都更加先进，垃圾处理过程中产生的异味也较低，具有更好的环保性。驱动该设备运转的发动机使用天然气驱动，尾气排放更环保，因其主要运动部件少，损耗的部位单一，只需较少的保养及定期的维护即可，具有较好的经济性。

随着人类对环境问题的重视，各国不断加强对环境污染的治理力度，垃圾压缩设备得以快速发展和应用。

2. 国内研究现状

我国经济发展起步较晚，在环境保护意识方面落后于欧美发达国家，在垃圾压缩设备的研究方面，与欧美发达国家的先进水平更是有较大差距。近些年来，政府投入大量的资金用于对垃圾处理技术的研究，国内相关企业也大力引进、吸收国外的压缩产品，并取得了极大的进步，研制出了属于自己的垃圾压块机，在产品的类型和功能上能够满足客户的需求。但是，与发达国家相比，国内自主研发生产的垃圾压块机缺乏创新，无论是在机械机构还是功能方面，都只是一味地模仿与复制，尚未达到自主研发阶段。随着市场竞争的加剧，创新设计能力才是企业的核心竞争力。要想做到自主创新，企业不但要做到完全吸收引进的外来先进技术，还要了解国内城市垃圾处理的现状，针对国内垃圾混合收集的特性，研制出符合国情的设备。

由于国内的垃圾压块机缺乏创新，生产设备的核心零部件仍然依赖进口，核心技术缺失以及智能化尚未覆盖，因此当前国内生产的压块机常常会出一些问题。例如，垃圾压实度测量困难，国内垃圾压块机多采用继电器控制，尚未实现智能化，无法检测垃圾压缩的程度，只能靠工人的经验进行判断，或是每天固定时间进行转运处理。另外，城市居民尚未形成垃圾分类的好习惯，垃圾的收集只能采取混合收集的方法，直接影响了压实度判断的准确性，垃圾成分的复杂性也导致压缩垃圾的压缩比不稳定，有时大块垃圾的存在直接导致了压缩密度的降低。国内垃圾压块机的自动化水平低，仅仅依靠液压系统作为驱动方式，缺乏自动控制系统的辅助，与国外产品相比依然存在较大差距。

针对上述问题，国内科研高校、企业等高端人才对其进行了深入研究，并取得了一些成果。例如，山东理工大学的吕传毅教授针对垃圾中转站设备进行优化设计，成功降低了运行成本，并提高了工作效率；同济大学的盛金良教授通过对不同类型的垃圾压缩车的装载压缩机构进行分析比较，得到了不同机构的特性数据结果；中南大学的刘舜尧教授针对水平垃圾压块机提出了新的工作方案，对原有的结构进行优化，设计了液压系统并对其进行了仿真模拟。国内压缩设备下一步的发展方向更倾向于智能化，从垃圾的收集转运到最后的处理，整个过程可借助远程监控实现垃圾处理的自动化。因此，使 PLC 自动控制技术与液压驱动相结合，共同发挥作用，是垃圾压缩设备下一步的发展方向。

7.2.2 地埋式垃圾压块机液压系统的设计

1. 地埋式垃圾压块机结构及工作原理

地埋式垃圾压块机深埋于地下，设备控制器置于地表，环卫工人将垃圾从投料口倒入垃圾压缩箱，操作人员控制设备将垃圾压缩成块，压缩垃圾所产生的污水通过排污管道流入地下污水系统。此设备不占用地面空间，埋于地下的设计有效隔绝了垃圾堆放所产生的异味，垃圾压块机在工作过程中处于密封状态，各个装置的运动都靠液压驱动来实现，具有良好的可靠性及稳定性。

垃圾压块机依照类型可分为多种型号，本课题选取的是一种地埋式水平垃圾压块机，其适用于居民小区、公园、政府机关、学校、医院等公共场所。该设备主要压缩居民产生的生活垃圾，因此，所选用的材料均有较强的腐蚀性，其主要由举升机构、推压机构、锁紧机构、排污机构、液压系统及控制系统组成。

垃圾压块机的工作原理如下所述。地埋式垃圾压块机在运行状态时整机埋于地下，举升机构处于压缩状态，自推箱体与推压箱体通过锁紧机构锁紧，连通的两个箱体就组成了密闭的压缩箱。在初始状态下，推出缸处于伸长态，推压缸处于压缩态，当垃圾从投料口倒入后，推压缸开始工作，压缩垃圾，与推出缸相连接的自推压头作为挡板承受来自推压缸的压力。因在自推机构的液压系统中设有背压阀，所以当推压头的工作压力大于背压阀的额定压力时，推出缸开始回缩，此时作为挡板的自推压头向后移动，压缩后自推压头的移动距离即为压缩后垃圾块的长度。推压头压缩完成后复位，等待下次垃圾倒入。如此反复压缩后，当推出缸压缩回原有的长度时，垃圾块已装满垃圾箱。其中，压缩垃圾产生的废液通过自推箱体与推压箱体的对接处流出并导入地下排污系统。当垃圾转运车到达时，连接自推箱体与推压箱体的锁紧机构打开，举升机构将自推箱体举升至合适高度，垃圾块被自推压头推入转运车厢，与此同时，推压箱体的挡板在弹簧的拉力下上升，阻止压缩垃圾的残渣泄露，且新的垃圾可以继续倒入推压箱体内等待处理。一系列操作完成后，举升机构复位，锁紧机构锁紧，设备恢复到初始状态。

2. 液压系统的设计要求

由于垃圾压块机埋于地下工作，工作环境较为复杂，所以要想设备稳定运行，就必须明确设备的相关参数。地埋式垃圾压块机的主要参数如表 7-1 所示，对其液压系统的设计有以下几点要求。

表 7-1　地埋式垃圾压块机的主要参数

名称	单位	参数数值
最大压缩压力	KN	600
推压装置外形尺寸	m	2.2×1.5×1.4
自推装置外形尺寸	m	3.1×1.5×1.4

名称	单位	参数数值
占地面积	m	53×1.5
最大举升高度	m	3
地坑深度	m	1.5
电源电压	V	380
空载设备重量	T	6

（1）在压缩垃圾时，推压头要完成的工作循环为推压头快进—推压头工进—保压—推压头快退；举升机构要完成的工作循环为举升—保持举升高度—复位。

（2）液压系统的工作环境较为恶劣，因其长埋于地下且垃圾的成分复杂，腐蚀性较高，且在工作过程中所遇工况较多，所以对液压元件的选用要更加严格。

（3）为合理配置液压缸的压力大小，需要对液压缸的工作状态进行受力分析，明确液压缸所受外负载及工作速度变化范围。

（4）设计一套安全可靠的液压回路，既要保证系统的工作效率，又要保障液压系统安全可靠地运行。

3. 液压系统的工况分析

液压系统的流量以及所受压力等参数的确定主要依靠液压缸所受的外负载以及速度变化范围，因此，为了获取这些变化情况，需要对设备进行工况分析，以此来确定液压缸所能承受的压力大小。分析之前要先了解液压系统需要控制哪几部分。推压机构、锁紧机构、举升机构、自推机构都需要液压缸来控制完成动作，其工作流程如图 7-4 所示。

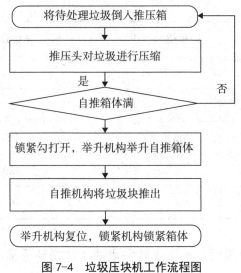

图 7-4　垃圾压块机工作流程图

7.2.3 地埋式液压垃圾压块机控制系统的硬件设计

1. 继电器控制系统

在传统制造业中，对生产设备的控制一般都是通过液压系统、工作机构、传动机构、原动机等部分来实现的。当使用发电机作为原动机时，便形成了最基本的电气自动控制装置，这种控制系统只适用于电机容量小、控制要求简单的小型机械设备。随着技术的不断进步，继电器控制系统逐步成为工业领域中最基本的控制系统之一。

继电器控制系统之所以可以广泛应用于工业领域，是因为其价格低廉，适用性强，易于生产，同时具有较强的抗干扰能力，方便维修与更换。但是，它同样有一定的局限性。由于继电器、接触器均为独立元件，因此就决定了系统的逻辑控制与顺序控制功能只能通过控制元件间的不同连接顺序来实现，它自身的局限性导致了以下问题。

（1）有较大的使用局限性。继电器控制系统的设计是基于某一套固定不变的生产流程或工艺进行的设计，当生产流程发生了变化，或是生产线有了新的控制要求，在修改控制系统的过程中就需要增减控制器件，甚至需要重新设计。因此，同一套控制系统只能控制特定的一套生产流程，难以满足小批量且多样化的生产需求。

（2）整体占用空间大。继电器控制系统的逻辑控制需要通过各种控制电器连接实现。对于控制要求复杂的生产流程，为了实现不同的生产要求，需要不同电器相互配合连接，组成逻辑控制电路。电器本身与连接电器的导线所占用的空间较大，同时消耗的材料也较多。

（3）运行费用高且噪声污染严重。虽然可以把继电器看作一种用小电流控制大电流的电器开关，但它仍是电磁器件，需要大量的电能来维持系统工作。同时，在工作过程中多个继电器、接触器的同时通断，也给工作环境带来了噪声污染。

（4）功能性差。继电器作为一种机械开关，虽然机械触点反应速度较快，但使用时间久后仍会出现抖动现象，影响它定时的准确性，同样也会造成计数不准确等问题，影响系统的整体性能，因此，它只能应用于无定时要求或是定时要求不高的生产过程。

（5）可靠性较低。继电器与接触器出于自身设计的局限性，其控制方式主要是依靠触点间的接触，触点间若是长时间接触或是进行不间断的触点开合，极易造成机械故障，且较大的工作电流也可能导致触点损坏，破坏系统的稳定性。

（6）缺乏远程通信功能。继电器控制是一种通过电磁器件相互连接控制的系统，是一种多个机械器件连接组合而成的控制系统，缺乏数据传输与接收的能力，故无法通过网络对生产过程进行监控或控制，在当下工业网络化的趋势下，生产过程难以满足远程控制等现代化需求。

2.PLC 控制系统

PLC 是一种带有指令存储器、数字或模拟输入（输出）接口的可编程控制器，它具有强大的运算功能，是一种面向自动化设备或生产过程的自动控制装置。随着当前信息技术的高速发展，PLC 的各种功能不断发展完善，适用范围也越来越广。与其他类型的工业控制装置相比，PLC 之所以如此受欢迎，是因为它具备以下几个优点。

（1）硬件可靠性高。PLC 作为一种通用的工业控制器，它必须能够应对复杂的工作环境。抗干扰能力强是 PLC 被广泛应用的一大原因。PLC 的电源一般采用开关电源，不需要特殊的电网送电，可适应电网的大范围波动，稳定性较高。在它的内部硬件设计上，几大重要器件（如 CPU、存储器等）均得到了有效保护，能够有效防止外部环境造成的电磁干扰。其电源线路的合理设计，也减少了高频的干扰。

（2）编程简单且易入门。PLC 程序运用专门的编程语言进行编写，如梯形图、语句表等均可使用。相较于其他编程方式，PLC 程序的编程更加简单、方便，尤其是程序图，易于电工类工作人员的理解，符合设计人员的编程习惯。在编程过程中，设计人员还可以随时验证已编程序的准确性，从而保证了用户程序的正确性。这种简单易懂的编程方式，方便了设计人员的学习及应用。

（3）使用方便灵活。PLC 的结构较为多变，从根本上看就是基本单元与拓展模块的综合应用，因此，输入（输出）信号的数量及驱动能力等都可以根据实际控制要求进行搭配。当需要后期维修或者更改控制要求时，可以进行更换或是增减 I/O 模块。随着 PLC 功能的增加，越来越多先进的特殊模块替代了旧的模块，使得 PLC 的使用更加灵活多变。对于设计人员来说，对PLC 程序的调整也极为方便，只需带便捷式电脑去现场连接调试即可。

（4）具有数据通信功能。PLC 具有通信联网功能，可以跟远程 I/O、其他 PLC、计算机、其他智能设备进行联网通信。联网后，PLC 可以与其他连接设备进行数据交换，当与计算机连接时，还可以在计算机上实时监控设备的工作状态，实现远程控制。

（5）体积小于传统继电器控制系统。PLC 将 CPU、电源、存储器、编程器、I/O 拓展接口、输入（输出）接口、外部设备接口、通信单元等几部分整合在一起，构成了一个小型的、功能性齐全的机器。以超小型 PLC 为例，其制造工艺与纳米技术相结合，新出的型号尺寸小于 100 mm，重量不超过 150 g，功率极低。该型号产品由于体积小，更容易装进其他机械内部，进一步加快了机电一体化的实现。

7.3　基于 PLC 的玻纤缠绕机自动化控制系统设计

7.3.1　国内外研究现状

1. 增强热塑性管道的发展历程

塑料管道市场的需求扩大以及复合管道的良好替代性，为复合管道带来了巨大的市场空间。增强热塑性管道作为塑料复合管道的新产品，有着接近钢管的强度，耐压值高，不易爆裂；有着极好的耐磨性和耐腐蚀性，寿命可达 50 年以上；有着极好的柔韧性，即使发生严重变形也很难破裂；绿色无毒，因为聚乙烯是无毒性可再生材料，所以不会污染环境；质量轻，可绕屈，施工性能优异，铺设成本低。增强热塑性管道可以用于石油、天然气运输，也可以用于城乡输水工程建设。1996 年，第一根增强热塑性管道铺设在阿曼的油田。2000 年，荷兰的 Pipelife 公司设计出 "SoluForcce" 管道，该管道使用芳纶纤维增强带或钢丝增强带作为增强层，广泛应用于石油、天然气、注水管道。除此之外，美国的 FIBERSPAR 公司、加拿大的 Flexpipe 公司以及法国的 Technip–Coflexip 公司也纷纷设计了以不同材料作为增强层的热塑性管道。

我国增强热塑性管的生产起步较晚，设备和技术主要依靠进口。但近 10 年来，我国增强热塑性管道发展取得了长足进步。江苏双腾管业等公司在国外技术的基础上研发了国产钢丝网骨架复合管道，主要用于短距离输水管线、注醇管线以及油气的集输管线。钢丝网骨架复合管道网孔分布不均匀，网孔密的地方耐压值较高，稀疏的地方耐压值低，整体的低耐压值使得钢丝网骨架复合管道不适用于长距离输管线。增强材料的选择很大程度上决定了复合管道的承压能力。国外的复合管道通常使用芳纶纤维带作为增强层，使用带状纤维材料作为管道的增强层，有着很好的综合力学性能。国内企业航天晨光在此方面取得了一些进展，能够生产以芳纶纤维作为增强层的小口径热塑性管道。但是芳纶纤维价格偏高，国内的一些厂家尝试使用其他增强纤维来生产复合管，如河北省景县液力柔性管选用聚酯纤维作为增强材料，设备成本和原料成本较芳纶纤维增强复合管要低得多。

增强热塑性复合管道按照压力等级和管径的不同可分为以下几大类。

（1）小口径高压复合管道，直径 50～150 mm，承压 5～25 MPa，该类管道可以代替目前在油田注水工程中使用的钢管和玻璃钢管。

（2）小口径中压复合管道，直径 100～200 mm，承压 1.6～5 MPa，该类管道主要应用于输气输水、市政工程等领域。

（3）中大口径低压复合管道，直径大于 200 mm，承压小于 1.6 MPa，该类管道市场较大，但是与其竞争的产品也比较多，如 PE 管、PVC 管等。市场上该类管道的主流产品是钢丝网骨架复合管，但拥有更好综合性能的纤维带增强热塑性管道，才是今后中大口径低压复合管道发展的主要方向。

2. 国外纤维缠绕技术研究现状

1946 年，美国率先提出纤维缠绕成型工艺。1947 年，美国的 Kellog 公司成功研制出世界上第一台缠绕机。纤维缠绕技术广泛应用于飞机发动机机匣和发动机油箱等航空航天领域，也应用于贮罐、天然气瓶、压力管道等民用领域。增强热塑性管道是在传统塑料管道的基础上发展而来的，在传统多层共挤塑料管道生产线中引入缠绕机来完成增强层的缠绕工艺，直接决定了管道的生产效率和耐压性能。

欧美企业最早投入增强热塑性管道的研发。长期以来，欧美企业凭借技术先发优势生产出了高质量的增强热塑性管道。德国公司克劳斯玛菲拥有成熟的生产技术、设备，在增强热塑性管道的生产线中大量使用。我国南京航天晨光股份公司于 2004 年引进该公司的生产技术，用来生产芳纶纤维增强的柔性增强热塑性管道。除克劳斯玛菲外，伊诺艾克斯、贝尔斯托夫等公司也有着强大的技术力量和先进的生产工艺。

3. 国内纤维缠绕技术研究现状

我国的纤维缠绕技术研究起步较晚，20 世纪 60 年代初，出于"两弹一星"国防建设的需要，我国开始着手进行纤维缠绕技术的研究，但是由于国际上的技术封锁，到 20 世纪 80 年代，我国的相关技术还停留在第一代技术的水平。21 世纪初，随着国际贸易往来的发展，国外逐步解除了两轴纤维缠绕机的对华销售禁令，我国陆续从美、英等国购买了数十台纤维缠绕机。至此，我国的纤维缠绕技术获得了跨越式发展，但离世界先进水平仍有一段距离。于是，国内在充分研究引进的两轴设备的基础上着手研发两轴以上的纤维缠绕技术。在国内专家学者的共同努力下，我国已独立开发出了五轴微机控制纤维缠绕机，如图 7-5 所示。五轴微机控制缠绕机的五轴（小车、伸臂、丝嘴、纱架、芯模）既可单独控制，也可五者联动，运动更稳定，且调速范围宽，操作简便，控制精度高，不仅能满足多种不规则形状制品的生产需要，也能实现螺旋缠绕和环向缠绕的复杂组合线型。五轴微机控制纤维缠绕机可以用于定长的塑料管道增强，但是无法实现连续长段的塑料管道增强。

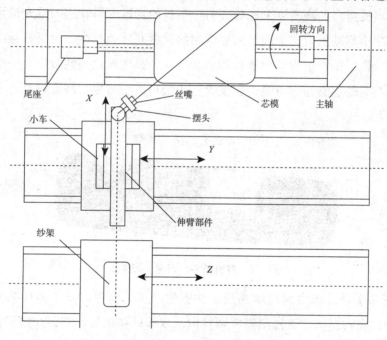

图 7-5　五轴微机控制纤维缠绕机

　　我国塑料管业对增强热塑性塑料管的探索一直很积极，多年来经过不断发展，已打开不小的市场。南京航天晨光公司引进德国克劳斯玛菲的增强热塑料复合管道生产线，标志着我国增强热塑性管道发展进入了一个全新的阶段。自此，国内企业不断引进和吸收国外技术，积累了不少经验，逐步开始自主研制复合管道生产线。广州励进新技术有限公司自主研发出第一条国产钢丝网骨架复合管道生产线，标志着我国在该领域的生产技术有了重大进步。除了广州励进公司外，上海金纬公司也自主研发出了纤维带增强热塑性管道生产线，标志着我国的复合管道生产技术取得了很大进步。但现有成果与欧美发达国家相比仍有很大差距，需要不断提高生产设备的技术含量和自动化程度。

7.3.2 总体方案设计

1. 增强热塑性管生产工艺分析

纤维带缠绕增强热塑性管由三层组成，结构如图 7-6 所示。内层管通常是挤出机挤出的高密度聚乙烯塑料，塑料的特性使得管道内壁光滑且耐腐蚀，能减小流动阻力。中间增强层常用的材料有玻璃纤维、短切纤维、芳纶纤维等，该层提升了管道的承压能力和韧性，是增强热塑性管道至关重要的工艺环节。外层管通常也是高密度聚乙烯塑料，层与层之间通过高强度热熔胶黏结在一起。

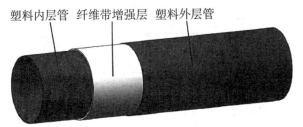

塑料内层管　纤维带增强层　塑料外层管

图 7-6　纤维带缠绕增强热塑性管

图 7-7 是纤维带缠绕增强热塑性管生产工艺流程。基于多层共挤管材生产线，先将高密度聚乙烯塑料颗粒倒入双螺杆挤出机料斗，在挤出机内部将塑料颗粒加热至熔融状态后，经挤出机模头挤出生成内层管。内层管经前置真空箱冷却定径后，受牵引机牵引向前移动，经涂胶设备在内层管外表面涂覆高强度热熔胶，再借助缠绕机将纤维带按一定的螺旋角和张紧力均匀缠绕到内层管外表面，形成增强层。在缠绕后的纤维带外表面再涂覆一层热熔胶，并把高密度聚乙烯塑料复合到增强层外表面，形成外层管。复合管道经后置真空箱冷却定径后最终成型，再由牵引机把管道向前牵引，进行喷码，切割入库。

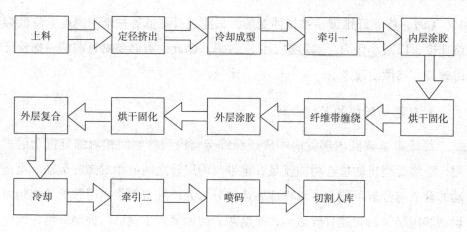

图 7-7　增强热塑性管道的生产工艺流程图

2. 纤维增强带性能分析

纤维增强热塑性塑料根据纤维增强方式的不同，分为短纤维、长纤维和玻璃纤维毡。根据夹杂理论，纤维的长度和体积含量对基体增强效果具有显著影响。体积含量越高，纤维长度越长，对基体的增强效果越显著。

长纤维复合材料表现出比短纤维复合材料更佳的性能，可提高刚性、弯曲强度，还可以显著提高冲击强度，但是拉伸强度会显著降低。

纤维增强带的基体通常为 HDPE 材料的树脂，前一小节提到了增强热塑性管道的内外层管道材料都是高密度聚乙烯（HDPE）塑料。纤维带使用 HDPE 树脂作为基体，使用连续长纤维作为增强体，基体在常温下多处于玻璃态。为了使纤维带与内层管贴合得更紧密，需要在缠绕时将纤维带基体与内层管外表面共同加热至熔融状态。HDPE 纤维带在 400℃ 下只需几秒即可加热至熔融状态，随后与内层管固化在一起。

纤维增强带在加热缠绕过程中通常会发生热变形，尤其是连续长纤维带，由于拉伸强度较低以及纤维排列有序，在 HDPE 基体熔融状态时受拉更容易变形，影响缠绕增强效果。纤维带有两种失效情况：层间滑移发生变形一般沿纤维的主方向，面内剪切一般不沿着纤维的主方向。

生产实践证明，使用长纤维 HDPE 增强带（连续纤维带）的复合管性能远优于传统热塑性复合管，但是使用连续纤维带代替短纤维带进行单螺旋缠绕增强 $\varphi 250$ mm 热塑性复合管时发现，当张紧力大于 80 N、黏结温度为

400 ℃时，连续纤维带易被拉伸变形，只能通过降低管材牵引速度来降低缠绕速度，以减小张力，这影响了生产效率。因此，有必要对目前的单螺旋纤维缠绕方法做出改进。

3. 双螺旋缠绕的原理分析

纤维带缠绕到内层管的本质是纤维带与内层管之间相对螺旋运动的过程，纤维缠绕机的核心功能就是纤维带与内层管之间的相对螺旋运动。由运动的合成与分解可知，可以将螺旋运动分解为纤维带围绕内层管的匀速圆周运动和内层管的匀速直线运动，控制两者的速度大小就可以控制纤维带缠绕至内层管上的螺旋角。图 7-8 为单螺旋与双螺旋缠绕的对比图。

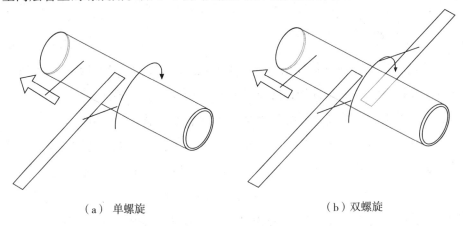

（a）单螺旋　　　　　　　　　　　（b）双螺旋

图 7-8　单螺旋与双螺旋缠绕的对比图

从图 7-8 中可以看出，双螺旋纤维带绕一圈缠绕上去的带长是单螺旋的两倍，相应地，所需要的缠绕速度就为单螺旋的一半，要求的张紧力也只有单螺旋的一半。使用双螺旋缠绕可以有效地解决长纤维带放卷过程中的拉伸变形问题，因此，这里选择双螺旋缠绕作为缠绕机的缠绕方式，如图 7-9 所示。双螺旋缠绕对缠绕速度与管材牵引速度的匹配要求很高。如果缠绕的螺旋角度过小，则两卷纤维带在缠绕上内层管前容易打结；如果螺旋角度过大，则带与带之间又存在间隙，导致缠绕效果不佳。

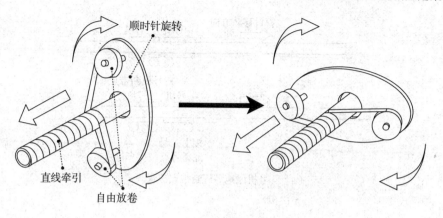

顺时针旋转

直线牵引

自由放卷

图 7-9　纤维带双螺旋缠绕示意图

4.连续缠绕原理分析

缠绕机的方案设计中需要考虑连续缠绕要求。缠绕机在纤维带盘用尽后能自动续上新带盘，使整条生产线保持正常运行。内层管在生产线中以设定速度移动，单螺旋缠绕机的两个储带盘可以交替工作。当发生断带时，单螺旋缠绕机采用伺服系统控制。换带过程中，缠绕机整体跟随内层管一起移动，保证换带过程中两者之间相对静止，操作人员在此期间完成缠绕机的接带工作。

与单螺旋缠绕机不同，双螺旋缠绕机的两个储带盘必须同时工作，而且为了保证缠绕的对称协调性，两个带盘必须随大旋转盘一起转动，仅仅使用一台缠绕机显然不可能实现连续缠绕。受单螺旋缠绕机的同步移动换带启发，可以在生产线上再布置一台同类型的双螺旋缠绕机，通过两台机器的交替工作来实现连续缠绕。两台机器在生产线上一前一后布置，取断带瞬间的一段固定长度的管材为研究对象。如图 7-10（a）所示，二号机断带时一号机只需要原地等待断带点；如图 7-10（b）所示，一号机断带时二号机需要以比管材更快的速度移动，追上断带点才能续上带，二号机续上带后会偏离原有位置，需要对其进行复位，复位过程中要增大缠绕机转速来保证纤维带缠绕螺旋角恒定，直到缠绕机回到原点位置。这种生产线布局使得二号机移动的时候一号机也要同步移动。

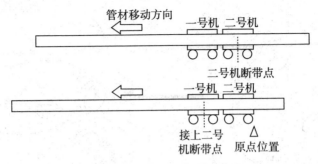

（a）一号机原地等待断带点流程

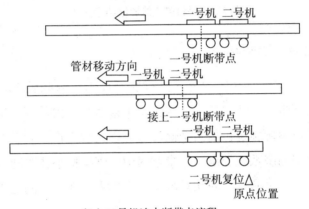

（b）二号机追击断带点流程

图 7-10 连续缠绕续带流程图

7.3.3 电气控制系统设计

1. 控制系统功能设计

双螺旋缠绕机的控制系统对完成缠绕工艺至关重要，根据控制要求加入现场数据的检测和处理功能，经控制器分析判断后输出各种控制指令，使缠绕机的各个动作有序协调地进行。考虑到本节的纤维缠绕机的引带电机、对位电机、对角度电机、加热风枪需要随旋转盘同转的工作特点，控制系统还需要具备无线通信功能。

PLC 是可编程控制器的简称，它能够在恶劣的工业环境下可靠运行。PLC 采用微型计算机处理器作为核心，并结合了传统的继电器控制技术和自动化通信技术。用户将编译完毕的程序下载到内部存储器，PLC 在其内部执行运算和控制指令，通过数字量或模拟量端口与外部设备进行信号交互。通信技术的应用体现在 PLC 通过专用的通信端口与外部设备（PLC、远程 I/O 设备等）进行信息交互。PLC 通信的优势在于使用的线少，传递的信息多且快。

2. 硬件设计

硬件设计是整个控制系统的载体，是软件设计的基础。它根据控制系统需要实现的功能，选择合适型号的控制器；针对自动化控制系统的新功能，做主要的硬件选型与配置；设计各个元件之间的连接线路，完成控制系统的硬件搭建。

（1）通信协议选择。

现场总线技术被誉为自动化领域的计算机局域网，是未来自动化领域的发展潮流之一。现场总线的重要特征是以双向、开放、数字化、多节点的通信代替模拟量 I/O 信号。现场总线系统是串行化、多站化、数字化的新型网络，给 PLC 自动化通信领域带来了颠覆性的变化。在现场总线网络下，PLC 不需要额外配置变送器、记录仪等模拟量仪器来传递模拟量信号，只需要从 PLC 拉一根数据线，沿数据链从一台 PLC 连接到另一台 PLC 或者远程 I/O 设备，直至连接到数据链最末端的 PLC 或者远程 I/O 设备即可。以这种方式组成的通信网络系统被称为集散控制系统（DCS），它通信成本低廉，降低了接线、安装、调试的难度。

现场总线的各种标准尚未统一，目前几种常用的现场总线技术有 Modicon 公司的 Modbus、现场总线基金会研发推广的 FF、德国西门子公司的 PROFIBUS 等。

其中，Modbus 通信协议于 1979 年推出，是现在流行的一种通用工业标准。Modbus 网络的特点是简单、易实施、易兼容。目前市面上大多数仪器仪表都配置了 RS485 端口（Modbus 的一种通信接口），选择 Modbus 网络会在硬件设备选型时有很大的选择空间。

Modbus 协议分为 Modbus ASCII、Modbus RTU 和 Modbus TCP 三种，Modbus ASCII、Modbus RTU 主要应用在串行通信领域，而 Modbus TCP 活跃在以太网通信领域。Modbus 在串行通信领域采用主从站请求响应形式通信，串行链路上有一个主站、多个从站，从站之间不会互相通信，只会与主站通信。主站主动发送带有从站地址、功能代码的请求数据，从站接收到后会对请求数据进行分析并做出应答。

（2）可编程控制器的选型。

S7-1200 是西门子公司新一代的模块化小型 PLC，由 CPU 模块、信号板、信号模块、通信模块组成，具有高度的灵活性。根据系统功能，考虑到本节的纤维缠绕机的引带电机、对位电机、对角度电机需要随旋转盘同转的工作特点，一台 PLC 显然不能满足全部控制需求，需要进行多台 PLC 间的无线通信。以一组（两台）纤维缠绕机为例，就是一台主站 PLC 控制两台安装在旋转盘上的从站 PLC。精智面板作为上位机，信息交流模式如图 7-11 所示。

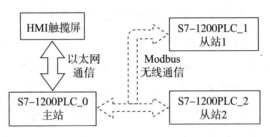

图 7-11　信息交流模式图

在网络系统中，精智系列面板通过以太网接口与主站 PLC 进行数据交换。创建一台 S7-1200 作为主站与两台从站 S7-1200 之间的 Modbus RTU 无线通信网络。精智面板不仅交互主站的信息，也通过主站交互从站的信息。通过主站交互从站信息的工作过程为：从站的信息通过无线通信网络发回主站，主站再传送给精智面板并显示，操作员也可以通过精智面板触摸屏将控制命令经主站发送给远程从站。

3. 无线通信网络设计

（1）CM1241 通信模块。CM1241 通信模块是网络系统中用来和 PLC 连接的通信端口。CM1241 通信模块支持 Modbus RTU 主从站协议，安装在 CPU 模块的左边，最多可以安装 3 块通信模块。通信模块的电源由 CPU 模块提供。CM1241 通信模块根据通信方式的不同可分两类——CM1241（RS232）和 CM1241（RS485）。通信模块 CM 1241（RS232）为全双工通信方式，甲、乙两站分别用两组不同的数据线接收和发送数据，两站能在同一时刻接收和发送，但是通信模块 CM1241（RS232）做 Modbus RTU 通信网络主站，就只能与一个从站通信；通信模块 CM1241（RS485）为半双工通信方式，使用一组线接收和发送数据，通信的双方在同一时刻只能发送数据或只能接收数据，故切换通信方向需要一定时间。通信模块 CMI241（RS485）做 Modbus RTU 通信网络主站，最多可以与 32 个从站通信。

（2）宇泰 UT-901 无线串口收发器。为了实现主站 PLC 与从站 PLC 的无线通信，主站与从站均需要配备 CM1241 通信模块和宇泰 UT-901 无线串口收发器。其中，宇泰 UT-901 是一款工业等级的无线串口收发器，支持 Modbus 协议。

7.4　基于 PLC 的自动涂装控制系统设计

7.4.1　自动涂装系统研究概述

1. 自动涂装系统研究的背景与意义

自动涂装技术是汽车喷涂、工程机械、船舶喷涂、电器生产、日用五金、家具产品等行业生产过程中，对金属或非金属产品表面涂装保护层或装饰层的技术。传统的涂装工艺，工人需要全身穿好防护服，对产品进行涂装加工。长期在涂装车间工作，涂装所产生的粉尘、颗粒、漆雾可能使人体产生不同程度的慢性中毒，对人体有害，同时涂抹不够均匀，效果不佳。随着工业技术的发展，工业领域自动化的程度越来越高，现代涂装工艺多采用自动化设备，无需工作人员近距离操作，隔离了产品和人员，由机器对产品进行自动加工，涂装均匀，效果显著。

通过走访周边企业、咨询企业专家、了解企业涂装设备现状，研究者设计了自动涂装系统，在现有自动涂装系统中，增加了 PID 恒压控水位调节与自动涂装系统运动轴，全方位升级了涂装系统设备，同时改善了水平涂装的涂装效果，对自动涂装设备进行了改造和升级，提高了涂料的应用率，改善了系统稳定性，增强了涂装效果，使得企业效率提高，设备精确度提高，具有重大研究意义。

2. 自动涂装系统的概述

随着我国工业自动化技术的迅猛发展，许多企业进行了产业的升级换代，涂装系统也由传统的生产方式转变为自动化控制。根据《2018 年中国涂装行业发展趋势分析报告》，2017 年中国热喷涂涂料市场规模约为 9.7 亿美元，喷枪需求量为 1590 万个，预计 2018—2023 年我国喷枪需求量还将不断扩大，但增速会有所下降。因此，自动涂装系统正迅速以可编程控制器 PLC 为主体，辅以运动控制系统进行精确控制，以 S7 协议进行以太网通信，对物料进行上料、存储、运输和加工，采用变频器调速控制、步进、伺服系统进行位置驱动控制，在人机界面进行交互设计，从而构成一个整体，用以解决家电行业、日用五金、电器产品、汽车工业、工程机械、船舶工业等工业领域的生产难题。

自动涂装系统是通过自动化电气设备对涂装生产工艺进行设备控制、数据监控、系统调试的设备总称。自动涂装系统属于涂装工艺中的一个工艺环节。根据应用场合的不同，涂装系统结构也有所不同。但绝大多数自动涂装系统都包含以下五个部分：前处理设备、涂装设备、烘炉设备、冷却设备和下料存储设备。其中，涂装设备是系统中的核心环节。

涂装工艺主要具有两种功能：装饰性和防腐蚀。涂装工艺使加工后的产品能长时间在不同的环境条件下，光泽、色彩不发生变化，并能长久保持美观，还能保证产品不会生锈腐蚀，并且通过肉眼不能观察到涂装表面存在微小的颗粒、擦伤、裂痕、起皱等现象，工艺控制严格，因此，自动涂装系统对设备的精度、稳定性等有较高的要求。

本节按照现有自动涂装设备的控制要求，针对企业中常见的自动涂装系统进行升级改造，根据不同的场合环境可以增加或减少系统环节，使整个设计按照主从结构进行。自动涂装生产过程中有很多的生产环节，涂料的混合、涂料的输送、涂料的存储、工件的涂装均为自动涂装系统的重点环节，需要使用自动化控制系统进行把控。每个工序所用设备的功能不尽相同，其中涂装设备系统的构建，在自动涂装系统中处于核心地位。

先进的自动涂装系统不仅具备较高的工业水准和自动化程度，还考虑到了车间的环境和生态影响，以及系统的稳定和持续性。本节采用西门子 PLC

组建工控网络来控制涂料混合、涂料输送、涂料存储、自动涂装等工序，对提高企业生产和管理自动化水平有很大的帮助，对构建工业控制系统具有指导意义，对实际的工业控制方案设计和调试具有参考价值。

根据自动涂装系统的功能特点，对自动涂装系统的控制方案进行整体设计，组建系统网络，并解决实际生产中设备工作的稳定性问题，解决原有设备涂装覆盖面不够广、输出涂料不够稳定的难题。

3. 自动涂装系统的发展

我国涂装生产线经历了从人工作业到人工搭配生产单元，到全自动生产线，再到加入工业机器人式的自动生产线，最后引入数字智能化的发展历程。

我国在 20 世纪 50 年代对苏联工业技术的引进，促成了我国涂装工业的起步。早期，涂装线主要是由钢板焊接的槽子和钢结构的涂漆所组成的干燥室组合而成的，工人使用电葫芦吊挂工件使生产线运行。随着轻工业的迅速发展，电气机械化的生产线得到大规模应用，主要分布在沿海地区和工业地区。随着技术的发展，静电喷漆和电泳涂漆被推广到各行各业，汽车行业多采用这种方式。

近几年来，随着工业自动化和智能化在我国的不断发展，工业生产线改进了新的技术，主要从精度上提高了喷涂的准确性，这主要是由于伺服系统的研究和发展。另外，伺服驱动的工业机器人系统逐步完善，也逐渐替换了洗槽式的生产线技术，节约了生产空间，提高了工作效率。

伴随着科学技术的不断发展，涂装行业出现了许多新技术、新材料、新工艺，如电子技术、数控技术、激光技术等先进技术，给涂装行业带来了新的动力。新技术、新材料、新工艺的引入让自动涂装生产线向着更加自动化、更加柔性化、更加集成化以及更加智能化的方向发展。从产业可持续发展的角度来说，自动涂装设备的发展趋势可以归纳为以下五个方面。

（1）涂料的绿色环保问题和废料的处理问题，这也是国家提倡低碳、环保、绿色的大背景下涂装行业转型的必经之路。

（2）自动涂装各环节的自动化。涂装本身是精密行业，人工无论如何操作，也不能保证百分百的无误。自动化设备的引入提高了工作效率，节省了人力。

（3）柔性化的涂装生产。不同的产品，外形结构可能不同，因此制造过程要能针对各种不同形状的产品进行喷涂。

（4）改进涂装自动化的集成化。产品的生产需要多个环节，严重制约了环节中产品的加工进程，增加了一些无用的价值。这就要求对涂装设备进行整合，以提供更加可靠的一体化服务。

（5）随着信息智能化的推广与普及，引入更加智能化、数字化的涂装设备，有助于生产过程中的过程监控、数据统计与整理。

4.涂装生产线存在的问题

我国现在已经有很多的涂装生产线应用在实际的生产过程中，但一半左右的涂装生产线都是引进的国外先进技术，大部分的核心技术被国外企业垄断，我国自主研发的涂装生产线还存在许多难题需要解决，大致原因有以下几点。

第一，我国涂装生产线在精度设计上水平不高。这主要是由于许多制造行业的企业购买涂装设备时，多采用国外高精度的产线。国外的生产线无论是从精度上还是耐用性、性价比上都高出国内许多，因此，涂装设备在研发上投入的人力、财力、物力等都存在不足。另外，生产线中比较关键的设备，如 PLC、伺服控制系统都依赖进口，国产的质量往往不能支撑生产线常年使用的要求。

第二，国内制造业水平严重滞后于国外。国内涂装生产线设备行业多来自非标自动化生产线，企业规模一般都比较小，或者对于涂装设备的设计和制造只是临时的企业订单，因此综合比较下来，涂装生产线的生产性能指标和可靠性相对于国外公司而言有所滞后。

第三，涂装生产线的安全水平、使用水平、设备水平与国外差距较大。部分涂装生产线在设计上对操作者的保护度不够，对健康保护方面的防护也不够。沿海地带，生产线上的操作人员缺乏专业技术知识，操作过程中会出现不按照操作规程进行操作或者是误操作的现象。国内企业对国外涂装设备的引进存在问题，不能很好地消化和吸收国外先进的技术。国内企业对涂装生产线研发所投入的人力、财力还是很有限的，这也制约了国内设备追赶国外先进技术的脚步。

第四，电泳涂装设备是目前应用较为广泛的涂装设备，采用的方法是将涂料通过电泳两级定向迁移并沉积在电极中的一面，是一种特殊的涂膜方法。但是我国的涂装工具始终落后于欧美发达国家，导致涂装耗材更多依赖进口，并且我国工人的工艺水平有待提高，可喷涂质量通常不理想。

第五，静电涂装技术是 20 世纪开始到现在发展了半个多世纪的科学技术。随着时代的发展，其自身装备也在不断更新。现如今，静电涂装已经成为工业涂装技术中最快、最普遍的涂装方式。一般设备都配以电喷枪、高压直流静电发生器、涂装机和控制系统，适用于多种混流涂装。但是，我国在静电涂装上存在的问题是涂装的耗材更多依赖进口，多种喷涂现场都使用人工喷涂，工人工艺水平有待提高，喷涂质量通常不够理想。随着我国工业化水平的发展，涂装设备改为精度更加高的伺服控制成为发展的趋势。

7.4.2 自动涂装系统的控制方案设计

1. 自动涂装系统环节设计

以可编程控制器和工业以太网为基础，设计一套自动涂装系统，该系统主要选用西门子 S7-300 PLC、WINCC 作为人机交互界面，选用工业计算机作为控制系统核心，以完成对系统的信息采集和控制，使用西门子 WINCC 对现场设备进行信号采集和处理，同时完成工作任务编程，解决工件加工问题，并优化系统稳定性。对于复杂形状的工件，可以通过增加运动控制轴的方法来完成复杂工件的多角度加工。

在整个涂装系统中，使用五台不同功能的电机进行联合作业，搅拌电机只负责正反向转动，涂装进料泵电机需根据工件大小进行计算，并进行模拟调速，喷涂高度和横移控制的电机要精确控制精度，采用伺服电机控制，工件旋转台采用步进电机进行旋转控制。因此，在设计上应当根据系统功能的不同，对各电机的功能进行系统的设计，从而达到更好的控制效果。

（1）涂料混合系统的控制功能。

涂料混合系统主要用于处理不同的液体的混合加工，根据被加工原件的需求，使用不同的原料组合搅拌。在设计上采用了 A、B、C 三种不同的物料进行组合，该系统主要由 PLC 作为主要控制对象，对涂料混合中的阀门

A、B、C 进行输入控制，对搅拌电机进行输出控制，根据被加工工件的不同，使用 PLC 对阀门 A、B、C 的开合时间进行定量控制。

（2）涂料存储系统的控制功能。

涂料存储系统作为中间环节，存储混合涂料的同时，还要为后续的工序提供存储液位的信息。该系统采用 S7-300 主站作为控制器，在实际喷涂过程中，自动涂装需要不断使用混合液进行喷涂，而涂料混合又不断产生新的混合液，当系统中出现新混合液生产量小于自动喷涂用料量时，存储系统液位失衡，长期使用可能会出现空喷、漏喷和断喷的现象；如果新混合液生产量大于自动喷涂用料量，存储系统液位会饱和，出现混合液溢出的现象。

因此，涂料存储系统环节需要使用恒压水位控制，一般采用的控制方法是 PID 调节，而恒压水位调节最关键的是需要知道输入量和输出量的大小、当前水位值等物理条件，输入量和输出量用阀门大小来控制，当前的水位在涂料存储系统的底部安装液位传感器，检测底部重量并转换为模拟量，用于计量水位。

保持涂料存储系统水位恒定的方法是，当输出阀门大小恒定时，通过设定水位值，与当前水位值进行对比，采取 PID 算法调节输入阀门的大小，以做到水位低时阀门开大，水位高时阀门减小，保证涂料存储系统的液位恒定。

通过以上分析得出，选用的 S7-300PLC 具有至少一路模拟量输入和两路模拟量输出才能满足要求。

（3）涂料输送系统的控制功能。

涂料输送系统主要是应用变频器对输送混料进行模拟调速控制。它和涂料存储系统关系紧密，因此两者可以称为涂料存储输送系统。输送系统主要由变频器进行模拟调速，从而控制输送泵输送混合物料到自动涂装系统中，给喷涂喷枪提供混料。其中，模拟调速根据喷涂喷枪出料量进行速度调节。涂料输送系统环节主要是利用 PLC 作为处理信号的控制器，利用变频器进行模拟变速运行，使输送涂料的速率发生相应的变化。

（4）自动涂装系统的控制功能。

该环节是自动涂装系统的核心环节，在涂料过程中需要对被加工物料进行精确加工。由于被加工的物料需要在多面进行喷涂，因此该环节在设计上从三维体系上进行喷涂。自动涂装系统有控制 X 轴水平方向上的伺服电机、控制 Y 轴垂直方向上的伺服电机和控制 Z 轴旋转的步进电机，因此对于绝大多数的加工物料，都能对各个面进行作业。由于采用步进 / 伺服电机，因此在选取控制器的时候，应当从成本和功能上进行思考，选择可以同时搭载 3 台步进 / 伺服电机的 PLC 设备来发送高速脉冲输出。

2.PID 控制原理

（1）PID 控制系统概述。该自动涂装系统中需要喷枪移动稳定性好，移动距离精度准确，通过 PID 控制可以实现电机的精确位置控制。因为引入了反馈信号，所以电机的运行更加稳定。除此之外，在涂料存储系统中，要求液位传感器对存储箱的液位进行水位恒定测量，因此此部分采用 PID 控制。

（2）PID 控制模型简介。PID 控制模型的主要部分是精确位置定位系统，其由比例控制（P）、积分控制（I）和微分控制（D）三部分组成。它是一个调节器，将比例、积分以及微分通过线性组合构成控制量，对控制对象进行控制。其 PID 的控制原理如图 7-12 所示。

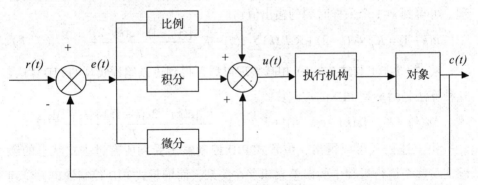

图 7-12　PID 控制原理图

伺服驱动器通过给定电压让伺服电机在负载下运动起来。由于理想情况下的速度和实际的速度有差别，因此伺服电机需要后置编码器来反馈电机当前的位置信息。通过编码器可以检测伺服系统丝杠所走的具体位置。将检测到的值与设定值进行比较，如果两者之间存在偏差，就要通过 PID 控制来进行修正，使目标值与反馈值一致，以保证系统的精确度，偏差公式为

$$e(t) = r(t) - c(t) \qquad (7-4)$$

控制系统 PID 调节器的微分方程表达式为

$$u(t) = K_p\left[e(t) + \frac{1}{T_I}\int_0^t e(t)\mathrm{d}t + T_d\frac{\mathrm{d}e(t)}{\mathrm{d}t}\right] \quad (7\text{-}5)$$

式中：K_p 是比例系数；T_I 是积分时间常数；T_d 是微分时间常数；$e(t)$ 为偏差信号。

在实际应用过程中，由于微分算式在计算器和驱动器的运算过程中不易实现其算法，因此对式（7-5）进行离散化处理，得到位置式数字 PID 控制算法，使用的原理是用多样式的连续采样时刻点 K_T 来代表连续的时间 t，以矩形法数值积分来近似代替理论上计算的积分，以一阶后向差分函数代替当前时刻的差分，可得到其 k 采样时刻的离散 PID 表达式：

$$u(k) = K_p e(k) + \frac{K_p T}{T_t}\sum_0^\infty e(i) + \frac{K_p T_p}{T}[e(k) - e(k-1)] \quad (7\text{-}6)$$

式中：T 为采用周期；k 为采用序列；$e(k-1)$ 和 $e(k)$ 分别为第（k-1）和第 k 时刻所得到的系统偏差信号。

但是上述 PID 表达式中的算法仍然难以通过编程实现，因此采用递推原理，可得到 k-1 个采样时刻的输出值：

$$u(k-1) = K_p \times e(k-1) + K_i T_e(k)\sum_{j=0}^{t-1} e(j) + K_d\frac{[e(k-1) - e(k-2)]}{T} \quad (7\text{-}7)$$

将式（7-6）与式（7-7）相减整理以后，得到可以编程实现的 PID 算法，这种算法是增量型 PID 的控制算式：

$$\Delta u(k) = K_p \times [e(k) - e(k-1)] + K_i T_e(k) + \frac{K_d[e(k) - 2e(k-1) + e(k-2)]}{T} \quad (7\text{-}8)$$

由上述公式可以得出，位置式 PID 控制输出受到所有过去式状态的影响，与整个运行过程中的误差累积存在关系，而增量式 PID 控制输出只受到前两拍的误差影响。在伺服控制系统中，位置式 PID 时间长以后容易累积误差，因此，多采用增量式的伺服系统来控制伺服电机，可以采用价格比较低的光栅编码器进行控制。

3.PID 在伺服驱动器中的应用

伺服控制系统主要由速度环、电流环和位置环构成。位置环在伺服控制系统的最外层，其功能是限位、返回参考点和精确定位。伺服系统可以快速确定指令数值的变化，能对运动控制中由位置产生的误差进行修正。电流环的主要功能是由速度控制输出，使运动控制系统在进行定位时不会产生震荡，保持系统运行的稳定性。如果使用位置环和电流环进行闭环控制，则运动控制系统对速度指令能够快速响应，对外界干扰有较好的抑制能力。速度环的功能主要是控制电枢电流的相位和幅值，主要功能是对电流时刻进行跟踪，具有更高的响应速度。

在本项目中，原设备中采用了台达公司的 ASDA-B2 交流伺服驱动系统，其具有三种控制器，即电流控制器、速度控制器和位置控制器，可根据实际需求进行选择组合，外加滤波、前馈等来满足精确控制的要求。控制系统需要形成闭环控制才能反馈信号。

其控制模式可以采用单一模式或者混合模式两种。在单一模式下，可以选择位置、速度和扭矩三种模式中的一种。当选择位置模式时，驱动器接受位置命令，控制电机至目标位置，由端子信号产生脉冲控制输入，模式代号为 PT；当选择速度模式时，驱动器可以接受速度命令，控制电机至目标转速，速度命令可由内部缓存器或者外部端子提供模拟电压，模式代号为 S 或者 Sz。但要注意两种模式的区别，Sz 模式无法由外部端子提供信号源，即不能通过外部模拟量给信号；当选择扭矩模式时，驱动器可以接受扭矩命令，控制电机至目标扭矩，扭矩命令可由内部缓存器或者外部端子提供模拟电压，模式为 T 或者 Tz，同样，Tz 模式下是无模拟输入信号。

在混合模式下，则可选择 PT-S、PT-T、S-T 三种混合模式。采用混合模式进行工作，需要根据实际应用过程中被控的物理量是否需要既保证位置的精确性，又保证目标转速或扭矩的精确性，来进行设计。

7.4.3　自动涂装系统的硬件方案设计

1. 电气控制的总体设计

自动涂装系统涂装过程中，对喷枪作业的精度要求很高，要求轴在转动过程中，能够精确定位和快速响应，一般采用伺服驱动器来实现此功能。为了保证整个系统的设备在运转过程中不出现错误和大的误差，选定本系统的整体设计方案如下：整个系统中采用多个传感器、接近开关和气动系统，通过 WINCC 上操作、监控生产工艺、显示、记录和控制进行生产线的联调。系统可以分成三个部分：人机界面互动（西门子 WINCC）、控制单元（PLC+3M458+ASDA-B2）、现场检测与传动（各类传感器 + 行程开关 + 限位开关 + 气动系统）。

人机界面互动部分主要采用的是西门子 TP700 精致面板，使用 TIA 博途软件进行组态和编程，先在电脑上进行程序编写和仿真，同时在电脑上仿真 WINCC，组态完成以后，通过以太网下载到 WINCC 中，实现可操作性，其具备参数设置、报警显示等功能。WINCC 界面可以监视所有单元中的信息状态，使操作人员更方便操作，而且能直观查看相关数据。

控制单元采用的是西门子 S7-300 控制器，在 TIA 自动化应用软件中，既可以使用 S1500/S1200 的 PLC 作为控制器，又可以使用 S7-300/400 的 PLC 作为控制器。由于自动涂装整体系统控制使用 S7-300 系列的 PLC 就已经可以完成了，因此只需要使用 S7-300 作为主站来控制被控对象即可。

驱动部分采用的是步科的 3M458 步进驱动器和台达的 ASDA-B2 伺服驱动器，相较于西门子的 S120 高性能伺服驱动器，它们在价格和功能上的优势比较明显。在自动涂装喷涂过程中使用步进、伺服电机进行精确控制，能够获得满意的涂装效果。

现场检测与传动主要是现场执行元件的检测与运动，主要包括气动执行系统、传感检测元件、行程开关和限位开关，这些器件主要用于检测现场涂装系统的位置信号，送到 PLC 中的数字输入端，以供程序使用。在本方案设计中，使用了 1 个液位传感器来检测涂料存储的水位高低，2 个光电传感器来监控涂料存储的高低液位，6 个接近传感器来检测喷头喷枪的位置。

通信方面，WINCC 和西门子 PLC 之间通过以太网进行通信，各个站点之间也是通过以太网进行数据传递。

2.PLC 控制器的选择

这里选择了西门子公司生产的可编程逻辑控制器，能够实现主从通信、逻辑计算与传送、人机界面互动和精确运动控制运算等功能。S7 系列 PLC 从功能上分类，可以分为小型 PLC（S7-200、S7-200 SMART）、大中型 PLC（S7-300/400）、小型升级版 PLC（S7-1200）、大中型升级版 PLC（S7-1500）。由于本系统的要求不高，因此从控制器的性能、功能上出发，主站采用 S7-300 系列的 PLC，从站采用 S7-200 SMART 系列的 PLC。

（1）主站 PLC 的选定。主站 PLC 采用的 CPU 型号是 CPU314C-2 PN/DP，属于紧凑型 CPU，适合安装在分布式结构中。px 具有工作存储器 192KB，自带 DI24 和 DO16 数字输入输出端口，支持 MPI 和 DP 通信，还支持 PROFINET 通信。对于系统的应用，该型号 PLC 符合该系统的要求，并且后续进行扩展时，该型号 PLC 也符合要求。

SIMATIC S7-300 系列的 PLC 功能多样，从 CPU312 到 CPU614，各种类型的 CPU，其工作存储器、响应时间、连接方式、固件版本等都存在差异，因此，每一种 CPU 型号的功能和性能都有较大差异。另外，CPU 根据功能还可以进行进一步的细分，2DP 型表示 MPI 与 DP 共有 2 个接口，C 型表示紧凑型的 CPU 模块，PTP 型表示适用于点对点，IFM 型表示集成功能模块，自带高速计数器，2PN/DP 表示既有 PROFINET 接口，又有 PROFIBUS 接口。

（2）从站 PLC 的选定。从站 PLC 采用的是西门子 S7-200 SMART SR40 和 S7-200 SMART ST30 两种型号。SIMATIC S7-200 SMART 是西门子经过大量市场调查，满足市场需求的一款性价比更高的 PLC 产品，相比于停产的 S7-200，SMART 在保留了 RS-485 接口的同时，还增加了一个以太网接口，可以用信号板扩展一个 RS-485/RS-232 接口，同时还采用了手机的 micro SD 卡，可以传送程序，更新 CPU，恢复 CPU 的出厂设置。与 S7-200 相比，SMART 的堆栈由 9 层增加到 32 层，中断程序调用子程序增加到四层。CPU 集成了 3 路高速脉冲输出，输出频率最高可达 100kHz，可外接多台运动曲线。因此在选择 S7-200 的从站 PLC 时，可从 SMART 系列的 PLC 中选取。

其中，对于自动涂装系统中所用到的控制系统需要 3 路运动曲线这一点，采用 ST30 就能实现。S7-200 SMART ST30 的 PLC 输出采用晶体管输出，具有 18 点数字输入和 12 点输出，数字输入接入 24 V 直流电，输出电压只能接直流电，接入范围为 20.4 ～ 28.8 V，多用于高速脉冲输出，具有 4 个高速计数器和 3 个高速脉冲输出点，可控制变频器数字输入端口运行，可驱动步进系统和伺服系统。

SIMATIC S7-200 SMART 系列的 PLC 提供了各种各样的模块来扩展性能，可以实现模拟信号的采集和输出。西门子公司提供了多种型号的数字量输入输出模块、模拟量输入输出模块。在本节中，变频器需要采集模拟信号，因此在 SMART ST30 扩展外接一个 EM AM06，它具有 4 模拟输入 /2 模拟输出，满足了系统的要求。

3. 系统整体硬件设计

（1）主电路硬件设计。系统的硬件设计分为主电路设计和控制电路设计。主电路设计部分的内容主要包括三相异步电动机搅拌电机、输送泵三相异步电动机、两台伺服电机和转盘步进电机的硬件接线。

主电路的供电电源采用的是 380 V 的三相交流电源和 24 V 的直流电源，其中 24 V 直流电源由开关电源输出模块供给。直流电主要是给轴的限位开关、光电传感器、ST30 的 PLC 电源、伺服驱动器脉冲和方向端口供电；380 V 的三相交流电源主要是给三相异步电动机供电，同时给伺服电机和伺服驱动器供电。

搅拌电机的正反转控制的交流接触器，采用 SR40 的输出来控制。两台伺服驱动器上的正向极限限位（CCWL）和逆向极限限位（CWL）采用光电传感器进行控制。

（2）PLC 控制电路硬件设计。主站 S7-314C-2 PN/DP 的输入输出使用的 I/O 端口不多，主要是使用了本身自带的 DO 输出模块外接变频器控制变频器的启动和停止。由于 DI/DO 模块的地址都可以进行修改，这里将 D00 地址修改为 0。模拟量输入模块 AI 通道 0 的初始地址为 IW800，接液位传感器输出两端。模拟量输出模块的初始地址为 QW800，这里都未修改，PID 程序编写中输出仍然用此模拟量输出地址。

（3）电气控制柜的整体设计。电气控制柜用于存放控制系统、继电器、开关电源、空气开关和按钮等，外部外接人机界面等设备的器件，是整个自动涂装系统的核心部分。电气控制柜内部线路比较复杂，为了后续在管理上更加方便，在设计电气控制柜的器件安装位置时，一定要定位好各个模块的位置，把相同功能的线尽可能地接在一块，聚成一束，既美观又实用。电气控制柜的外部布局如图 7-13 所示。外部布局主要是操作人员的操作界面，根据系统模块分成三大部分，每个模块既可以在人机界面操作，又可以使用手动操作按钮操作。

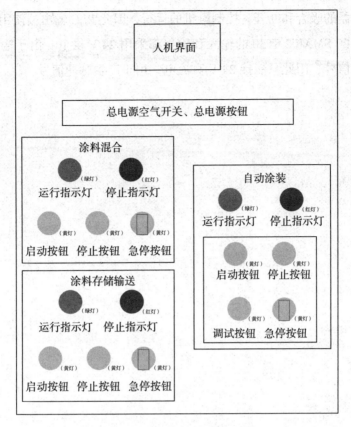

图 7-13　电气控制柜外部布局图

　　进行电气控制柜的内部布局时，由于系统中既要求有 220 V 的供电，又要求有控制信号 24 V 的供电，因此通过开关电源进行转换。同时，各个器件布局要合理，在控制柜的布局设计上要留有裕量，保证设备不会过热或者受到电磁干扰。除此之外，关联的设备要尽可能设计在一起。例如，晶体管输出的 PLC-200 ST30 输出是 24 V，可产生高速脉冲，只能接步进和伺服系统，因此这些设备放在同一区域。

　　自动涂装系统的总电源是 380 V，为了满足各设备的需求，通过开关电源将整个系统中的配件转换成供电 220 V 的有电源模块、电机、交流接触器等。其他部分，尤其是控制信号部分，都采用 24 V 供电。PLC-300 系列的 PLC 需要配备电源模块，这里采用的是 PS 307 5A 的电源模块，给 S7-300 的 CPU 模块供电和扩展模块供电。S7-200 SMART SR40 的电源需要外接 220 V 供电电源，输入端接按钮回路，因此输入 24 V 供电。输出端用于控制交流接触器的吸合和断开，控制电机的运行，因此 PLC 输出端使用 220 V 供电。S7-200 SMART ST30 的输入和输出都采用 24 V 供电。由于输出时产生高速脉冲信号，因此只能接 24 V 直流电，用于产生脉冲信号。

参考文献

[1] 张宏伟，王新环.PLC 电气控制技术 [M]. 徐州：中国矿业大学出版社，2018.

[2] 牟淑杰，荆珂.电气控制与 PLC 技术 [M]. 成都：电子科技大学出版社，
     2019.

[3] 袁毅胥，安小宇.电气控制及 PLC 技术 [M]. 成都：电子科技大学出版社，
     2017.

[4] 邱旋，王伟，李皓，等.基于西门子 PLC 密闭鸡舍环境控制系统人机界面设
     计 [J]. 电子测试，2022（1）：74–77.

[5] 郑壁森，梁焌龙，李子龙，等.基于 PLC 控制的应变测量系统 [J]. 机械工程师，
     2021（12）：15–17，20.

[6] 张剑丰.PLC 技术在工业电气自动化中的应用与创新 [J].石河子科技,2021(6)：
     31–32.

[7] 骆亮.基于 plc 控制的过载保护电气控制设计探讨 [J]. 时代汽车，2021（23）：
     26–27.

[8] 杨云.PLC 控制系统在电气自动化设备中的应用探讨 [J]. 电子世界，2021（22）：
     64–65.

[9] 陈媛媛，张守兴，陈菁.PLC 控制 AGV 自动运送小车的设计 [J]. 机械管理开发，
     2021，36（11）：211–212，222.

[10] 金波.矿用胶带输送机自动控制系统的设计与应用分析 [J]. 机械管理开发，
     2021，36（11）：238–239，242.

[11] 王兴朝.PLC 技术在农业机械电气自动控制中的应用 [J]. 南方农机，2021，52
     （22）：195–196.

[12] 程嘉豪，杜宝江.虚机实电机械手 PLC 控制技术 [J]. 农业装备与车辆工程，
     2021，59（11）：108–111.

[13] 袁孟，梁青云.基于 PLC 的轴式螺栓组装设备控制系统设计 [J].自动化与仪器仪表，2021（11）：70-73.

[14] 宋珂，罗婕，郑志军.基于 PLC 与 MCGS 的音乐喷泉控制系统设计研究与探索 [J].自动化与仪表，2021，36（11）：21-26.

[15] 姜维福，王素青，陈俊位，等.基于 PLC 的智能灌溉系统 [J].工业控制计算机，2021，34（11）：155-156.

[16] 李辉.基于 PLC 的电梯安全保护控制系统设计 [J].机电工程技术，2021，50（11）：255-257.

[17] 康广权，程鹏力，施国栋，等.焊装线 PLC 控制系统车型传递程序的开发与应用 [J].汽车工艺与材料，2021（11）：26-32.

[18] 林文城.基于 PLC 的变量泵控制设计研究 [J].船电技术，2021，41（11）：24-26.

[19] 杨云舟.PLC 技术在自动化控制中的应用分析 [J].集成电路应用，2021，38（11）：54-55.

[20] 张金红，郝敏钗，宋爽.基于能力培养的 PLC 应用技术教学设计 [J].集成电路应用，2021，38（11）：136-137.

[21] 袁云，刘炜.基于 PLC 控制的装配机器人的设计 [J].电子测试，2021（21）：128-129.

[22] 王珍珍，李琳.一种基于 PLC 的自动扶梯主机测速脉冲的模拟方法 [J].中国电梯，2021，32（21）：27-29.

[23] 孙虎.高炉环保型渣处理 PLC 控制系统的设计与实现 [J].山西冶金，2021，44（5）：46-47.

[24] 李慧东.矿井排水设备自动化控制改造实践 [J].机械研究与应用，2021，34（5）：184-186.

[25] 王利，黄洋.基于 PLC 的轴承摩擦力矩实验机控制系统设计 [J].现代工业经济和信息化，2021，11（10）：66-68.

[26] 雷涛，何庆中，王佳，等.基于 PLC 的摩托车机油泵装配控制系统设计 [J].机床与液压，2021，49（20）：80-86.

[27] 杨智超，刘楠，黄燃元，等.基于 PLC 的随动控制系统集成与整合 [J].工业控制计算机，2021，34（10）：119-121，123.

[28] 曾丽萍，林泽.基于 PLC 的舞台灯控制系统及组态监控设计 [J].工业控制计

算机，2021，34（10）：126–127，129.

[29] 张涛.PLC 技术在电气工程及其自动化控制中的应用分析 [J]. 中国设备工程，2021（20）：210–211.

[30] 王锦强，杨军，常涛.PLC 通讯管理系统在智能铸造工厂开发应用 [J]. 铸造设备与工艺，2021（5）：59–61.

[31] 宋娟，雷声媛，高波，等.基于 PLC 控制器的矿用掘进机控制平台设计与应用 [J]. 能源与环保，2021，43（10）：246–251，257.

[32] 田宝连.果实采摘机器人柔性机械手的设计 [J]. 农业技术与装备，2021（10）：35–36.

[33] 贾雄.PLC 在火电厂输煤翻车机电控系统改造中的应用 [J]. 能源与节能，2021（10）：205–206.

[34] 李成良，徐秀萍.应用改进 NLMS 算法的船用变频器调速 PLC 控制方法 [J]. 舰船科学技术，2021，43（20）：103–105.

[35] 李钦林.基于 Android 与 PLC 的采血管贴标系统的研制 [J]. 机械与电子，2021，39（10）：37–40.

[36] 于丽丽，雷声媛.基于 PLC 控制的红枣无损自动分拣系统设计 [J]. 机械制造与自动化，2021，50（5）：215–218.

[37] 刘洪纬，任勃帆，张鹏，等.一种应用于智能网联封闭道路测试的雨雾模拟系统 [J]. 汽车电器，2021（10）：23–24，27.

[38] 王玉槐，安康，胡克用，等.改进 CDIO 下"电气控制与 PLC 技术"教学研究 [J]. 电气电子教学学报，2021，43（5）：88–93.

[39] 张辰贝西，贾爱梅.基于松下 PLC 的全自动微生物样本处理系统设计与实现 [J]. 机械设计与制造工程，2021，50（10）：49–53.

[40] 姚宗旭，张维国，郭帅，等.基于 PLC 智能控制的某球团厂放料测试研究 [J]. 有色设备，2021，35（5）：29–32.

[41] 伍龙，刘念聪，王艳华，等.基于 PLC 的全自动移栽机取苗喂苗控制系统设计 [J]. 中国农机化学报，2021，42（10）：87–91.

[42] 霍伟亮，王松宇.自控系统在白石净水厂中的应用 [J]. 电子技术与软件工程，2021（20）：94–95.

[43] 雷硕.基于 PLC 的纸机电气控制系统设计与实现 [J]. 造纸科学与技术，2021，40（5）：46–48，51.

[44] 贝加莱新款紧凑型 PLC 系列为机柜腾出 50% 空间 [J]. 今日制造与升级，2021（10）：8.

[45] 张杰，孟国前. 机械电气控制装置 PLC 技术的应用 [J]. 电子测试，2021（20）：139-140.

[46] 凌雷鸣. 基于 PLC 的动态称重平台的设计与实现 [J]. 延安职业技术学院学报，2021，35（5）：102-105.

[47] 郭晓莹，何其文，谭雨祺. 基于 S7-1200PLC 的粮仓温湿度远程监控系统设计 [J]. 工业仪表与自动化装置，2021（5）：39-41.

[48] 盛泉宝. 基于 PLC 的机械设备电气自动化控制分析 [J]. 内燃机与配件，2021（19）：216-217.

[49] 张伟超，晋军. 西门子 PLC 调用方式对流量累积功能实现的影响分析 [J]. 仪器仪表用户，2021，28（10）：85-88.

[50] 毛泽华. PLC 技术在自动化控制中的应用 [J]. 集成电路应用，2021，38（10）：92-93.

[51] 赵浩. 基于三菱 PLC 的电梯控制系统的设计与实现 [J]. 河北农机，2021（10）：81-82.

[52] 陶彩霞，朱蔚然，李昕弦，等. 基于 PLC 分析考察黄连、萸黄连标准饮片稳定性 [J]. 时珍国医国药，2021，32（9）：2179-2183.

[53] 刘涵茜. 基于三菱 PLC 的接线端子装配机的控制系统设计 [J]. 机械工程与自动化，2021（5）：173-175，181.

[54] 侯姗. 基于 PLC 的城市供电设备自动化控制系统设计 [J]. 机械工程与自动化，2021（5）：182-183.

[55] 钟子良. 关于 PLC 和变频器实现电气自动化控制的分析 [J]. 科技与创新，2021（19）：1-2.

[56] 何达庭. PLC 在机床电气控制系统改造中的应用 [J]. 信息记录材料，2021，22（10）：162-163.

[57] 叶伟. 电气设备自动控制系统中 PLC 的设计 [J]. 电子技术与软件工程，2021（19）：111-112.

[58] 陶晨，吴国昌. PLC 在被动式体积管标准装置上的应用 [J]. 计量与测试技术，2021，48（9）：77-80.

[59] 吕思铭. 基于 PLC 伺服控制的送料机的应用 [J]. 内燃机与配件，2021（18）：

223–224.

[60] 杨海文.PLC 技术在强力胶带输送机中的应用 [J]. 能源与节能，2021（9）：223–224.

[61] 安志聪.电子工业洁净厂房净化空调自控系统设计[J].建筑电气，2021,40(9)：47–53.

[62] 李子昀.基于 PLC 的多轴机械手运动控制设计 [J]. 现代制造技术与装备，2021，57（9）：111–112.

[63] 刘子宽.基于 PLC 的铁路装车自动化控制系统设计思路构建[J].现代制造技术与装备，2021，57（9）：181–183.

[64] 李智，胡菡，高淼.PLC 在基于工业机器人的智能加工生产线中的应用[J].自动化技术与应用，2021，40（9）：66–69.

[65] 马欣，方喜峰，李治多.基于 PLC 的四刀光阐自动控制系统设计 [J].制造业自动化，2021，43（9）：97–100.

[66] 魏红星，胡春生，闫小鹏，等.西门子 PLC 与组态王的联合仿真方法研究[J].工业控制计算机，2021，34（9）：70–71.

[67] 李守军，吴俊亮，王志铭，等.微生产线供盒伺服驱动成型构建及其电控系统设计方法[J].机电工程技术，2021，50（9）：117–120.

[68] 解存福，刘杰，杨超，等.基于 PLC 的分布式再生水泵站集中监控系统设计[J].自动化博览，2021，38（9）：66–69.

[69] 魏戴宁.西门子 PLC 与变频器在脱硫系统中的 DP 通信应用 [J].机电设备，2021，38（5）：89–92.

[70] 孟瑜炜，刘轩驿，孙科达，等.基于 PLC 传感器的静力压桩机控制系统设计 [J].现代电子技术，2021，44（18）：1–5.

[71] 林香，李隆盛.自动粉皮机 PLC 控制系统设计 [J].机械工程师，2021（9）：143–145.

[72] 许静静，李晶，王倩倩，等.PLC 在机电一体化技术中的应用 [J].中国高新科技，2021（17）：125–126.

[73] 孙灏.PLC 技术在煤矿设备自动控制系统中的应用研究 [J].科技创新与应用，2021，11（25）：158–160.

[74] 唐浩鹤.PLC 控制 V 带包布机的研制 [J].橡塑技术与装备，2021，47（17）：34–42.

[75] 张国鑫. 煤矿提升机自动控制系统的设计及应用 [J]. 机械管理开发，2021，36（8）：258-260.

[76] 史云虹，李新爱. 基于 PLC 的离心泵电力排灌站自动控制系统设计 [J]. 科技通报，2021，37（8）：51-55.

[77] 宿宁，孙恒辉，黄伟，等. 基于 PLC 和触摸屏的水田拖拉机多种动态参数检测系统设计 [J]. 现代农业装备，2021，42（4）：29-35.

[78] 曹喜. PLC 技术在电气设备自动化控制中的应用研究 [J]. 中国设备工程，2021（16）：209-210.

[79] 祝铭一. 基于 PLC 的矿井提升机调速系统的设计研究 [J]. 现代制造技术与装备，2021，57（8）：52-53.

[80] 刘小英，田召，崔慧娟. 基于 PLC 的工业机器人运动轨迹自动控制方法 [J]. 自动化与仪器仪表，2021（8）：200-203.

[81] 孔庆柱. PLC 在选煤厂自动控制系统中的应用 [J]. 设备管理与维修，2021（16）：98-99.

[82] 康金生. PLC 变频节能技术在电气自动化设备中的应用 [J]. 数字技术与应用，2021，39（8）：4-6.

[83] 亢旭辉，刘烨，徐赟，等. 基于 PLC 模糊控制的异步电动机变频调速改造研究 [J]. 工业控制计算机，2021，34（8）：81-82.

[84] 彭莺，郭轩，吴海莹，等. 基于红外感应和 S7-200 SMART 的电梯控制系统设计 [J]. 科技资讯，2021，19（24）：42-45.

[85] 李生斌. 基于 PLC 系统自动控制的真空水平带式过滤机设计应用 [J]. 新型工业化，2021，11（8）：21-22.

[86] 李文龙. 电气设备的自动控制设计分析 [J]. 化工管理，2021（23）：135-136.

[87] 刘伟，黄嵩. 基于 PLC 的电雷管脚线耐磨性能测试系统设计 [J]. 集成电路应用，2021，38（8）：194-195.

[88] 孟国泰. 电气自动化技术在冶金产业的应用分析 [J]. 中国设备工程，2021（23）：232-234.

[89] 李新军. 电气自动化技术在水利工程中的运用 [J]. 工程建设与设计，2021（22）：113-115.

[90] 李超. 电气自动化技术在电气工程中的应用 [J]. 信息记录材料，2021，22（11）：107-108.

[91] 梁居正.机械制造电气自动化控制的可靠性研究[J].河北农机，2021（10）：85-86.

[92] 张保林.电气自动化技术在隧道供电系统中的应用[J].电子测试，2021（18）：122-123，53.

[93] 傅白霓.电气工程及其电气自动化的控制系统应用[J].数字通信世界，2021（9）：170-171.

[94] 杨星.电气自动化控制设备故障预防与检修技术探析[J].科技创新与应用，2021，11（24）：153-155.

[95] 陈晶华，邓伟.电气自动化工程中的节能设计技术分析[J].电气技术与经济，2021（4）：72-74.

[96] 郭川.电气自动化控制设备故障预防与检修技术的应用研究[J].冶金管理，2021（15）：45-46.

[97] 张迪.电气自动化控制中人工智能的应用分析[J].数字通信世界，2021（8）：193-194.

[98] 樊小霞，谢颖佳，常萍萍.信息化背景下人工智能技术在电气自动化控制中的应用[J].中国信息化，2021（7）：48-49.

[99] 段丽云.浅谈电气自动化在工业生产中应用的重要性[J].中国设备工程，2021（13）：214-215.

[100] 赵连丰.人工智能技术在电气自动化中的应用[J].数字通信世界，2021（7）：47-48.

[101] 李海芹.电气自动化技术在电气工程中的应用[J].中国科技信息，2021（12）：47-48.

[102] 张谦.电气自动化在电气工程中的融合运用刍议[J].冶金与材料，2021，41（3）：45-46.

[103] 赵连丰.汽车制造领域中电气自动化系统的应用[J].内燃机与配件，2021（11）：235-236.

[104] 刘涛.电气自动化仪器仪表控制技术探讨[J].电子测试，2021（11）：139-140.

[105] 田源.电气自动化控制系统的应用及发展趋势[J].科技资讯，2021，19（16）：39-41.